西安交通大学研究生"十四五"规划精品系列教材

智能制造管理

主　编　吴　锋　张永政
副主编　孙明耀　曹　翃
　　　　祁尔莎丹　　侯宏宇

机械工业出版社

本书编写旨在建立智能制造管理方法论，并提出企业推进智能制造的具体模式与路径等。主要包括制造模式演变、德国工业4.0与信息物理系统、智能制造基本原理、智能制造管理、智能制造管理系统能力评估、智能制造管理实施路径与对策、基于KPI的智能制造管理系统、智能工厂的规划与设计、数字孪生与智能制造、面向智能工厂动态生产的实时优化运行技术、智能物流仓储系统规划与设计、智能制造人力资源管理、人工智能与智能制造、网络协同制造管理、制造大数据分析方法等内容。

本书从制造管理而非技术视角探讨了企业推进智能制造所需的管理能力、信息系统以及实施方案等。

本书可作为高等学校管理类各专业学生以及其他理工类专业学生的教材，也可作为广大工程技术人员和管理人员的自学参考书。

图书在版编目（CIP）数据

智能制造管理 / 吴锋，张永政主编. -- 北京：机械工业出版社，2024.7. -- ISBN 978-7-111-76129-7

Ⅰ. TH166

中国国家版本馆 CIP 数据核字第 20246CC153 号

机械工业出版社（北京市百万庄大街22号　邮政编码100037）
策划编辑：裴　泱　　　　　　　　责任编辑：裴　泱　单元花
责任校对：高凯月　李可意　景　飞　责任印制：郜　敏
中煤（北京）印务有限公司印刷
2024年9月第1版第1次印刷
184mm×260mm・14.25印张・340千字
标准书号：ISBN 978-7-111-76129-7
定价：49.80元

电话服务　　　　　　　　　　　网络服务
客服电话：010-88361066　　　机 工 官 网：www.cmpbook.com
　　　　　010-88379833　　　机 工 官 博：weibo.com/cmp1952
　　　　　010-68326294　　　金 书 网：www.golden-book.com
封底无防伪标均为盗版　　　机工教育服务网：www.cmpedu.com

前　　言

　　智能制造是国家制造强国战略的重要举措之一，也是我国"十四五"规划的重要发展内容之一。发展智能制造的目的是通过提供高品质、低成本、个性化的产品及全生命周期高附加值的服务增强企业的竞争力，而达到这一目的的重要手段需要落地在智能制造管理上。　目前，国内很多企业正在大力推进自动化、数字化、网络化等智能制造工作。　其中一些是局部试点，也有的在全面推进。　然而，智能制造不仅是大量投资完成硬件设施和系统建设，更重要的是利用智能制造装备与系统提供的信息与数据，进行与传统制造模式完全不同的科学决策。　无论是思想还是方法，实现企业的价值才是企业追求智能制造的终极目标。　与德国在工业发展条件较为成熟的情况下进入工业 4.0 时代不同，我国制造业在长期发展过程中，形成工业 1.0 到工业 3.0 并存的局面，行业之间及同行业不同企业之间的非均衡发展使我国制造业的升级转型面临更大的挑战：第一，推进智能制造需要哪些与技术相匹配的制造管理能力；第二，如何基于关键绩效指标所需的制造管理能力构建企业智能制造管理系统架构；第三，如何衡量不同发展阶段企业的智能制造管理成熟度，以及推进智能制造的模式与路径；第四，智能制造管理应如何与其他先进制造管理模式相结合；第五，智能制造管理模式下的人力资源应如何匹配。

　　本书依据西安交通大学-英飞凌智能制造管理实验室发布的《智能制造管理白皮书》，对智能制造管理基础知识进行了系统性梳理，并对数字孪生、人工智能等新技术与智能制造的结合进行了探讨，旨在系统性提出智能制造管理方法论、智能制造管理系统以及实施路径等，为企业推进智能制造转型提供帮助。　本书共包括 16 章内容：绪论、制造模式演变、德国工业 4.0 与信息物理系统、智能制造基本原理、智能制造管理、智能制造管理系统能力评估、智能制造管理实施路径与对策、基于 KPI 的智能制造管理系统、智能工厂的规划与设计、数字孪生与智能制造、面向智能工厂动态生产的实时优化运行技术、智能物流仓储系统规划与设计、智能制造人力资源管理、人工智能与智能制造、网络协同制造管理、制造大数据分析方法。

　　本书的研究内容区别于以往的研究，以往的研究关注的重点是智能制造技术的应用，然而技术的应用未必能够带来企业效益的提升，必须有相适应的管理体系才能最大限度地发挥智能制造装备、技术等的经济效益。　可以说，智能制造技术是企业推进智能制造的基础，智能制造管理则决定了企业智能制造实施效果的高度。　本书的特色在于从制造管理的视角探讨了智能制造管理的相关内容。　以关键绩效指标控制为基础，本书首先提出了企业实施智能制造所需的制造管理能力，基于制造管理能力与关键绩效指标构建用以实现这些制造管理能力的智能制造管理系统体系，解析系统架构并提出衡量企业制造管理系统实施效果的评价体系，以及企业推进智能制造管理实施的具体路径。

　　本书主编为西安交通大学管理学院吴锋教授和英飞凌科技公司高级总监张永政博士。　两位主编全面梳理了本书的框架和所需内容，并全程主导教材的编写。　首都经济贸易大学孙明耀负责第一~八章的内容，西安交通大学博士生侯宏宇负责第九~十六章的内容，西安交通大学博士生陈军龙、常丰娇、纪妍、张宏斌、胡杨、郑兰兰、黄鑫、郝玉洁、高思妮、毕闰芳等参加了编写。 英飞凌科技公司曹翃、祁尔莎丹、夏健、杨均恒、周晓凯、周玉芳、陶建波、杜炜峰、徐晓新、孟超参加了编写。

感谢国家重点研发计划项目（2018YFB1703001）、国家自然科学基金项目（71871177，72201178）对本书的资助。

吴　锋

张永政

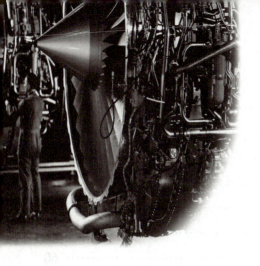

目　　录

目前，智能制造是制造业发展的主要方向。通过智能制造，企业可提供高品质、低成本、个性化的产品及全生命周期和高附加值的服务，进一步增加核心竞争力。当前，不少制造企业已开始进行数字化、网络化和智能化的转型工作，其中软硬件智能系统的部署和升级仅仅是初级阶段，利用智能设备提供信息和数据，进行更科学化、智能化的决策，才是重中之重。学界以及实业界对于智能制造研究的侧重点不同，但总体上可以分为两个方面：智能制造技术，智能制造管理。前者关注制造设备、产线、产品的智能化，后者关注制造过程以及管理的智能化。智能制造技术是智能制造实施的基础，引入或者升级智能制造装备和生产管理信息系统是完善企业智能制造技术的重要手段。智能制造管理水平则是智能制造发展的瓶颈，其因受企业文化、企业组织、管理方法、员工素质等因素的影响，无法实现跨越式发展。本书关注智能制造管理的相关内容。

第一节　制造业的发展历程

第一次工业革命已过去 200 多年，世界发生了巨大的变化。一直以来，制造业都是推动技术发展、社会进步的驱动力。1913 年亨利·福特（Henry Ford）的装配线是体现制造业对社会产生巨大影响的一个很好的例子。今天，人们正处于第四次工业革命的边缘，制造模式预计将再次明显改变。本书对四次工业革命按时间顺序描述如下。

1. 第一次工业革命

第一次工业革命始于制造业的机械化。促进本次工业化的根本原因是动力来源的变化。例如，由煤炭驱动的蒸汽机能够输出机械能，使工厂生产效率更高。这种机械化代替了部分手工操作，工人们开始操作最早的一批机器。随着越来越多的人开始共同工作，技能的专业化出现了。蒸汽动力和机器使用量的增加带来了更高的生产效率，从而带来了持续的经济增长和就业机会增多，对德国和美国的社会和文化产生了影响。

2. 第二次工业革命

在第二次工业革命期间，钢铁生产技术的进步，以及电灯的发明和劳动分工的出现，再次改变了制造业。运输技术的进一步发展促进了货物的运输和大规模消费的出现。由于电力作为能源，大规模生产开始出现，福特的装配线通过缩短制造物品所需的时间，彻底改变了产品的生产方式。火车的出现节省了城市之间的旅行时间，汽车和自行车的出现改善了城市的流动性。科学管理制造程序的发展和生产线的发明，对制造业产生了深远的影响。这些发展影响了社会，改变了制造业的工作环境。这是大规模生产的开始，例如简化装配线工人的任务，以及汇编过程的文件化，以提供跨学科的知识。

3. 第三次工业革命

制造业发展的下一个重要阶段是微控制器的发展促进了工厂的数字化。第三次工业革命始于 20 世纪中叶，并将自动化和微电子技术引入制造业。晶体管、工业机器人、数字化和计算机技术的发展促进了制造的自动化，从而改变了工厂工人的必要资格和技能，例如，需要具备使用计算机的技能。六西格玛和精益管理的引入影响了装配线和工厂的工作。计算机集成制造（Computer Integrated Manufacturing，CIM）将计算机集成到计划和生产过程中，达到控制整个生产过程的目的。

4. 第四次工业革命

目前，制造业处于第四次工业革命的边缘。制造业的数字化正在通过集成与通信技术优化车间。工厂通过这些新的集成系统，可以适应小批量、个性化生产。随着车间使用的传感器数量不断增加，将会有更多来自制造过程的离线与在线数据，决策者可以进行进一步分析，进而做出更明智的决策并优化流程。

第四次工业革命的核心基础是信息物理系统（Cyber-Physical System，CPS）。CPS 是交互元素的网络，包括传感器、机床、装配系统和零部件，所有这些都通过数字通信网络连接。这些网络收集的数据将现实物理系统以虚拟的形式表示，并且可以实现实时控制。随着 CPS 的引入，工厂的每个部分都将被表示为具有网络属性的对象。借助 CPS，机器可实现互联互通，分散的控制系统可优化生产顺序。制造过程将具有小型标准化和可组合特性，其中各产品均"知道"生产顺序的路径。在同一生产线上可能存在不同的产品，并且在生产过程发生变化的情况下，机器和工人必须具有自适应性。工作环境将转移到控制中心或监控中心，制造过程将实现自动控制。

第二节 制造业的发展趋势

制造业是国家综合实力的重要体现之一。基础雄厚、结构优化、技术创新、质量优异、产业链国际主导地位突出的制造业是国民经济持续发展、繁荣，以及国家安全的重要基础。2008 年金融危机之后，各国政府纷纷开始注重制造业的发展，全球制造业面临新一轮的变革。一方面，消费者日趋个性化的需求促使制造业向"多品种、小批量"的制造模式转变，以期占领快速变化的市场份额；另一方面，以物联网、大数据等为标志的新一代信息技术的发展以及在制造业的迅速渗透，为制造业的转型奠定了坚实的技术基础。

世界制造大国都在积极布局以期在这场制造业变革浪潮中占得先机，见表 1-1。我国在 2015 年发布的《中国制造 2025》，明确提出把"智能制造"作为主攻方向；德国于 2013 年提出《工业 4.0 战略规划实施建议》，于 2015 年提出《中小企业实施工业 4.0 指南》；美国于 2011 年提出《先进制造伙伴计划》，2012 年提出《国家先进制造业战略》；日本于 2015 年提出《机器人新战略》；英国于 2013 年提出《英国工业 2050 计划》。除此之外，欧洲于 2010 年提出《欧洲 2020 战略》。各个国家或地区发展智能制造的战略举措如表 1-1 所示。

表 1-1　各个国家或地区发展智能制造战略举措

国家/地区	机构	名称	日期	内容
中国	国务院	《中国制造 2025》	2015 年	明确提出把"智能制造"作为主攻方向，围绕"创新驱动、质量为先、绿色发展、结构优化、人才为本"五大方针，大力推进由"制造大国"向"制造强国"的转变
德国	工业 4.0 工作组	《工业 4.0 战略规划实施建议》	2013 年	充分利用信息通信技术和网络空间虚拟系统——信息-物理融合系统（CPS），达到制造的高度集成，将制造业推向智能化
	德国机械设备制造业联合会（VDMA）	《中小企业实施工业 4.0 指南》	2015 年	通过对制造业实施工业 4.0 的基础条件进行评估，为中小企业的转型提供了一般路径
美国	总统办公室	《先进制造伙伴计划》	2011 年	通过政府、高校及企业之间的协作，在关键产业、新一代机器人及先进材料等方面强化美国制造业
	国家科技委员会	《国家先进制造业战略》	2012 年	通过扩大和优化政府投资，建设"智能制造"技术平台，加快智能制造的技术创新
日本	日本政府	《机器人新战略》	2015 年	通过加快发展协同式机器人、无人化工厂，提升制造业的国际竞争力
英国	政府科技办公室	《英国工业 2050 计划》	2013 年	通过加速与制造业的融合，实现制造业的价值链增值，使用先进技术促进制造业的转型升级
欧洲	欧盟委员会	《欧洲 2020 战略》	2010 年	在知识和创新基础上发展经济，重点发展信息、节能、新能源和以智能为代表的先进制造

智能制造作为新一轮制造业变革的核心，将新一代信息技术、自动化技术与制造技术进行深度融合，可有效缩短产品研制周期、提高生产效率、提升产品质量、降低资源能源消耗，

对推动制造业转型升级具有重要意义。智能制造将设备、物料及存储系统都融入信息物理系统中，使制造过程中的所有要素可以进行信息交互、触发动作与控制。这将从根本上改变产品从研发设计到售后服务的全生命周期的过程。

 ## 第三节　智能制造管理

关于智能制造的研究大致经历了三个阶段：20 世纪 80 年代人工智能开始在制造领域应用。1998 年，美国学者保罗·克尼斯·赖特（Paul Kenneth Wright）、大卫·阿伦·伯恩（David Alan Bourne）正式出版智能制造领域首本专著《制造智能》，详细规划了智能制造蓝图并将智能制造定义为：通过集成知识工程、制造软件系统、机器人视觉和机器人控制来对制造技工们的技能与专家知识进行建模，使智能机器能够在无人干预的情况下进行小批量生产。

20 世纪 90 年代智能制造概念提出之后，引起了美国、日本，以及欧洲制造业发达国家的高度关注。智能制造包括智能制造技术（Intelligent Manufacturing Technology，IMT）与智能制造系统（Intelligent Manufacturing System，IMS）两个方面的内容。1991 年，由美国、日本，以及欧洲制造业发达国家共同发起的"智能制造国际合作研究计划"中将智能制造定义为：智能制造是将智能活动贯穿于整个制造过程，并将智能活动与机器结合，将从订货、产品设计、生产制造到市场销售等各个环节以柔性方式集成起来的能发挥最大生产力的先进制造模式。

21 世纪以来，随着新一代信息技术、自动化技术向制造业的快速渗透，智能制造的研究进入了新的阶段，以信息物理系统、物联网技术、工业大数据分析技术，以及智能制造管理为核心的研究成果不断涌现。同时，智能制造带来的商业模式的改变也将成为新一轮研究的热点。

由于智能制造涉及信息与通信技术、自动化技术及制造技术等多个学科，而各学科对智能制造的研究侧重点不尽相同，因此造成了智能制造研究领域的"碎片化"现象。关于智能制造的研究覆盖从理工学科至人文社科学科之间的诸多领域，研究主体覆盖智能制造系统、智能制造技术、智能制造服务，以及智能管理等诸多方面。本书关注智能制造管理的相关内容。

本书认为智能制造管理是指利用新一代信息通信技术以及数据分析技术对企业所有的资源进行集成化管理，及时识别并处理制造过程中的波动，实现对制造过程"人、机、料、法、环"要素的实时控制与优化，维持制造过程的稳定性，提高企业关键绩效水平以降低制造成本的数据驱动生产管理技术。

第二章
制造模式演变

随着消费者需求的不断变化，生产模式也经历了几次大的变革，而每次生产模式的变革都将带来制造管理的极大改变。图2-1给出了生产模式及其对应的制造管理模式的演变过程。

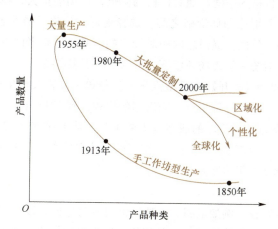

图 2-1　生产模式及其对应的制造管理模式的演变过程

进入21世纪以来，制造业面临更大的个性化压力、高技术压力、资源/环境压力，传统制造管理方式的弊端逐渐显现。为了能够提高对市场的响应速度，同时提高制造业的资源能源利用效率，以及提供更加个性化的产品，智能制造将会成为未来制造的主要手段。智能制造将"信息空间"与"物理世界"连接在一起，可以实时接收并处理制造过程中产生的各类信息，提高生产效率、市场响应速度，以及制造业的全球竞争力。

第一节　制造管理的发展历程

1. 大量生产

大量生产是指在较长时间内接连不断地重复制造品种相同的产品的过程。例如，采掘、钢铁、纺织、造纸等工业生产，都是大量生产。大量生产的特点是：产品品种少、产量大，生产比较稳定，工作地长期固定，要完成同种产品的一、二道工序，专业化程度较高。一般

可以采用流水线、自动线等先进的生产组织形式，操作工人往往固定从事一种劳动，有利于提高工人的操作熟练程度和劳动生产率。大量生产可能是简单生产，也可能是复杂生产。在大量生产的企业、车间中，适合采取对象专业化的形式来划分生产单位，并按工艺流程布置所需的各种生产设备。由于产品的生产连续不断地进行，只能按照产品种类或类别计算产品成本。

大量生产方式的典型是美国的福特制。福特汽车创立于1903年，当时年产量1700多辆。福特汽车建立了汽车业的第一条生产线，大大降低了生产成本。亨利·福特的发展思路是以量降低成本，大规模生产，大规模采购，用规模和低成本来竞争。原因很简单，市场刚刚起步，基本的需求还没有满足，很多家庭还没有汽车，汽车还属于少数有钱人；消费者的收入水平也使低价格成为一个很好的卖点，消费者的需求都是基本需求，相同倾向很大。

福特认为以最低的成本卖出最多的产品就能获得最大的利润。通过规模经济，增加产量可以急剧降低成本，从而可以降低价格。而需求是有弹性的，低价格能够保证最大限度地卖出产品，价格越低产销量越大；当产销量长上去了，随着生产规模的扩大，成本会进一步下降，这就有进一步降低价格的空间。随着价格的降低，市场会扩大，在细分市场上的消费者会屈从于低价格——在差别化和低价格之间，选择更低的价格。消费者向统一的市场转变，这就增加了消费市场的一致性。提供品种相对较少的产品，消费者的选择余地虽然小，但是有助于成本降低，在相对统一的市场环境下，可以卖出更多产品。

从1908年开始，福特汽车开始在T型汽车上实行单一品种大量生产，到1915年建成了第一条生产流水线，实现了一分钟生产一辆汽车的愿望，到1916年，T型汽车的累计产量达到58万辆。随着产量的增加，汽车的成本也大幅下降，从1909年的950美元，降到了1916年的360美元。11年后，也就是1927年，T型车的累计产量突破了150万辆，市场占有率达到50%。很多美国家庭实现了汽车梦想。

2. 柔性制造

柔性制造模式广泛存在，例如定制。这种以消费者为导向，以需定产的方式与传统大规模量产的生产模式相对。在柔性制造中，考验的是生产线和供应链的反应速度。例如，在电子商务领域兴起的"C2B""C2P2B"等模式体现的正是柔性制造的精髓。一方面是系统适应外部环境变化的能力，可用系统满足新产品要求的程度来衡量；另一方面是系统适应内部变化的能力，可用在有干扰（如机器出现故障）的情况下，系统的生产率与在无干扰的情况下的生产率期望值之比来衡量。"柔性"是相对于"刚性"而言的，传统的"刚性"自动化生产线主要实现单一品种的大批量生产。柔性制造过程有独立的工件储存站和单元控制系统，能在机床上自动装卸工件，甚至自动检测工件，可实现有限工序的连续生产，适合"多品种、小批量"生产。

20世纪70年代末期，柔性制造系统在技术上和数量上都有较大发展，20世纪80年代初期已进入实用阶段，其中由3~5台设备组成的柔性制造系统最多，但也有规模更庞大的系统投入使用。1982年，日本发那科公司建成自动化电机加工车间，由60个柔性制造单元（包括50个工业机器人）和一个立体仓库组成，另有两台自动引导台车传送毛坯和工件，此外还有一个无人化电机装配车间，它们都能连续24h运转。这种自动化和无人化车间，是向实现计算机集成的自动化工厂迈出的重要一步。与此同时，还出现了若干仅具有柔性制造系统的基本特征，但自动化程度不很完善的经济型柔性制造系统（Flexible Manufacturing System, FMS），使柔性制造系统 FMS 的设计思想和技术成果得到普及。

3. 敏捷制造

敏捷制造是指制造企业采用现代通信手段，通过快速配置各种资源（包括技术、管理和人员），以有效和协调的方式响应用户的需求，实现制造的敏捷性。

敏捷制造是美国国防部为了支持 21 世纪制造业发展而制订的一项研究计划。该计划始于 1991 年，有 100 多家企业参加，由通用汽车、波音、IBM、德州仪器、AT&T、摩托罗拉等 15 家著名大企业和美国国防部代表共 20 人组成了核心研究队伍。此项研究历时三年，于 1994 年年底提出了《21 世纪制造企业战略》。在这份报告中，提出了既能体现美国国防部与企业界各自的特殊利益，又能获取他们共同利益的一种新的生产方式，即敏捷制造。

敏捷制造的核心思想是：要提高企业对市场变化的快速反应能力，满足消费者的需求，除了充分利用企业内部资源外，还可以充分利用其他企业乃至社会的资源来组织生产。其制造特点在于：

1）从产品开发开始的整个产品生命周期都是为了满足用户需求。

2）采用多变的动态的组织结构。

3）着眼于长期获取经济效益。

4）建立新型的标准体系，实现技术、管理和人的集成。

5）最大限度地调动、发挥人的作用。

敏捷制造的例子：供应商将雇员派到用户方，参与新产品的开发和完善。例如，TRW 公司将其工程师派到轿车公司，Goodyear 公司让模拟工程师与主要轿车企业共同开发新车和轮胎。他们在制成产品或者原型机之前，就能模拟概念轮胎和概念轿车的行驶，从而为用户提供有价值的目标（感受）。从以往提供具有一定成本和价值的产品和服务，到受用户委托利用供应商的技能、知识和专业经验，来达到用户独有的有价值的目标。在这种模式中，供应商特制的产品和服务出现在用户的产品或加工过程中。要成为这样的供应商，就必须非常敏捷。

从将注意力集中在产品和服务的价值转移到特定用户的目标上，不是一个按照公式逐步演变的过程。我们对这个新的模式的理解，将引导我们去思考。我们正在以前所未有的速度卷入到这种模式中。有人说这种模式正在以指数规模快速增长。经济、模式及其他的变化还在不断发生。当我们将更多的商品和服务集中在一起准备实现一个目标时，消费者的期望已不再是单个产品和服务的价格，而是长期的价值目标。

4. 精益生产

精益生产（Lean Production）简称"精益"，是衍生自丰田生产方式的一种管理哲学。

众多知名的制造企业以及麻省理工学院在全球范围内对丰田生产方式的研究、应用，促使了精益生产理论和生产管理体系的产生。该生产管理体系目前仍然在不断演化发展当中。从过去关注生产现场的改善转变为库存控制、生产计划管理、流程改进（流程再造）、成本管理、员工素养养成、供应链协同优化、产品生命周期管理（产品概念设计、产品开发、生产线设计、工作台设计、作业方法设计和改进）、质量管理、设备资源和人力资源管理、市场开发及销售管理等企业经营管理涉及的诸多层面。

为了进一步揭开日本汽车工业成功之谜，1985年美国麻省理工学院筹资500万美元，确定了一个名叫"国际汽车计划"（International Motor Vehicle Program，IMVP）的研究项目。在丹尼尔·鲁斯教授的领导下，组织了53名专家、学者，用了5年时间对14个国家的近90个汽车装配厂进行了实地考察，查阅了几百份公开的简报和资料，并对西方的大量生产方式与日本的丰田生产方式进行对比分析，于1990年编著了《改变世界的机器》一书，第一次把丰田生产方式定名为精益生产（Lean Production）。这个研究成果在汽车业内引起了轰动，掀起了一股学习精益生产方式的狂潮。精益生产的提出，把丰田生产方式从生产制造领域扩展到产品开发、协作配套、销售服务、财务管理等领域，贯穿于企业生产经营活动的全过程，使其内涵更加全面、丰富，对指导生产方式的变革更具有针对性和可操作性。

1996年，"国际汽车计划"经过4年第二阶段研究，丹尼尔·鲁斯等人编著了《精益思想》这本书。《精益思想》弥补了第一阶段研究成果并没有对怎样学习精益生产提供一些指导的问题，而这本书则描述了学习精益生产所必需的关键原则，并且通过例子讲述了各行各业均可采取的行动步骤，进一步完善了精益生产的理论体系。

在此阶段，美国企业界和学术界对精益生产进行了广泛的学习和研究，提出很多观点，对原有的丰田生产方式进行了大量的补充，主要是增加了很多工业工程技术、信息技术、文化差异等，对精益生产理论进行了完善，以使精益生产更加适用。

精益生产是通过系统结构、人员组织、运行方式和市场供求等方面的变革，使生产系统能很快适应消费者需求的不断，并能使生产过程中一切无用的、多余的东西被精简，最终使包括市场销售在内的各方面达到最好结果的一种生产管理方式。与传统的大批量生产方式不同，精益生产的特色是"多品种、小批量"。

第二节 工业4.0的制造管理需求

1. 个性化需求

随着大众化功能性需求被广泛满足，人们对产品的需求开始向功能与文化的双向需求发展，需要产品具有某些特定的功能或者特定的组合性功能，同时又能满足某些群体中特定的民俗、宗教等文化需求。产品的批量一般在几万件到几十万件。例如，以电子计算机及其软件技术支撑的信息数字化制造技术为核心形成的生产自动化，主要以数字程序的变化解决批量之间的兼容性，实现多批量多品种的调整和快速反应，从而满足小众化需求。小众化需求的满足，进一步释放了个性化需求，满足了极少数人甚至个体的产品文化功能需求。产品的批量从单件到万件不等。数量极少的产品要快速、有效、低成本地生产制造出来，制造模式必须是设计、协作、准备、制造、检测、物流、消费、报废回收的全流程、全生命周期的动态智能控制，物体、组织、个人、服务等的网络无缝连接才能应对。产品的研发设计可以由企业完成，但是要充分听取消费者的建议，或者在消费者直接参与的情况下完成，也可以由其他方或者是消费者直接完成。其最大的特点是：产品的生产是在消费者的具体订制后开始启动的，因此消费者是主动的，生产者是服从的，实现了真正的消费驱动生产制造，生产完全满足低消耗、零库存的要求。

2. 高质量、低成本需求

降低制造成本、提高产品质量以获取最大化效益是制造管理的根本目标。提高产品质量需要从生产的各个环节进行产品控制。统计过程控制（Stochastic Process Control，SPC）、先进过程控制（Advanced Process Control，APC）在生产制造过程的全面使用是提高产品质量可追溯性的重要手段。一方面，SPC与APC的应用是基于生产实时数据的，并且以计算机为主的载体可以通过快速运算，及时识别出产品在生产过程中所产生的问题并施加控制，避免了不稳定因素的进一步扩散；另一方面，SPC与APC的全面应用，可以节省企业的劳动力成本，可以省去一些依靠员工进行质量把控的环节。

低成本的实现需要避免工厂的七大浪费。低成本生产一直是制造企业追求的目标，但是由于生产过程存在着诸多不稳定因素，难免会出现浪费现象，使平均生产成本不断提高。因此，低成本生产方式要求企业通过引入或者开发先进的信息系统，实现生产过程的自动化、物料配置的精准化、质量控制的及时化，从而全面降低企业在制造过程中的浪费，降低生产成本。

3. 可视化、可追溯性需求

生产过程的可视化、可追溯性是实现上述所有目标的保障。随着个性化、小批量生产模式的不断深入，传统的制造管理方法因无法了解实时的生产运营情况，难以应对复杂的制造系统。为了实现对制造过程的实时控制，做到对最小生产单位制造过程的实时掌握，企业必须通过智能化转型的路径，实现全面数字化、网络化的生产，从而做到对所有生产要素的可追溯性管理。

资源、数据、价值链等的高度集成是实现制造的可视化、可追溯性需求的基础，包括三个方面：第一，制造企业内部自下而上的垂直集成。企业系统层级自下而上共分为设备层、控制层、车间层和企业层。纵向集成方式主要是为了解决各层级之间信息沟通问题，包括制造资源、机器设备、生产系统以及运营系统等，工业追求的就是在企业内部实现所有环节信息无缝衔接，当某个环节出现异常时，可以迅速定位并追溯原因。第二，价值链企业之间的横向集成。终端用户、供应链上游企业以及合作伙伴之间的业务与数据集成，可有效提高供应链效率，提升对终端需求的快速响应能力。第三，产品全生命周期价值链端到端的数字化集成。产品从初始的研发活动开始，在质量、物流、生产、运维各个业务环节之间形成端到端的集成，实现产品全生命周期的数字化管理，提升价值链的可视化水平。

4. 自适应需求

经济全球化与信息化成为全球消费市场不可逆转的趋势，导致制造业面临更加动态与难以预测的市场需求。卖家市场向买家市场的转变使制造企业必须转向"小批量、个性化"的生产模式。这种变革使制造企业面临诸多不确定性，例如不同产品的特殊配置、需求大规模波动、订单的分配，以及产线的动态配置等。降低生产成本，同时保障产品质量与准时交付率，满足消费者日益增长的个性化需求是制造业在这种变革浪潮中赢得持续发展和竞争力的保障。在此背景下，对制造企业的生产柔性以及制造过程的可视化、可追溯性提出了更高的要求。

生产控制是应对车间突发情况的重要手段，是指通过调整生产过程中的关键要素以完成当前或者未来的生产计划、控制生产时间与过程质量等，达到对消费者的准时交付与质量承诺，并且能够通过一系列措施应对突发事件，如设备故障、紧急插入订单等。当面对生产计划调整时，许多制造企业没有能力实时或者提前做出调整，往往采用事后控制、修改生产计划来应对，导致生产过程中的滞后或者非计划停机等，降低了生产线的生产能力。因此，通过采用大数据分析与人工智能等技术实现对生产异常的实时管控，并使生产系统自动优化生产方案，实现自适应调整是现代制造业发展的重要需求之一。

第三节　智能制造

1. 智能制造的发展背景

进入 21 世纪以来，制造业面临的压力不断增强。第一，消费者需求个性化的压力。消费者日趋个性化的需求促使制造业向"多品种、小批量"的制造模式转变，以期占领快速变化的市场份额，但是这也导致了制造系统复杂度不断提升，传统制造管理模式无法适应日益复杂的制造系统。第二，新技术的压力。以物联网、大数据等为标志的新一代信息通信技术的发展以及在制造业的快速渗透，为制造业的升级转型奠定了坚实的技术基础。第三，环境/资源压力。为适应工业 4.0 环境中制造管理的新需求，同时应对制造业面临的压力，智能制造作为新一轮制造业变革的核心，将新一代信息技术、自动化技术与制造技术进行深度融合，可有效缩短产品研制周期、提高生产效率、提升产品质量、降低资源能源消耗以及污染排放，对推动制造业转型升级具有重要意义。智能制造将设备、物料以及存储系统都融入信息物理系统（CPS）中，使制造过程中的所有要素可以相互进行信息交互、触发动作与实施控制。这将从根本上改变产品从研发设计到售后服务的全生命周期的过程。

2. 智能制造的定义

德国工业 4.0 战略规划中虽然没有明确说明，但是阐述了智能制造的基本内涵：将制造过程中所有的机器、存储系统和生产设施融入信息物理系统，在制造过程中，所有的生产要素可以通过信息物理系统进行信息交互、触发动作，以达到对制造过程进行实时控制的效果。

美国智能制造领导力联盟（Smart Manufacturing Leadership Coalition，SMLC）对智能制造的定义为：智能制造是先进传感器、仪器、监测、控制和工艺过程优化的技术和实践的组合，它们将信息通信技术与制造环境融合在一起，实现对工厂和企业中的能量、生产率和成本的实时管理，能够实现新产品的快速制造、产品需求的动态响应、工业生产和供应链网络的实时优化。

中华人民共和国工业和信息化部赛迪研究院的左世权将智能制造定义为：智能制造是将制造技术与数字技术、智能技术、网络技术的集成应用于设计、生产、管理和服务的全生命周期，在制造过程中进行感知、分析、推理、决策与控制，实现产品需求的动态响应、新产品的迅速开发，以及对生产和供应链网络实时优化的制造活动的总称，可分为智能设计、智能生产、智能管理、智能制造服务四个关键环节。

从已有智能制造的定义中可以总结出以下共性：智能制造是利用新一代信息技术将所有制造要素集成融入信息物理系统中，并且所有的制造资源可以实时进行信息共享与交互，实现对制造过程的实时控制，从而实现产品的动态响应以及对供应链网络的实时优化，进而提高关键生产绩效指标，降低制造成本。

3. 我国发展智能制造的挑战

（1）制造管理模式未能跟上技术发展的步伐

智能制造应包括智能制造技术和智能制造管理两个方面。前者关注制造设备、产线、产品的智能化，后者关注制造过程和管理的智能化。无论企业处于工业 1.0 时代、工业 2.0 时代或者工业 3.0 时代，对于智能化装备以及生产线都可以通过加大资金投入购置的方式实现跨越式发展。但是，智能制造管理受企业文化、企业组织、管理方法、员工素质等因素影响，无法实现跨越式发展，使智能制造技术并不能实现预期的效果，因而智能制造管理成为智能制造发展的瓶颈。采用智能制造技术之后，如何实现生产效率、产品质量、生产时间，以及准时交付率等关键绩效指标的提高，是智能制造管理面临的核心问题。可以说，智能制造技术是智能制造的"形"，而智能制造管理则为"神"，只有形神结合，才能充分发挥智能制造的作用。

（2）缺乏完善的智能制造管理系统

智能制造系统设计是智能工厂建设的重要内容，甚至是核心内容。智能工厂的核心是企业各生产运营系统的集成，包括智能生产系统（生产线、设备）与自动物料搬运系统、制造执行系统（如西门子公司的 CAMSTAR 系统）、设备自动化系统、智能化人力资源系统（包括工作系统设计与人员培训）、智能安全系统等。这些系统如何设计与运行、如何有效集成，实现无人化、无纸化、数字化、智能化，是智能工厂建设的核心。然而，新的系统如何规划、设计、运行，都是全新的问题，没有可以借鉴的例子，需要积极探索与实践。如何在已有生产系统的基础上重构智能制造系统，面临更加严峻的挑战。

（3）缺乏有效的智能制造测评工具

缺乏标准的对企业"智能化"水平进行评估的体系。德国机械设备制造业联合会（Verband Deutscher Maschinen and Anlagenbau，VDMA）于 2015 年提出了工业 4.0 就绪度（Industry 4.0 Readiness Check）模型，旨在解决德国工业在转型升级过程中遇到的两大问题：一是如何分析德国制造企业处于工业发展的哪个阶段；二是解决企业成功进入工业 4.0 时代所必需的工业条件，以及在哪些方面需要做出改变。但是，工业 4.0 就绪度模型是建立在德国工业发展现状之上的，其测试所需要的调查问卷以及测评尺度并不适用于我国制造业。中国电子技术标准化研究院于 2016 年 9 月发布了《智能制造能力成熟度模型白皮书》，旨在为企业衡量自身发展阶段提供标准化模型，能够根据成熟度模型进行自我评估与诊断，有针对性地提升企业智能化水平。该模型为我国制造业衡量自身"智能化"水平提供了理论支持与方法论，但是按照软件工程成熟度模型划分智能制造水平，其契合度和适用度都打了折扣，因此需要开发适合评价智能制造水平的指标体系、评价尺度及测评方法。智能制造正处于发展的初期阶段，因此建立对制造业发展现状进行评估的评估模型，围绕产品全生命周期的关键业务建立与之匹配的、具体可量化的关键指标体系，并充分调研不同行业对评估模型的要求差异，针对企业特点确定专属的关键绩效指标体系，以适用于不同行业的需求，具有重要意义。

（4）缺乏不同发展阶段企业转型路径的指导

处于不同发展阶段的企业转型路径不一致。许多智能制造需要的关键技术（先进传感器技术、物联网技术等）已经可以成功应用，但是如果不能将这些智能制造关键技术整合应用到企业就不能实现智能制造效益。许多制造企业还不清楚如何将智能制造技术的解决方案与现有制造系统相结合以实现智能制造给企业带来最大效益的目标。德国机械设备制造业联合会于 2015 年提出的"中小型企业实施工业 4.0 指南",立足于德国的中小型制造企业的发展特点,认为由于各制造企业的生产工艺、技术水平等存在很大的差异,因此各制造企业应培育自身的工业 4.0 实施推进方法,针对企业的弱项进行专项提高。我国制造业大部分处于工业 2.0 时代,少数企业进入了工业 3.0 时代。因此,对于不同发展阶段的企业,应如何确立企业的智能化转型升级路径是我国推行智能制造的一大挑战。

（5）缺乏实践训练和有效的智能制造人才培养体系

人才教育问题已成为制约企业推行智能制造的主要因素。制约智能制造发展的商业调查结果如图 2-2 所示。一方面,政府和企业具有推广和发展智能制造的强烈愿望;另一方面,企业很难招聘到具有智能制造技能的员工,因此不知道应如何推进智能制造。我国现阶段的智能制造人才培养体系并不健全,相关课程也只是对智能制造进行框架上的解释,然而这些知识水平离企业的实际需求差距较大。开展智能制造学术研究的学者也面临很大的困境。现阶段有些理论研究和企业需求之间是脱节的,有的研究理论往往由于缺乏实际的应用分析,使众多研究成果只能停留在文章上,不能真正转变为生产力。因此,智能制造对我国的人才培养机制提出了挑战。这项工作单独依靠工业界或者学术界都无法完成,需要行业领先的企业与学术界深度合作,共同完成。

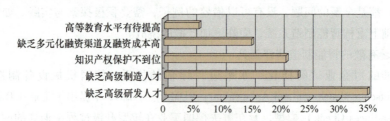

图 2-2　制约智能制造发展的商业调查结果

资料来源：德勤,《从中国制造到中国智造：中国智能制造与应用企业调查》,2014。

第一节　德国工业 4.0 的战略框架及参考构架

1. 德国工业 4.0 战略框架

德国一直以来是世界制造业的标杆，其先进的制造技术与工艺对其他国家制造业的发展产生了巨大影响。为了迎接新一轮产业革命的挑战，在德国工程院、弗劳恩霍夫协会、西门子公司等德国学术界和产业界的推动下，2013 年在汉诺威工业博览会上德国正式推出工业4.0 项目，旨在支持工业领域新一代革命性技术的创新与研发。德国工业 4.0 战略框架如图 3-1 所示。

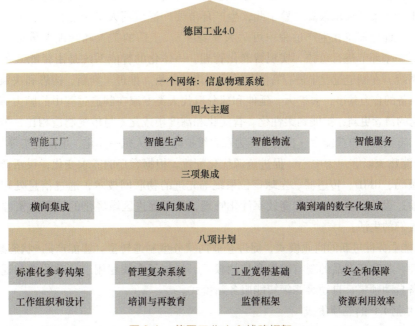

图 3-1　德国工业 4.0 战略框架

一个网络即信息物理系统，它以工业大数据、云计算以及信息通信技术为基础，通过智能感知、分析、预测、优化、协同等技术手段，将获取的信息与对象的物理性能表征相结合，使信息空间与实体空间（人、机、料、法、环）深度融合、实时交互、相互耦合，在信息空间中构建实体的"虚拟镜像"，实现计算、通信与控制三者之间协同工作。"虚拟镜像"是物理系统的灵魂，它以数字化的形式将实物生产系统的实时状况在信息空间中进行分析处理，并将处理结果及时更新至人-机交互界面，实现了生产过程的可视化。这种新的生产模式，必将导致新的商业模式、管理模式、企业组织模式以及人才需求的巨大变化。

（1）工业4.0的四大主题

四大主题即智能工厂、智能生产、智能物流和智能服务是工业4.0战略规划的四大主题。

1）智能工厂是传统制造企业发展的一个新阶段。它是在数字化工厂的基础上，利用物联网技术和设备监控技术加强信息管理和服务、掌握产销流程、提高生产过程的可控率、减少生产线上的人工干预、即时正确地采集生产线数据，以及合理地制订生产计划与生产进度，并加上绿色制造手段，构建的一个高效节能的、绿色环保的、环境舒适的人性化工厂。未来各个工厂将具备统一的机械、电气和通信标准。以物联网和服务互联网为基础，配备传感器、无线网络和RFID的智能控制设备可以对生产过程进行智能化监控。由此，智能工厂可以自主运行，各机器设备之间互联互通。智能工厂是由软件操控，进行资源整合，发挥各环节最大效率的。智能工厂中的机器将全部由软件控制，工人只需要操作计算机就可以完成生产，这进一步解放了工厂中的工人。整体看来，它就是一个拥有高度协同性的生产系统，包括实时监控、自动化管理、流程控制、能源监控等。整个智能工厂的业务数据会被收集，并通过大数据的分析整合，使其全产业链可视化，达到生产最优化、流程最简化、效率最大化、成本最低化和质量最优化的目的。

2）智能生产是由用户参与实现"定人定制"的过程。智能生产的车间可以实现大规模定制，对生产的柔性要求极高。鉴于此，生产环节要广泛应用人工智能技术、采用一体化的智能系统，智能化装备在生产过程中可"大显身手"。工厂的工人和管理人员可以通过网络对生产的每一个环节进行监控，实现智能化管理。一体化的智能系统是由智能装备和人类专家组成的系统，在制造过程中进行智能化活动，诸如分析、推理、判断、构思和决策等，通过人与智能装备的合力共事，去扩大、延伸和部分取代人类专家在制造过程中的脑力劳动。它把制造自动化的概念更新，扩展到柔性化、智能化和高度集成化。与传统制造相比，智能生产具有自组织和超柔性、自律能力、自学习能力和自维护能力、人机一体化、虚拟现实等特性。

3）智能物流以客户为中心，促进资源优化配置。根据客户的需求变化，灵活调节运输方式，应用条码、RFID、传感器、全球定位系统等先进的物联网技术，通过信息处理平台，实现货物运输过程的自动化运作和高效率优化管理，从而促进区域经济的发展和资源的优化配置，方便人们的生活。

4）智能服务促进新的商业模式，促进企业向服务型制造转型。智能产品+状态感知控制+大数据处理，将改变产品的现有销售和使用模式，增加了在线租用、自动配送和返还、优化保养和设备自动预警、自动维修等智能服务新模式。

（2）工业4.0的三项集成

三项集成：高度集成化的生产运营方式是企业应对工业4.0机遇与挑战的核心举措。工业 4.0 集成特性如图 3-2 所示。

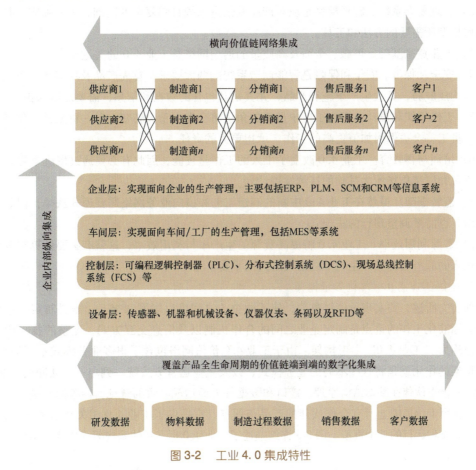

图 3-2　工业 4.0 集成特性

1）通过横向集成开发企业之间交互的价值网络。整合价值链上各合作伙伴之间以及企业与客户之间的价值网络，实现价值链上各环节之间的无缝交流与衔接，实现产品开发、生产制造、经营管理等在不同企业之间的信息共享和业务协同。

2）企业内部纵向集成，实现灵活可重构的制造系统。企业系统层级自下而上共 4 层，分别为设备层、控制层、车间层、企业层。纵向集成方式主要是为了解决各层级之间的信息沟通问题，包括机器设备、生产系统以及运营系统等。工业所要追求的就是在企业内部实现所有环节信息无缝衔接，这是所有智能化的基础。

3）覆盖产品全生命周期的价值链端到端的数字化集成。所谓端到端是实现产品全生命周期的价值链创造，通过整合价值链上涉及产品生命周期的企业，实现产品从研发设计、生产、物流、销售及服务的全生命周期的管理，重构产业链各环节的价值体系，可以实现企业内部运营成本的降低、销售市场的扩大，以及更高的客户满意度。

（3）工业 4.0 的八项计划

八项计划：工业 4.0 战略规划的成功实施需要多方进行配合。

1）标准化参考构架。开发出单一的共同标准才是实现不同企业之间的网络集成的基础，因此需要指定一个参考构架为这些标准提供技术说明，并促使其执行。

2）管理复杂系统。解释模型是应对产品及信息系统日趋复杂的基础，工程师应当具备开发这些模型所需要的方法和工具。

3）工业宽带基础。可靠、全面及高质量的通信网络是工业4.0的关键要求。

4）安全和保障。安全和保障是智能制造系统的两大要求，首先产品及环境本身不能对人的安全构成威胁，其次生产设施和产品，尤其是其包含的数据和信息，需要加以保护。

5）工作组织和设计。智能工厂中员工的角色将会发生重大转变，单一重复性工作将会被取消，员工将会去做附加值更高的工作，承担更大的责任。

6）培训与再教育。工业4.0改变了工人的工作与技能，因此有必要通过促进学习，制订终身学习和以工作场所为基础的持续发展计划。

7）监管框架。虽然在工业4.0中新的制造工艺和横向业务网络需要遵守法律，但是考虑到创新，也需要调整现行的法规。

8）资源利用效率。工业4.0将提高资源的生产率与利用效率，这就有必要计算在智能工厂中投入的额外资源与产生的节约潜力之间的平衡。

2. 德国工业4.0标准化参考构架

如前文所述，要实现价值链整合，使不同企业之间可以联网和交互，需要制定一系列的标准。标准化工作的重点是制定企业之间的合作机制以及信息交互方式，完整的技术说明和规定被称为"工业4.0"参考构架。由于工业4.0价值网络包含了很多业务模式不同的企业，参考构架的作用就是将这些不同的业务模式，以及企业运营方式统一到单一、共同的方法上，这就需要合作伙伴在基本结构原理、接口和数据等方面达成一致的意见。参考构架是一个通用模型，适用于价值链上所有合作伙伴的产品与服务，它提供了工业4.0相关技术系统的构建、开发、集成和运行的一个模型。图3-3详细描述了工业4.0标准化体系构架（RAMI4.0）。

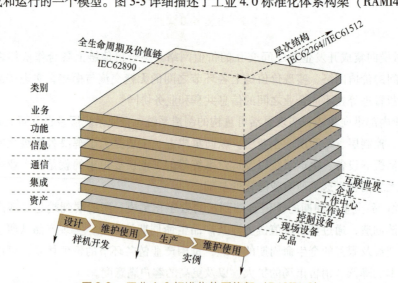

图3-3　工业4.0标准化体系构架（RAMI4.0）

RAMI4.0模型从三个维度系统展现出实施工业4.0涉及的所有关键要素。通过对此模型的分析，可以识别出现有标准在工业4.0的定位以及现有标准的不足与缺陷。

1）类别。自下层向上分别为：资产层、集成层、通信层、信息层、功能层以及业务层。各层实现相对独立的功能的同时，下层为上层提供接口，上层使用下层的服务。

2）全生命周期及价值链。RAMI4.0 模型将产品生命周期划分为样机设计（Type）以及产品生产（Instance）两个阶段，以强调不同阶段考虑的重点。Type 阶段包括产品设计构思，设计过程中的检测直至产品定型；Instance 阶段是进行产品的规模化、工业化生产，每个产品是类型（Type）的一个实例。Type 阶段与 Instance 阶段形成闭环。例如，在销售阶段将产品的改进信息反馈给制造商以改正原型样机，然后发布新的型号和生产新的产品。这为产品的升级改进带来巨大的好处。

3）层次结构。该维度描述了工业 4.0 不同生产环境下的分类，由于工业 4.0 注重产品本身以及企业之间的互联互通，因此自下而上分为产品层、现场设备层、控制设备层、工作站层、工作中心层、企业层、互联世界层。

第二节　信息物理系统

1. 什么是信息物理系统

信息物理系统通过集成先进的感知、计算、通信、控制等信息技术和自动控制技术，构建了物理空间与信息空间中人、机、物、环境、信息等要素相互映射、适时交互、高效协同的复杂系统，实现系统内资源配置和运行的按需响应、快速迭代、动态优化。建立信息物理系统以实现物理世界元素与信息空间的映射关系为目标，是实现智能制造的核心。信息物理系统是多领域、跨学科不同技术融合发展的结果。尽管信息物理系统已经引起了国内外的广泛关注，但信息物理系统发展时间相对较短，不同国家或机构的专家学者对信息物理系统理解侧重点也各不相同。表 3-1 汇集了业内主要机构和学者对信息物理系统的认识。

表 3-1　业内主要机构和学者对信息物理系统的认识

机构和学者	对信息物理系统的认知
美国国家科学基金会	信息物理系统是通过计算核心（嵌入式系统）实现感知、控制、集成的物理、生物和工程系统。在系统中，计算被深深嵌入每一个相互连通的物理组件中，甚至可能嵌入物料中。信息物理系统的功能由计算和物理过程交互实现
美国国家标准与技术研究院信息物理系统公共工作组	信息物理系统将计算、通信、感知和驱动与物理系统结合，并通过与环境（含人）进行不同程度的交互，以实现有时间要求的功能
德国国家科学与工程院	信息物理系统是指使用传感器直接获取物理数据和执行器作用物理过程的嵌入式系统。它使用来自世界各地的数据和服务，通过数字网络将物流、协调与管理过程及在线服务连接，并配备了多模态人机界面。信息物理系统开放的社会技术系统，使整个主机的能力远远超出了当前嵌入式系统所具有的控制行为能力
智能美国	信息物理系统是物联网与系统控制相结合的名称。因此，信息物理系统不仅能够"感知"某物在哪里，还增加了"控制"某物并与其周围物理世界互动的能力

（续）

机构和学者	对信息物理系统的认知
欧盟第七框架计划	信息物理系统包含计算、通信和控制，它们与不同物理过程（例如机械、电子和化学）融合在一起
Jay Lee 教授（美国辛辛那提大学）	信息物理系统以多源数据的建模为基础，以智能连接（Connection）、智能分析（Conversion）、智能网络（Cyber）、智能认知（Cognition）和智能配置与执行（Configuration）的5C体系为构架，建立虚拟与实体系统关系性、因果性和风险性的对称管理，持续优化决策系统的可追踪性、预测性、准确性和强韧性，实现对实体系统活动的全局协同优化
中国信息物理系统发展论坛	信息物理系统通过集成先进的感知、计算、通信、控制等信息技术和自动控制技术，构建了物理空间与信息空间中人、机、物、环境、信息等要素相互映射、适时交互、高效协同的复杂系统，实现系统内资源配置和运行的按需响应、快速迭代、动态优化

资料来源：中国电子技术标准化研究院，《信息物理系统白皮书（2017）》。

2. 信息物理系统的本质及构架

基于硬件、软件、网络、工业云等一系列工业和信息技术构建起的智能系统的目的是实现资源优化配置。实现这一目的要靠数据的自动流动，在流动过程中数据经过不同环节，在不同环节以不同的形态（隐性数据、显性数据、信息、知识）展示出来，在形态不断变化的过程中逐渐向外部环境释放蕴藏在其背后的价值，为物理空间实体"赋予"实现一定范围内资源优化的"能力"。因此，信息物理系统的本质就是构建一套信息空间与物理空间之间基于数据自动流动的状态感知、实时分析、科学决策、精准执行的闭环赋能体系，解决生产制造、应用服务过程中的复杂性和不确定性问题，提高资源配置效率，实现资源优化。状态感知、实时分析、科学决策以及精准执行是信息物理系统的主要功能，而一个实时、可靠以及安全的信息网络是实现这些功能的基础。

信息物理系统由感知层、传输层、平台层（工业 PaaS）及应用层（工业 SaaS）构成。感知层主要实现生产要素人、机、料、法、环的实时状态收集，基础数据的标准化，并实现各要素之间的互联互通；传输层主要部署工业云平台，包括服务器的布置以及网络化工作；平台层（工业 PaaS）是信息物理系统构架的核心，其主要作用是通过对工业大数据的实时分析和建模等，将海量的数据转换成具有价值的信息，以支撑上一层级的应用服务；应用层（工业 SaaS）则是依据平台层的数据分析成果，实现自动化控制与智能化决策，不断提高企业的绩效表现水平。

信息物理系统架构如图 3-4 所示。

3. 信息物理系统关键技术要素

从数据感知、互联互通、数据集成分析、数据信息应用以及自动控制与决策几个方面，信息物理系统的关键技术可以概括为以下几点。

（1）信息感知与自动控制

信息感知是指物理世界的实体，通过各种芯片、传感器等硬件设备实现产品制造全生命

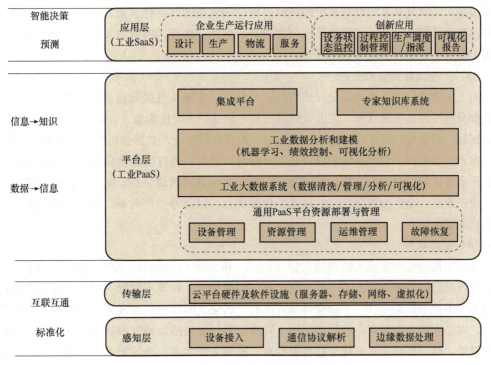

图 3-4　信息物理系统架构

周期内要素（人、机、料、法、环）数字化的过程，以形成物理世界与信息空间的映射关系，是价值链数据流动的起点。物理空间与信息空间相联系的模型，又称作数字孪生（Digital Twins）模型，如图 3-5 所示。

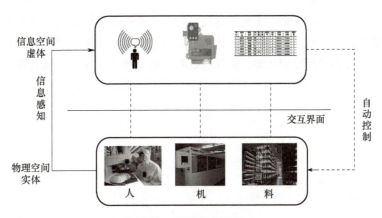

图 3-5　数字孪生模型

（2）工业物联网

工业物联网是连接物理世界各生产要素与信息世界的信息网络，是实现全工厂范围内互联互通的手段。工业物联网主要用于支撑工业数据的采集交换、集成处理、建模分析以及控制反馈，是实现全工厂从点（单台设备）到线（产线），最后到面（全车间、全工厂）的全面互联互通的重要基础。通过工业现场总线、以太网、工业局域网以及异构网络集成技术等，实现覆盖产品及其联系的制造系统的完整价值链端到端的数字化集成；通过整合价值链上涉及产品生命周期的企业，实现产品从研发设计、生产、物流、销售以及服务的全生命周期的管理，重构产业链各环节的价值体系。

（3）工业大数据分析平台

对工业物联网所收集的海量异质数据进行分析，实现从数据到信息的转换过程，是工业大数据分析平台的主要任务。工业大数据分析平台是一个高度集成、开放和共享的数据平台，是跨区域、跨领域、跨平台的数据集散中心、数据存储中心、数据分析中心和数据共享中心。企业生产过程数据、信息系统数据以及实时物料数据等，通过工业物联网采集至工业大数据分析平台并进行存储分析，解析异构数据结构并实现数据集成分析，实现生产全要素、全流程、全产业链、全生命周期管理的资源配置及优化，以提升生产效率、创新模式业态，构建全新产业生态。

（4）工业软件

工业数据是生产流程关键绩效指标（Key Performance Indicator，KPI）控制的核心。传统制造生产过程的控制均由人工进行，由于响应时间较长、计算不精确等缺点，使传统制造业中对 KPI 的控制效果不佳。工业软件是算法的代码化，而算法是对现实问题解决方案的抽象描述。对于生产企业而言，将排产计划、资源计划、物料搬运调度等算法打包并形成相应的工业软件，对于提高企业对制造过程的控制，提升 KPI 水平具有重要意义。实际上，工业软件定义了信息物理系统，其本质是要打造"状态感知—实时分析—科学决策—精准执行"的数据闭环，构筑数据自动流动的规则体系，应对制造系统的不确定性，实现制造资源的高效配置。生产调度与过程控制类软件、业务管理类软件是智能制造管理工业软件的两大方面，具体内容将在本书第九章详细讲述。

（5）智能控制与决策

智能控制与决策是信息物理系统的建设目标，是企业数据价值链闭环的终点。自动控制与决策是在数据感知、收集、存储、分析与挖掘的基础上，在生产过程进行精准执行，同时基于对时间的预知和对环境的认知，在制造过程中做出精准决策，这是智能制造实施的根本目的。

第四章
智能制造基本原理

第一节　工厂物理学

　　工厂物理学（Factory Physics）是对制造系统基本行为的系统描述。学会并灵活应用工厂物理学可以帮助管理者更好地进行以下工作：①识别改善目前系统的机会；②设计有效的新系统；③权衡不同领域的政策。工厂物理学是一门基于科学方法的学科，在解决问题的框架、技术方法等方面与物理学领域有共通之处。

　　本书的关注重点是管理，从运营的视角可以很好地平衡高层的综合策略与低层的细节问题。在本书中，运营（Operations）是指利用资源（资金、物料、技术、人的技能及知识）来生产产品和服务。任何一个企业都离不开运营，传统研究运营的领域被称作运营管理（Operations Management，OM），本书只涉及制造业中的运营管理。制造与运营管理的关系如图4-1所示。

1. 生产排程

　　英文 Schedule 往往译作"排程"，也译作"计划"。在企业中，高层管理者希望能准时交货、最小化在制品，缩短提前期，以及最大化资源利用率。在生活中，这些

图 4-1　制造与运营管理的关系

目标相互冲突，存在此消彼长的关系。因此，生产排程的目标就是在这些冲突的目标中达到利益最大化的平衡。

　　在工业领域，企业期望较高的设备综合利用率。在设备用于增加收益的情况下，越高的资产设备利用率意味着越高的投资回报率，否则高利用率增加的只是库存，而非利润。利用率水平的决策属于厂内计划层级中的战略问题。在大多数情况下，瓶颈资源的目标利用率都很高。与利用率密切相关的一个量度是生产期（Make Span），是指完成固定数量的加工任务所需的时间。对于一组加工任务，生产速率就是加工任务数量除以生产期，利用率就是生产速率除以产能。

里特定律〔公式：加工时间（CT）＝在制品（WIP）/产出率（TH）〕指出，在产出保持恒定的情况下，缩短周期时间等效于缩短 WIP。然而，变动性缓冲定量指出，不削减变动性就降低 WIP 将导致产出下降。所以变动性削减常常是 WIP 和周期时间削减计划的一个重要组成部分。

排程理论历史悠久，可追溯至 20 世纪早期的科学管理运动。进入 21 世纪，物资需求计划（Marterial Requirement Planning，MRP）是计算机在排程上的最早应用，但是过于简单的模型危害了它的有效性，进而促使一些排程研究者和从业者转向 MRP 的加强版 MRP Ⅱ，以及企业资源计划（Enterprise Resource Planning，ERP），还有一些人转向准时制生产（JIT）。排程问题一直是困扰企业生产的难题，主要是因为有些排程问题无法寻求最优解，只能被迫从寻找最优解到获得可行解。

2. 运营管理中的人因

在任何工厂里，人都是一个关键因素。即便是在拥有高度自动化机器的"熄灯工厂"（Light Out）里，人也在机器维护、物流调配、质量控制、能力计划等方面从事基础工作。无论工厂有多么智能化，如果其中的人不能有效地工作，它也不能良好地运行。与之相反，一些软硬件设施都非常原始的工厂的生产率也相当高，从经营战略的环境来看，显然是人的缘故。

在许多运营管理中，人的因素会使计划和激励之间的界限不明确。举例而言，出于精确性的考虑，调度工具很可能应该利用产能的历史数据。然而，如果人们认为历史绩效不佳，那么使用它来计划未来可能被看作接受了应达到的水准以下的结果。

人在制造系统中的作用是复杂的且具有多面性，一个生产系统包含设备、逻辑，以及人是很重要的。就算是技术性很强的项目，例如排班、能力计划、质量控制以及机器维护，都包含了人。

3. 车间作业控制

车间作业控制（Shop Floor Control，SFC）是计划与部件的结合处，因此是生产计划与控制体系的基础。由于 SFC 处于执行实时控制决策的位置，因此也很自然地处于实时监控变化的位置。除了收集实时状态的信息，SFC 也有益于收集、加工超出实时的与未来相关的信息。车间作业控制的潜在功能如图 4-2 所示。这些功能的核心是物料流动控制（Material Flow Control，MFC）。尽管 SFC 有时被狭隘地理解为只包括物料流动控制，其实它还包括一些与物料流动控制紧密相关的其他功能。

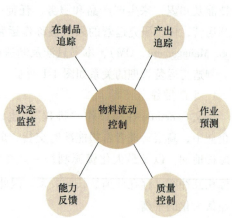

图 4-2　车间作业控制的潜在功能

在制品追踪、状态监控（Status Monitoring）与产出追踪（Throughput Tracking）实时处理工厂事务。WIP 追踪包括识别产线中零部件的当前位置。它的执行可以很详细以及自动化（如通过光电扫描仪），或者很粗糙以及手工记录（如在生产线特定点处的日志）。状态监控是指对 WIP 位置之外的其他参数，如机器状态（开机或关机）、班次情况，进行监控。产出追踪可根据生产线或工厂的产出预测超时或变班的需要。

4. 全面质量制造

质量的概念和质量控制、质量保证及质量管理的方法在 20 世纪 80 年代并不新鲜。质量控制作为一门学科可以追溯到 1924 年，西部电气公司的贝尔电话实验室的沃尔特·A. 休哈特（Wallter A. Shewhart）首次提出过程控制图（Process Control Chart）。1931 年，休哈特发表了第一篇关于质量的重要文章。在 1956 年的论文中，阿曼德·费根鲍姆（Armand Feigenbaum）提出了全面质量控制的术语，并且在 1961 年把它用作他在 1951 年出版的《质量控制》一书的修订本名称。

加文（Garvin，1988）依据不同的分类准则，给出了质量的五种定义。

（1）先验性

质量是指"先天的优点"，不是商品或客户的具体特征，而是一个完全的第三种实体。这归结为"我说不清楚，但是看到它的时候我就知道"的质量观点。

（2）基于产品

质量是产品属性的函数［垫子的质量取决于每平方米的结点数，汽车保险杠的质量取决于以 5 英里/小时速度撞击的损伤（5 英里约 8046.7m）］。这有点像"越多越好"的质量观点（更多的结点、更强的防撞性等）。

（3）基于客户

质量取决于客户偏好得到满足的程度。因此，它是客户所看重的任何一种特征（形状、耐用性、美观性、吸引力等）的函数。从本质上来说，这就是"美丽在旁观者的眼中"这一质量观点。

（4）基于制造

质量等同于与规范的一致性（如在尺寸公差范围内，或者达到规定的性能标准）。因为这种关于质量的定义涉及制造产品的过程，它与"第一次就做好"的质量观点密切相关。

（5）基于价值

质量取决于性能或产品与价格的一致性（如无论性能如何，1000 美元的 CD 质量不好，因为很少有人会觉得它值这个价钱）。这就是"让你的钱花得值"或"负担得起的高性能"的质量观点。

由此可见，质量是一个非常重要的概念，不能简化为简单的数字量度。另外，质量必须是面向产品（Product-Oriented）的。无论如何，客户所看到的产品质量最终由一系列面向过程（Process-Oriented）的因素决定，这些因素包括产品设计、制造运营控制、人在检查过程中的参与、售后服务等。

有关质量的文献可以划分为两类：一类是全面质量管理（Total Quality Management，TQM），着重点在质量的定量管理方面（如培养支持质量改善的整体环境）；另一类是统计质量控制（Statistical Quality Control，SQC），着重点在质量的定量工程方面（如测度质量与确保遵守规范）。企业为了制订有效的质量改善计划，TQM 和 SQM 都是必要的。只有 TQM 而没有 SQC 就会造成只谈理论而没有实质作为，只有 SQC 而没有 TQM 就会只有数字而没有目的。

第二节　透明制造

1. 产业转移下的新经济格局

地域经济发展不均衡极大地影响制造业企业的投资和采购决策。随着全球化的推进，工资、生产率、能源成本、货币价值和其他因素的细微变化极大地影响了"全球制造业成本竞争力"的图谱。新图谱包含了低成本经济体、高成本经济体和大量处于两者之间的经济体，组成了错综复杂的新局面。近年来，随着工业 4.0 的提出，《中国制造 2025》倡议的发布，制造业领域的信息化、透明化被提上了议程。

"透明工厂""透明制造"等应运而生，它们不是指玻璃工厂，而是指数据透明，即各生产节点和生产过程都完全透明可被了解，包括流水线的透明开放、全面采集、处理和分析制造业企业各层级及各环节产生的数据，工厂生产制造过程中各个环节透明化，实现传统制造业企业与"云"无缝衔接，支持企业数字化转型。它们不仅面向生产商、经销商，还面向消费者，做到"生产原料及设备可追溯""工艺流程及产品流向可查询"等。归纳起来，透明工厂其实就是"数字化工厂解决方案"，是物联网在工业领域的重要应用。

我国制造业也面临一些其他的问题，其中的显性问题，包括时间延误、货物差错、包装破损等；隐性问题，包括体系庞大、需求多元、物流资源分散、自营成本高等。首当其冲的是居高不下的物流成本。透明工厂的优势非常明显。它会从全局运营管控、大数据分析、决策看板、风险预警等方面，通过供应链物流数据化引擎提升业务网络透明度，运用订单计划驱动引擎实现资源配置优化，最终通过物流端到端可视引擎实现企业对安全、时效和协同的需求。

2. 数字化工厂解决方案

由于工业物联网相关技术的出现，在企业底层设备的通信和数据采集成为可能。但是数据采集只是基础的工作，因此需要注重数据处理和应用。工厂生产管理的痛点涉及生产系统的组织效率，包括订单准时交付率、生产周期、交货周期、人均产值；整体生产状态不稳定，包括订单不稳定、供应链不稳定和生产过程不稳定；生产基础资料缺失严重，包括技术资料、工艺资料、生产资料和职能部门；人才梯队建设不完善，包括老员工属于技能型的人才更擅长做事而不是管事、在传统企业里用旧的方法很难调动新员工的积极性。这些问题杂糅在一起，更需要系统性地解决车间生产管理问题。

透明工厂是针对离散型中小制造企业，推出的一个低成本、高效率的工厂生产执行管理系统。透明工厂帮助工厂从订单到排产、生产工艺、工序流转、过程管理、物料管理、质量检查、订单发货和数据统计分析的全流程信息化管控，通过工厂信息化、可视化和生产管理水平提升，降低成本、提升效益，大幅度提升中小制造企业的市场竞争力。

（1）细化生产计划，提高计划的可执行性

根据现场生产批次统一管理订单，结合订单交期、设备能力、人员情况、物料清单和生产日历进行作业单元的排产，并能实现工序作业计划管理和关键状态查询。细化计划管控模式，有效提高设备产能，提高企业计划的可执行性。

（2）物料进出，库存可优化

通过快速扫描，轻松实现物料、成品库存及流转管理。可实现安全库存预警提醒，优化库存水平，保障生产需求，降低呆料和缺料成本。

（3）生产进度可视，提高产能效率和质量

作业进程实时透明，生产异常及时报警，保障生产顺畅。条码化过程管理，快速录入各环节数据，无须手写报表，大幅缩短非增值时间。各环节数据实时准确，支持生产现场数据可视化管理。多维度工时效率、异常工时统计分析，更好地满足订单交期和质量，提升企业形象。

（4）报表支持，降本增效

多维度报表，数据展现工厂运营成效，深入挖潜改善，支持管理者持续降本增效。

（5）层层把控，质量追溯

进料、在制、成品、发货层层质检把控，生产过程数据安全保存，确保质量可追溯，多维度质量统计分析，助力工厂质量稳定提高。

（6）透明、预警，大幅度降低交付风险

物料准备到工序作业进程实时透明，生产数据及时准确，生产异常及时报警，更有订单漏排、交期临近提醒，大幅度降低交付风险，赢得客户满意。

对智能制造战略而言，更重要的是如何在上层建立架构和平台，帮助客户处理海量的数据，把信息准确地加工好——在正确的时间，把正确的信息用正确的方式送给正确的人，帮助其做出正确的决策。

第三节 智能产品

1. 智能产品的定义和特征

近年来，智能化成为社会发展的关键词。实际上，将智能嵌入产品和系统中一直是科学工程领域的目标和愿景。嵌入了"智能"的产品能够识别客户需求与环境变化，保持功能输出的最优状态。1988 年，艾夫斯（Ives）在售后服务环境中较早地讨论了智能产品概念。智能产品兼具物理域和信息域的双重特性，其定义的阐明较为多样。塞纳（Cena）等认为，智能产品是物理域和信息域的紧密结合，这使其具有特定的智能化特性。依靠物理域与信息域的迭代交互，智能产品实现了对用户和环境的自适应。王（Wang）等将智能产品的自适应特性归结于其自身一套成熟的软件智能体系统，该软件系统可以根据智能产品其他模块的输入数据或使用环境的变化进行推理并做出反应。

基于智能产品的自适应特点，文塔（Venta）等认为智能产品应该具有以下功能：①持续监控自身状态和使用环境；②对环境和操作条件做出反应和适应；③在不同使用环境下保持最优使用状态；④与用户或环境及其他智能产品和系统进行交互。麦克法兰（Mcfarlane）等提出智能产品应该具有以下特性：①唯一标识符；②能与环境进行有效交互；③能够保留或存储自身相关信息；④运用某种机器语言展现自身特性、生产要求等；⑤能够参与有关自身的决策。杜孟新等认为，智能产品的特性应该从感知、监控、适应与优化、互联与集成、交互与协同、数据与信息服务、新兴商业模式、人工智能 8 个方面考虑，并结合其特性，将智能产品的智能化水平划分为基础智能、系统智能和交互智能。

2. 智能车间

智能车间已经逐渐发展成为工业生产的重要生产模式，同时也是工业生产的重要组成部分，其效率高低将直接对整个工业生产产生一定的影响。但是智能车间也是从传统车间改造并发展起来的，所以说，传统车间对智能车间发展也起到了一定的推进作用。

在设备的选用上，传统车间往往应用的是数控机床，然而在智能车间中应用的是智能设备。所以，智能车间不仅可以完成传统车间的加工任务，还可以对每个操作人员的操作采取良好的数据化分析，并以此能够确保整个操作的安全性。在传统车间设备运行工作时往往需要有专门的看护人员看着设备运行，以此能够实时观察设备的运转情况，避免发生设备故障问题。因此，在人力方面将会产生浪费。智能车间可以完全省去这一操作步骤，我们只需要观察设备运转参数是否正常就可以判断设备是否产生故障，从而能够更好地节约人力、财力。

智能车间主要包括智能机床、网络网关、通信技术和控制中心。主要的工作原理就是通过网关的传输控制中心输入命令通过，让智能机床能够正常工作，同时智能机床对自身的数据分析也可以通过网关传输给控制中心，使工作人员能够对设备进行一定的分析，以此判断设备的运行情况是否规范，同时可以检测设备的安全性。

3. 智能机床

随着我国对工业智能化发展要求的不断提升，使工厂在更多工业制造方面都对智能化的应用做出了相应的改变，其中智能机床已经成为机床操作中主要的发展趋势。此外，智能机床是由以往数控机床演变而来的，它不仅有数控机床具有的生产力以及功效，还加入了更加精准的控制模块和通信模块，在设备的末端引入了数据收集模块，使机床表现出不同的工作原理，功能变得更加强大。

智能机床工作的主要原理是对数控数据进行科学合理的分析，同时对各项数据进行全方位的监测，还可以借助互联网的应用更好地监测机床中各个零部件的使用寿命，以此能够预测出更换的时间，避免因为零部件损坏对整个生产造成一定的影响，从而把生产中的损失降到最低。此外，智能机床还可以对可能产生的故障做出一定的预判，以此能够防患于未然。

智能机床与传统机床的本质区别就在于数据模块的引入，把操作人员根据经验判断设备运转是否正常变为由数据模块进行判定，以此增加可靠性。数据模块在智能机床的各大功能模块中是最重要的模块，其将对整个设备运行产生深远的影响，也是对数据进行判断的一个重要的先决条件。

智能机床具备感知能力、推理能力、决策能力及学习能力。智能机床具有感知能力就要求机床装更多的传感器。例如，温度传感器、振动传感器、扭矩传感器、声控传感器等。智能机床具有推理能力、决策能力，就要求机床能够根据现有条件得出正确的结果或根据现有条件的变化采取相应措施，以保证结果的正确性。可见智能机床应具有处理大数据的能力、更高的运算速度，确保根据感知条件的变化实时决策，并对现有数据进行修正。智能机床具有自我学习能力会对自己加工过的工件相关数据做记录与分析，在此基础上对正在加工的同品种工件采取修正措施，以保证加工结果更精准，即机床能根据上一种工件加工结果检测数据，做出对下一种同品种工件加工程序的修正。这种修正有利于工件精度的提高。

第四节　智能物料

1. 生产物流及智能化的发展

在智能制造这种新型生产模式下，生产制造环境极其复杂多变。在复杂的环境中，生产物流是制造企业的核心部分，其智能化程度则是有效保障智能制造模式运作的关键，也是企业整体向智能化转型的重要途径。制造业物料配送是围绕制造业企业所进行的原材料、零部件的供应配送、各生产工序上的生产配送，以及企业为销售产品而进行的对客户的销售配送。理想的物料配送是各个工位都能及时得到所需的物料，工位线边不堆积、不缺料，当物料不合格时能及时更换。

最初的物流是靠人工完成的。随着工业革命的推进，采用机械设备进行物料输送，再到自动化输送、搬运和分拣，信息化将物流系统进行信息集成，现如今，随着新一代信息技术的影响，将人工智能集成到物流系统发展成为智能物流。

2. 智能物料配送

智能物料配送系统是智能制造中的关键部分，利用 RFID、传感技术、通信技术等，使生产制造过程与物流运输过程互联，实现快速决策、智能调度、动态配送等生产物流过程。

智能物料配送系统有以下特征：①IT 技术、互联网技术、物联网技术等的广泛应用；②以制造执行系统（Manufacturing Execution System，MES）为代表的管理信息系统的导入；③物料需求实时数据采集；④配送任务实时智能决策；⑤智能配送车辆，例如自动导向车（Automated Guided Vehicle，AGV）的广泛应用；⑥智能路径规划。

智能路径规划问题是智能物料配送的核心问题。

3. 物料管理体系框架

（1）资源感知层

这一层的物料管理主要采用的技术是多元数据感知技术，给物料安上感知能力的元件，以此作为其标识。这样就使物体具备感知能力，就能够被物理网的终端识别。

（2）网络传输层

这一层主要是利用了局域网、无线网、蓝牙、红外线以及射频等通信技术来构建网络通信平台，使资源感知层感知到物体的信息，从而传输到数据处理终端。

（3）信息集成层

由于数据并不是完全确定的，再加上数据的类型不同，采集的方式也不同，因此需要对数据进行不同的射影和转换。信息集成层就能解决数据传输和存储的问题。

（4）应用层

这一层通过对传递来的有效数据进行模型运算，实时感知信息驱动的物料配送计划，为物料分拣和配送提供有效的数据支撑。

4. 基于实时定位的智能物料配送系统

（1）实时数据采集系统

实时数据采集系统是整个物料配送系统的基础性内容，它直接影响了系统运行的准确性和高效性。数据采集层主要包括两大模块：一个是基于无线传感网络以及 RFID 的数据采集模块；另一个是基于实时定位系统的数据采集模块。该实时定位平台采用区域定位和精确定位相结合的方式，利用 RFID 采集物料、工装等的区域位置信息，利用超宽带（Ultra Wide Band，UWB）技术实现物料配送车辆的导航和追踪。

（2）三维数字化车间系统

三维数字化车间系统是物料配送系统的支撑技术，为物料的动态智能配送提供实时信息支撑。三维数字化车间系统可以利用现有的三维仿真平台、三维建模工具、仿真平台的二次开发接口，实现外部实时定位系统（Real Time Location System，RTLS）数据对仿真平台的驱动。

（3）物料配送执行系统

物料配送执行系统主要包括物料配送管理系统和智能配送车辆。物料配送管理系统与企业现有的信息化系统进行集成。例如，ERP 系统、MES 系统、CAPP 系统等。智能配送车辆是物料配送系统的执行机构，是实现物料动态配送优化的一个关键。首先，物料配送管理系统将配送任务下达到智能配送车辆；然后，智能配送车辆根据提供的数据，按照配送原则合理规划出物料配送的最优路径。

（4）企业内部管理系统

企业内部管理系统主要负责根据生产任务和订单生成相应的生产计划和工艺路径等信息，并将这些信息下发到物料配送管理系统，物料配送管理系统将工艺数据转换为可识别的配送任务数据。

5. 智能仓库

在智能物流配送过程中，重要的一环就是智能仓库。智能仓库能够提高仓库管理的效率以及准确性，从而给企业提供更加准确全面的物流信息，提高对库存的应用管理。智能仓库主要是采用物流高层货架、巷道式堆垛机、出入库工作台、AGV、智能管理控制系统和 RFID 等先进设备和技术，大大提高了仓库管理的效率，简化了操作流程，同时提高了物流配送的效率。智能仓库主要包括：①高层货架，用于存储货物的钢结构；②托盘，用于承载货物的器具；③巷道式堆垛机，用于自动存取货物的设备；④输送机系统，主要负责将货物运送到堆垛机，或者是将货物从堆垛机运送走。输送机系统中的输送机有很多种类，通常使用的有链条输送机、升降台、分配车、提升机、带式机等。

智能仓库有以下优点：①智能仓库是一个能自动实现货物定位、管理、快速出库、快速登记信息的智能系统，精准仓库过程一般包括收货、上架、拣货、补货、发货、盘点几个流程；②减少对操作人员经验的依赖性，以信息系统来规范作业流程，降低作业人员的劳动强度；③改善仓库的作业效率，实时查看智能仓库数量，及时修正智能仓库的差量，移动盘点；④改善订单准确率，随时随地查看智能仓库的单据；⑤减少运行步骤，提高仓库的利用效率。

智能物料配送对于智能制造的影响还是很大的。智能物料配送能够对生产率、产品质量的提升产生积极影响。智能物料配送还需要大量企业进行实践验证与不断优化。

 第五节　智能生产

1. 智能生产的现状

智能生产是指使用智能装备、传感器、过程控制、智能物流、制造执行系统、信息物理系统组成的人机一体化系统，按照工艺设计要求，实现整个生产制造过程的智能生产、有限能力排产、物料自动配送、状态跟踪、优化控制、智能调度、设备运行状态监控、质量追溯和管理、车间绩效等；对生产、设备、质量的异常做出正确的判断和处置，实现制造执行与运营管理、研发设计、智能装备的集成，实现设计制造一体化、管控一体化。

长期以来我国劳动力成本偏低，在装备的自动化、数控化、智能化等方面的资金投入不足，使我国生产自动化、智能化的总体水平不高。目前的智能生产还存在以下问题：

1) 生产装备的数字化、智能化水平不高，联网率低，严重妨碍了数字化、智能化车间的建设。

2) 物流的自动化、智能化水平低，进出厂物流、自动化立体仓库不多，生产现场的物料配送、工序之间的物料传输自动化水平更低。

3) 车间实施制造执行系统的比例很低，造成车间生产作业计划粗放，设备负荷不均，物料供应协同性差。还有车间物料管理混乱、车间作业进度监控不力等。

4) 有些企业购置数量相当的数控机床或自动化生产线，但系统的集成性差。

5) 数据采集严重不足，生产工序进度、质量情况、设备运行状态、物料配送情况等信息不能及时反馈，整个生产系统的透明度、可视化程度不高，生产调度的科学性大打折扣。

智能生产系统设计的目标包括：装备数字化、智能化，仓储、物流智能化，生产执行管理智能化，效益目标。

2. 智能生产系统分项描述

（1）智能装备与控制系统

智能装备与控制系统是智能生产系统的基础装备，它由若干柔性制造系统组成。按照《中华人民共和国国家军用标准：武器装备柔性制造系统　控制系统通用规范》的定义："柔性制造系统是由数控加工设备、物料运储装置和计算机控制系统组成的自动化制造系统，它包括多个柔性制造单元，能根据制造任务或生产环境的变化迅速进行调整，适用于多品种、中小批量生产。"

柔性制造系统有以下特征：机器柔性、工艺柔性、生产能力柔性、维护柔性、扩展柔性和运行柔性。

（2）智能仓储与物流配送系统

从精益生产的角度，我们希望库存越少越好，但是受到供货批量、供货半径、运输成本等因素的影响，有时库存又是必需的。建设智能仓储与物流配送系统是实现智能生产的关键所在。智能仓储与物流配送系统由仓储物流信息管理系统、自动控制系统、物流设施设备系统组成。

（3）制造执行系统

制造执行系统是美国先进制造研究机构（AMR）于20世纪90年代提出的概念。AMR将制造执行系统定义为"位于上层的计划管理系统与底层的工业控制之间的、面向车间层的管理信息系统"，它为操作人员/管理人员提供计划的执行、跟踪，以及所有资源（人、设备、物料、客户需求等）的当前状态。

制造执行系统协会（Manufacturing Execution System Association，MESA）对制造执行系统的定义是："制造执行系统在工厂综合自动化系统中起着中间层的作用，在ERP系统产生的长期计划指导下，制造执行系统根据底层控制系统采集的与生产有关的实时数据，对短期生产作业的计划调度、监控、资源配置和生产过程进行优化。"

制造执行系统为企业创造的价值是：缩短在制品周转和等待时间，提高设备利用率和车间生产能力，提高现场异常情况的响应和处理能力，缩短计划编制周期，以及降低计划人员的人力成本，提高计划准确性，从计划的粗放式管理向细化到工序的详细计划转变，提高生产统计的准确性和及时性，降低库存水平和在制品数量，不断改善质量控制过程，提高产品质量。

（4）生产指挥系统以及智能生产系统与其他系统的集成

生产指挥系统可实现生产动态的综合展现和生产现场的实时呈现。智能生产系统与企业资源计划 ERP、研发设计系统 CAX/PLM 有密切的集成关系，它们通过智能生产系统中的 MES 与生产指挥系统进行集成。制造执行系统再将这些信息传递至智能装备与控制系统、智能物流系统，实现从底层设备至经营管理、研发设计系统的全面集成。

1）与 ERP 系统的集成。ERP 系统向制造执行系统传递的信息包括生产任务、采购（外协）在途、库存信息、物料配送计划。制造执行系统向 ERP 系统传递的信息包括生产状态信息、物料信息、质量信息、异常信息、人员安排信息、计划执行信息、设备运行信息等。

2）与研发设计系统的集成。研发设计系统 CAD/CAPP/CAM/PLM 向制造执行系统传递的信息包括物料主数据、物料清单、设计文档、工艺文档、数控程序、技术变更，实现设计、工艺、制造一体化。制造执行系统向研发设计系统反馈工艺异常和设计异常数据。

3）与智能服务系统的集成。制造执行系统向智能服务系统传递产品质量追溯信息，以便进行产品召回、索赔等。智能服务系统向制造执行系统传递用户反馈信息。

第六节　智能服务

1. 智能服务的定义和特征

智能服务是在 1998 年由斯维达（Szweda）提出的，经过不断的发展和研究。贝费龙根（Beverungen）把智能服务定义为：通过智能产品所支持的行为、过程和性能，来应用于专业化的竞争。智能服务可以为企业提供很多间接的好处，例如有机会向客户学习，从而为研发、销售和营销打下基础。卡斯滕斯（Carstena）把构建智能服务的过程分为四个阶段：内部基础设施、外部基础设施、连接物理平台、服务平台。因此，智能服务的实现不仅依赖智能互联和数字化的设备、平台或服务系统，还依赖智能化的服务供应链对收集到的数据进行分析处理，并反馈至客户及供应商。智能服务为创造价值，以及如何在商业生态系统中提供共享价值带来了根本的变革。

波特（Porter）和赫佩尔曼（Heppelmann）认为，所有智能、互联的产品或系统都包含三个核心要素：物理部件（如机械和电子部件）、智能组件（如传感器、微处理器、数据存储、软件、嵌入式操作系统和数字用户界面）以及连接性组件（如端口、天线、协议和网络、产品和产品云之间的通信等）。首先，通过智能组件（传感器、微处理器等）分析处理；其次，将结果通过连接性组件反馈给物理部件去执行或呈现。在这个过程中，更强调多平台、多系统、多终端的协同化、一体化、数字化和信息化的管理。

2. 智能服务经历的阶段

　　服务的发展历程也是人类社会发展进步的缩影，它同样经历了农业经济时代、工业经济时代、信息经济时代，以及智能经济时代。在农业经济时代，几乎不存在服务活动。在这一时期，主要依靠简单的人力劳动来提供服务，例如传统的酒楼、旅馆、驿站等，工作效率低、成本高，智能化程度趋近零。进入 20 世纪以后，随着工业革命的兴起以及机器设备的出现，进入了工业经济时代，人们开始使用机器取代人力，生产率得到很大提高，逐渐产生半自动半人工的服务活动，智能化程度得到一定的提高。此时，交通运输开始成为服务业的代表，并逐渐占据主导地位。20 世纪 50 年代，社会进入信息经济时代，计算机的普及使得各类服务活动变得更加方便和快捷，人工逐渐被取代，社会开始进入半智能化时代，智能化程度得到很大提高。金融、银行、证券、保险等服务业也开始不断涌现。21 世纪，新的服务形式和新的服务活动层出不穷，大数据、人工智能、物联网使得人类社会从此迈入智能经济时代。

3. 智能服务的实现路径

　　在服务经济时代，大多数人的需要已经转向服务的个性化，产品种类和定制化的需求是不可阻挡的。这也对企业提供的服务提出了更高的要求。企业在这一过程中不仅需要快速掌握客户的需求，而且需要在有限的时间内提供客户满意的服务，因此提供智能化的服务是必不可少的。

　　对制造业企业来说，实现服务智能化的关键是：①服务技术要与客户需求相融合；②企业有目的地创建、扩展资源基础能力的强弱。以服务技术与客户需求融合为导向的智能化服务，不但实现了服务技术和客户需求的精准融合，而且可以提供更加高效满意的服务，使服务的智能化程度提高。

　　服务技术与客户需求离散为导向的智能化服务表现为服务技术和客户需求相脱离，拘泥于传统服务模式的改进与优化，服务与客户需求相互独立、互不相容或融合程度很低，因而提供的服务往往智能化程度低。服务智能化的实现也依赖企业自身动态能力的强弱。动态能力分为感知能力、整合能力和吸收能力三个维度。感知能力越强越有助于企业发现和捕捉市场机会，获取最新的信息和技术，对市场需求做出快速的响应，企业提供的服务智能化程度往往越高；整合能力越强说明企业具有越强的资源整合能力，能够将不同领域内的信息和资源加以整合，从而获得竞争优势，因而整合能力越强，企业提供智能化服务的能力越高；同理，吸收能力越强代表企业能够快速地融合新的知识和信息，具有越强的学习能力，能够快速地开发新的技术和知识，因而吸收能力越强的企业，它的服务智能化程度同样也越高。

第五章
智能制造管理

第一节 制造管理

　　制造是使用人力、设备以及生产工艺将原材料、能源及其他相关投入转变为产品，以满足消费者需求并实现价值增值的过程。制造过程不但涉及多种制造资源，而且需要应对复杂多变的制造环境，因此制造的成功进行需要有合适的制造管理模式。

　　制造管理是指对制造过程进行计划、组织、指挥、协调以及控制的一系列管理活动的总称。其重要意义在于：在不改变企业资源、人力以及设备等制造要素的前提下，通过对制造过程的优化以及管理模式的创新，提高企业关键绩效指标，降低制造过程的资源消耗和制造成本。科学的制造管理遵循的五项基本原则包括：

　　1）如何提高生产率？

　　2）如何缩短生产时间？

　　3）如何提升质量？

　　4）如何提高消费者满意度？

　　5）如何保障安全？

　　随着消费者需求的不断变更，生产模式也经历了几次大的变革，而每次生产模式的变革都将带来制造管理模式的极大改变。生产模式的演变如图 5-1 所示。

图 5-1　生产模式的演变

　　进入 21 世纪以来，制造业面临更大的个性化压力、高技术压力、资源/环境压力，传统的制造管理模式的弊端逐渐显现。为了提高对市场的响应速度，同时提高制造业的资源能源利用效率，以及提供更加个性化的产品，智能制造将会成为制造管理的主要手段。智能制造将"信息空间"与"物理世界"连接在一起，可以实时接收并处理制造过程中产生的各类信息，提高生产率以及市场响应速度，极大提高制造业的全球竞争力。智能制造管理的应用将会提高企业的绩效水平。麦肯锡（Mckinsey）公司的调查研究显示，以数字化为主要特征的智能制造管理可以提升企业各个方面的绩效水平，如表 5-1 所示。

表 5-1　智能制造管理提升绩效水平

价值驱动	绩效表现形式	提升水平
资源/流程	产量	提升 3%~5%
产能利用	设备不可用时间	降低 30%~50%
员工	员工平均利润	提升 45%~55%
库存	库存成本	降低 20%~50%
质量	质量缺陷成本	降低 10%~20%
需求预测	预测准确度	提升 85%以上
市场响应能力	新产品开发时间	降低 20%~50%
服务	服务成本	降低 10%~40%

第二节　智能制造管理

1. 智能制造管理的定义

智能制造技术是实施智能制造的基础，不具备系统的技术能力和设备、设施，根本无法实施智能制造。智能制造管理水平则是智能制造发展的"瓶颈"，决定了实施智能制造的最终高度。人（Man）、机（Machine）、料（Material）、法（Method）简称"4M"，是所有生产活动的核心要素，所有的制造活动均围绕"4M"展开。随着"多品种、小批量"生产模式的发展，使制造系统变得高度复杂化，进而导致生产绩效水平的下跌，因此制造管理模式亟须改变。

智能制造管理是指利用新一代信息通信技术以及数据分析技术对企业所有的资源进行集成化管理，及时识别并处理制造过程中的波动，实现对制造过程中"4M"的实时控制与优化，维持制造过程的稳定性，提高企业关键绩效水平，降低制造成本。实现对生产绩效的实时控制是智能制造管理的目标，先进的工业应用（如 MES、SPC、APC 等）是实现对生产绩效控制的主要手段，而工厂整合的目标在于实现各工业应用之间的集成应用，以及对应用的更新。智能制造管理基本原理如图 5-2 所示。

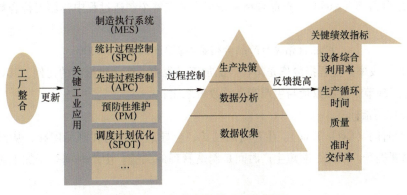

图 5-2　智能制造管理基本原理

2. 关键绩效指标

智能工厂关注制造过程本身，制造成本是其关注的核心指标。企业对工厂关键绩效指标的定义各不相同，但是总体上可以从生产能力、质量和交货期三个方面进行定义，如图5-3所示。

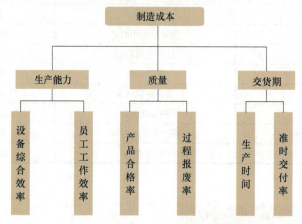

图5-3　企业对工厂关键绩效指标的定义

（1）生产能力指标

1）设备综合效率（Overall Equipment Effectiveness，OEE）。OEE是一种严格的机器总体性能的衡量手段，提示时间浪费在哪里，统计各种时间浪费的目的在于实现改进。OEE指标将制造过程的多种因素集成到一个生产指标中，是衡量生产能力的最常用指标。

设备综合效率=（设备实际运行时间/计划运行时间）×（实际生产总量/理论产能）×

（合格品数/产品实际生产总数）

2）员工工作效率（Worker Efficiency）。员工工作效率用来衡量员工工作总时间与订单生产相关的时间之间的关系。

员工工作效率=单位批次所需时间/员工实际所用时间

单位批次所需时间是指员工完成一个批次所需要的时间；员工实际所用时间是指员工可以用来加工批次的时间，其不包括企业规定的休息时间。

（2）质量指标

1）产品合格率（Yield）。产品合格率是指产品在整个制造过程中，加工符合规范并且没有进行重加工。

产品合格率=产品合格数/检验产品总数×100%

2）过程报废率。过程报废率是指在产品加工过程中，产品被报废的比例。其计算方法是针对某一生产环节，废品数量与生产产品总数量之比。

（3）交货期指标

1）生产时间（Cycle Time）。生产时间越长，会导致越高的在制品库存，从而导致生产成本的大幅度提升。因此，缩短生产时间是制造管理的关键。生产时间等于加工时间与等待时间之和。

2）准时交付率（Confirmed Line Item Performance，CLIP）。准时交付率是指企业按照约定

准时将产品送至客户的能力，通常以周为一个交付周期。准时交付率的计算方法为

$$准时交付率＝（本周交付数量＋超期交付数量＋提前交付数量）/（交货预警数量＋$$
$$本周需求数量＋积压订单数量）$$

本周交付数量是指完成的应当在本周交货的订单数量；超期交付数量及提前交付数量分别是指积压订单的交付以及订单的提前交付；交货预警数量反映已经或即将到期交货，但还未交货的采购订单的预警情况。

3. 绩效控制方法论

控制回路是智能制造绩效管理的基本组件。控制回路具有的四个基本功能，可以对制造过程进行实时监控与反馈，优化制造过程。这四个基本功能包括：①监测，实时监测制造过程中各变量的信息，获取传感器数据并作为下一步处理的输入；②差异分析，将制造过程中所有变量的实时数据与预先设定的制造标准进行差异分析，进行误差计算；③反馈，将误差分析结果实时反馈到生产决策层；④优化调整，根据实时反馈的制造偏差数据，对自动化生产过程进行优化调整。制造系统绩效控制模型如图5-4所示。

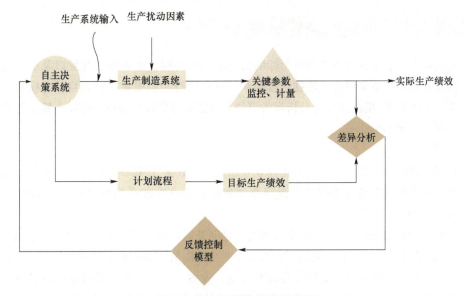

图 5-4　制造系统绩效控制模型

制造偏差是导致绩效水平不稳定的原因，并且制造偏差会带来扩散效应，即会影响其他制造环节。因此，对制造偏差的控制速度决定了生产系统的稳定性，是提升制造绩效的关键。控制反馈速度对绩效的影响如图5-5所示。

智能制造系统可以实时收集设备数据、生产运营数据以及业务数据，而在传统制造管理模式中，收集这些数据是很困难的，并且伴随着因人为录入数据存在的数据不准确情况，影响企业的精准决策。因此，智能制造系统为实现实时精确的绩效控制提供了新的思路。信息通信技术以及数据分析技术的快速发展使企业从这些繁杂且结构各异的数据中提取关键信息以帮助实施决策成为可能。工业软件的应用是企业实现信息化的基础，也是控制与优化在制造系统中的具体体现。

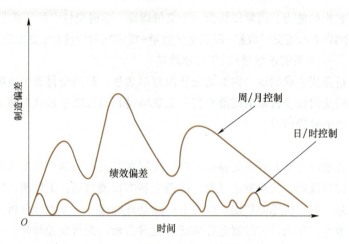

图 5-5　控制反馈速度对绩效的影响

第三节　智能制造管理关键模块

为实现对上一节所述的关键绩效指标的实时监测与控制，企业需要开发以及引入大量的工业系统或者软件。本节将从主数据管理模块、制造执行控制模块、设备自动化模块、过程控制模块、生产调度/指派模块与分析报告模块对智能制造管理要素进行介绍。智能制造管理工业模块框架如图 5-6 所示。

1. 主数据管理模块

主数据管理模块主要用于管理与企业业务相关的主数据（Master Data），主要包括流程主数据、产品主数据、物料主数据以及流程测试数据。企业管理系列软件：包括 ERP、SCM、CRM 等业务类软件。

1）产品类型主数据。产品类型主数据为其他制造系统或者应用提供产品层次结构。

2）产品流程主数据。该应用是用来提供企业全范围的产品流程主数据的管理、存储以及数据的分布，包括制造/存储/运输设备设施信息、业主、产品计划相关数据以及其他物流数据等。与产品类型主数据相比，产品流程主数据关注物料以及制造过程数据的管理。

3）物料主数据存储。物料主数据存储用来存储产品的技术数据（物料清单 BOM、制造设备类型、产品类型名称以及其他产品技术规格）。

4）物料时间管理。物料时间管理用来管理原料关键参数（物料的解冻时间与失效时间）。

5）测试包应用中心。测试包应用中心用于测试与存储与加工流程相关的数据，即通过测试得到流程规范（Recipe）。

6）生产数据仓库。所有相关生产数据都会在此集中并进行处理，其他相关应用会在此提取需要的数据。

7）数据格式转换平台。主数据库及应用中的数据因结构各异，并不能直接应用于制造执行系统，因此，在主数据相关应用及制造执行系统之间构建数据格式转换平台，使得数据以统一的可被制造执行系统应用的格式传输至制造执行系统。

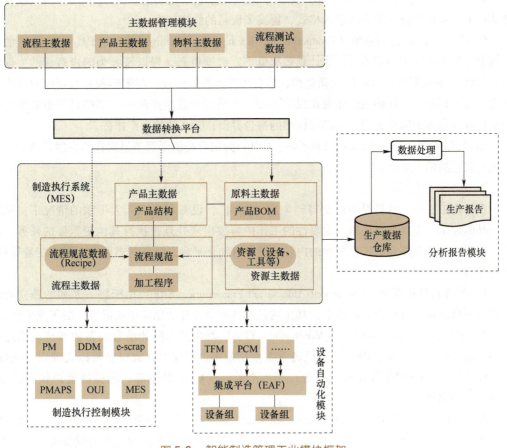

图 5-6 智能制造管理工业模块框架

2. 制造执行控制模块

1）制造执行系统（Manufacturing Execution System，MES）的主要作用是通过对运营数据、生产数据以及设备数据的收集与分析，实时地指导和控制生产线进行生产。MES 执行由企业资源计划（ERP）下发的生产命令，并且为 ERP 系统提供生产数据记录。MES 应具备 8 个基本功能：①详细的生产计划与控制；②生产设备管理；③物料管理；④人力资源管理；⑤数据收集；⑥绩效分析；⑦质量管理；⑧信息管理。MES 是生产系统的"大脑"，因此，建立适用于生产过程的 MES 系统是智能制造管理成功实施的关键。

2）预防性维护（Preventive Maintenance，PM）是智能工厂解决方案的重要组成部分，实现了对所有种类设备的维护管理，可以给操作员提供设备的详细维护信息以及步骤，提高设备维护效率。该应用的目标包括以下几点：①缩短设备的实效时间；②统一的维护机制；③实现对维护成本的收集计算。

3）偏差决策管理（Deviation & Decision Management，DDM）对产品、设备以及生产流程关键参数进行监测，对所有超出偏差范围的变量进行控制管理。该应用的主要作用包括：①缩短系统维护时间和降低成本；②实现产品缺陷的可追溯性；③实现制造过程的实时管控；④具有统一的报告格式；⑤和 MES 系统相连，实现信息共享与集成。

4）电子废料管理系统（e-scrap）提供了高效的废料管理方法。取代了人工录入废料信息的任务，提供了统一的废料录入格式，提高了废料的管理效率。

5）生产监控＆计划系统（Production Monitoring And Planning System，PMAPS）传统的生产调度计划是由人来确定的，造成计划效率低下、数据更新缓慢以及人为因素造成的失误增多。PMAPS通过对生产过程的自动监控，依据生产运营数据进行高效排程并且可以对生产计划进行自动调整。其优势主要体现在以下方面：①缩短产品生产时间；②提高制造资源使用效率；③避免人为因素失误；④具有标准的报告界面；⑤高效的生产排程。

6）操作界面（Operator User Interface，OUI）为用户提供了简单易操作的在线设备状态以及运行数据的输入界面。

3. 设备自动化模块

在智能工厂中，机器设备将变得越来越"聪明"，设备可以在无人干预的情况下，完成对产品的加工。工人可以从单一重复性的工作中解放出来并且去执行其他更重要的任务。设备自动化的应用主要实现四个方面的内容：设备自动化平台、设备状态监控、设备变量管理、过程控制。

1）设备自动化框架（Equipment Automation Framework，EAF）用于将一系列的独立的设备集成到自动化和流程控制框架中，其作用是为各个设备自动化应用提供统一的集成平台。

2）在线设备监控（Total Fab Monitoring，TFM）对生产车间的所有设备的运行状态进行监测，通过设备综合效率OEE分析提高设备使用效率。可靠的在线设备可以实现以下功能：①在线监测；②OEE分析并提供报告；③生产时间（CT）的跟踪；④提高资源使用效率；⑤简单化设备集成。

3）设备状况界面（Equipment State，EQ-Stat）将TFM中的结果以更清晰的方式呈现，所有有关设备数据均会通过该应用进行传递，同时为设备操作员工提供清晰的设备状况监测图。

4）变量监测与控制（Parameters Control ＆ Monitoring，PCM）使用实时设备关键参数的数据以实现在线流程监测，通过PCM驱动，任何关键参数超出了工程师给定的范围，PCM就会发出警告或者停止生产设备，防止造成潜在产品质量缺陷。该应用软件优势如下：①消除人为因素产生的偏差；②对产生的各偏差提供闭环控制；③实现产品质量"零缺陷"；④缩短生产设备的准备时间；⑤详细的设备关键参数监控。

5）自动物料搬运系统（Automatic Material Handling System，AMHS）为在制品存储以及物料供应提供了高效的管理方法。该应用软件优势如下：①降低在制品及物料管理的成本；②流线型物料供应，降低因物流供应问题产生的设备不可用时间；③提高生产能力。

6）标记指导管理系统（Marking Instruction Management System，MIMS）为产品的标记提供了自动化的数据获取以及标记系统。该应用可以自动从主数据管理系统中获取标记数据，实现了产品标记格式的标准化。

7）设备能力数据库（Machine Capability Database，MCD）用于为其他应用软件（IE，Planning，Controlling）管理和标准化输入数据建立统一的数据源，共享其中数据。该应用软件优势如下：①数据分享避免了数据的二次输入；②保障数据集成和质量；③共享的数据平台可实现数据的集中化管理。

8）流程规范管理系统（Recipe Management System，RMS）是管理和处理设备流程规范的新应用。流程规范是指对产品的每一步处理规范。只需要通过扫描产品类型，RMS 就能自动释放适用于产品的加工规范，避免了人为选择产生的错误以及浪费时间的缺陷。该应用软件优势如下：①消除人为选择规范带来的错误；②简单化信息输入；③集中化加工规范的控制与管理；④极大地缩短设备准备时间。

4. 过程控制模块

1）统计过程分析与控制（Statistical Process Analysis and Control Environment，SPACE）资料收集器，用来收集数据并传输到 SPACE 系统，以产生分析图示或者报告。由于 SPACE 资料集器（SCC）具有可配置性，用户可以按照需求选择将需要的数据传输至 SPC 分析工具。

2）统计过程分析与控制提供全企业范围的 SPC，包括在线数据监控与分析。通过 SPACE 分析得到的报告，运营人员可以随时了解 SPC 识别的违规情况。SCC 与 SPACE 的联合应用具有以下优势：①对偏差提供实时数据分析与报告；②SPACE 实现了全公司的在线 SPC 偏差监控；③实现对制造偏差的纠正（如停止有缺陷产品的继续加工）。

3）先进流程控制（Advanced Process Control，APC）用来收集并分析由设备传输的数据以监测制造流程是否符合规范。传统对流程变量的监控是人记录的，但是随着设备的增多，这种方式已经无法适应。通过 APC 驱动，任何关键参数超出了工程师给定的范围，APC 就会发出警告或者停止生产设备，并将偏差信息通过闭环回路反馈至 RMS，以提高整体流程控制。APC 对于生产控制具有极其重要的意义：①实现对生产流程关键参数的实时监控；②维持制造过程的稳定，提高产品质量；③增强设备产能、减少制程出错以提高生产能力。

5. 生产调度/指派模块

调度计划优化工具（Scheduling Planning Optimizing Tool，SPOT）基于加工对象的当前状态、优先顺序，及其他生产要求和工序之间的联系对生产设备安排生产工具及原材料，实现生产系统的自动指派与调度。实现 SPOT 应包含几个过程：①收集多源数据；②将多源数据转化为标准的 SPOT 输入结构；③执行 CPLEX 等软件开发的算法；④以统一的格式存储优化后的结果；⑤将数据结果转化成为其他应用所需要的格式以供其他应用使用。该应用软件优势如下：①可减少人为生产调度带来的失误；②可提高生产过程的可预测性；③可提高制造绩效在各方面的表现。

SPOT 工作流程如图 5-7 所示。

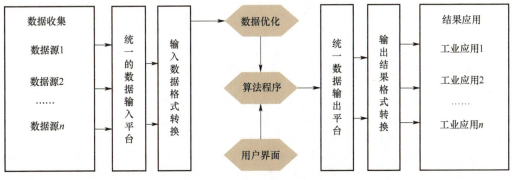

图 5-7　SPOT 工作流程

6. 分析报告模块

1）工程数据系统（Engineering data analysis Base Systems，EBS）是一个支撑企业日常运行的制造数据分析工具。EBS 的目标是为制造数据分析提供统一的平台基础，主要包括数据建模、数据加载、数据提取以及数据交互形式。

2）生产报告共享工具　为企业内部不同部门，以及不同地域企业之间提供方便的报告上下文搜索方法，以解决不同部门或者不同区域之间报告无法共享的缺陷。该应用软件优势如下：①用户可以访问不同数据库的数据；②所有的报告和分析工具都可以在一个点进行搜索；③可实现用户个性化的设置；④可实现不同报告以及工具间的信息交互。

3）自动生产报告工具　将多个分析报告工具集中到一个用户界面上，该应用的数据基础是企业的数据仓库，通过设置所需要的变量值可以很容易得到生产绩效的分析报告（如OEE）。该应用软件优势如下：①实现多个分析工具的整合使用；②简单的绩效分析报告生成方式。

第六章
智能制造管理系统能力评估

我国与德国制造业情况不同，德国已普遍处于从工业 3.0 向 4.0 过渡阶段，拥有强大的机械和装备制造业，在自动化与信息化领域已经具有很高的发展水平，而我国制造业发展水平参差不齐，一部分企业发展水平较低，必须走"工业 2.0"补课、"工业 3.0"普及、"工业 4.0"示范的"并联式"发展道路。因此，对企业的制造管理水平进行评估，识别企业的劣势以及可以优化的生产环节，确定转型路径，是企业分层次、分步骤推进智能制造的基础和依据。

工业 3.0 将生产数字化、模拟化，以集成芯片代替人的手工操作。工业 4.0 通过智能网络，使产品与生产设备之间、不同的生产设备之间，以及数字世界和物理世界之间能够互联，使机器、工作部件、系统以及人类会通过网络持续地保持数字信息的交流，物理信息系统将形成第四次工业革命的基础。与工业 3.0 相比，工业 4.0 最重要的特点就是资源的整合利用。

🎯 第一节　关键绩效指标控制所需制造管理能力

本章关注生产过程的智能化评估，考虑的重点是如何通过实施智能制造管理优化生产过程，维持生产过程的稳定性并提高生产绩效。由第五章分析可以知道，制造管理的关键绩效指标包括员工工作效率、设备综合效率、产品合格率、过程报废率、生产时间以及准时交付率几个方面，对各关键绩效指标需要监控的数据以及所需制造管理能力进行总结归纳，如表 6-1 所示。

本章将智能制造管理的关键技术以及工业应用分为以下几个方面：①工业互联网的建设；②数据技术，包括数据采集技术以及数据分析技术两个方面；③执行系统，包括 MES 构架以及数据信息安全；④设备自动化，包括机-机交互能力、人-机交互能力以及设备状态管控三个方面；⑤过程控制应用；⑥指派或调度应用；⑦分析报告。

表 6-1　关键绩效指标的监控数据需求与制造管理能力需求

指标	关键绩效指标	所需监控数据	所需制造管理能力
生产能力	员工工作效率	完成操作实际时间 完成操作理论时间	工业物联网基础 生产指派或调度能力 数据采集与分析能力 分析报告
	设备综合效率	机器运行时间 生产准备时间 计划停机时间 非计划停机时间 设备理论产能 实际产量 合格产品数量	工业物联网基础 互联互通技术 设备自动化能力 时间指派或调度能力 数据采集、分析能力 损失归类分析 OEE 报表
质量	产品合格率	合格产品数量 产品总数量	工业物联网基础 过程控制能力 数据采集与分析能力 偏差控制管理能力 可视化的分析报告
	过程报废率	报废产品数量 产品总数量	工业物联网基础 过程控制能力 数据采集与分析能力 偏差控制管理能力 可视化的分析报告
交货期	生产时间	产品加工时间 产品等待时间	工业物联网基础 指派或调度能力 数据采集分析能力 设备自动化
	准时交付率	一周交付产品总数 本周需要交付产品总数 积压产品总数	指派或调度能力 数据采集分析能力 分析报告

 第二节　智能制造管理系统评估指标体系

　　为衡量企业工业化水平，企业应从提高生产绩效所需关键能力入手，建立适用于企业生产环节的工业应用体系以提高企业的制造管理水平。本节用 8 个一级指标、16 个二级指标给出了关注生产过程的智能制造管理应用的评估标准，如表 6-2 所示。

表 6-2　生产过程的智能制造管理应用的评估标准

一级指标	二级指标	评估等级				
		第一阶段	第二阶段	第三阶段	第四阶段	第五阶段
工业物联网基础	生产过程的信息通信能力	电话/邮件交流	生产中心数据库	信息共享的互联网门户	自动信息交互	供应商/客户的集成通信
	生产部门与其他部门的信息交互	生产部门与其他业务部门没有连接	电话/邮件连接	统一的数据格式与交互规则	跨部门数据库交叉连接	数据流通过各部门IT系统无缝连接
数据技术	数据采集技术	不具备数据采集能力	人工记录生产数据	扫描二维码	关键环节数据自动采集	实现全工厂范围内数据的实时采集
	数据分析技术	不具备数据处理能力	存储文档数据	分析数据监控关键生产环节	数据评估，提高数据质量	数据评估与分析，实现全工厂自动控制与决策
制造执行	MES 构架	尚未引进 MES	MES 自动采集数据，实现流程可追溯性	优化生产计划，实现对各类资源的集成化管理	自动化生产排程	完善以 MES 为核心的自动化计划与控制体系
	预防性维护（PM）	不具备预防性维护能力	定期进行管理维护	对单一数据源进行分析，实现对设备关键性能的分类管控	通过多源数据分析，实现对制造资源失效的预防预测	运用大数据分析，实现了全工厂范围内制造资源的预防性维护
	偏差控制管理（DDM）	不具备偏差控制管理能力	可以实现对生产偏差的实时追踪	可以触发 MES 系统进行信息交互	DDM 知识库可以根据生产实际进行自我优化	不同厂区实现对 DDM 知识库的共享
	系统安全	被动管理阶段	主动管理阶段	全员参与阶段	团队协作互助阶段	持续改进阶段

（续）

一级指标	二级指标	评估等级				
		第一阶段	第二阶段	第三阶段	第四阶段	第五阶段
设备自动化	机-机交互	设备之间未连接	现场总线接口连接	工业以太网连接	设备接入互联网	通过互联网软件实现自动交互
	人-机交互	人与设备之间无信息交互	使用设备本地接口	PC端实现对设备信息集成管控	使用移动终端	VR和AR的使用
	自动物料搬运系统	人工搬运物料	车间机械搬运系统	工业车辆系统	机器搬运系统	完善的自动物料搬运系统
	在线设备监控	无设备状态监控	人工记录设备运行关键参数	设备状态在线监测	多种控制方式与设备的集成应用	设备自组织与优化
过程控制	控制方法	手动经验控制	仪器、仪表监测控制	通过数据分析，实现对关键环节的实时控制	实现全工厂范围的实时控制	完善的过程控制系统
生产指派或调度	自动排程（SPOT）	以经验为主的生产排程	实现各单台设备的自动排程	实现全工厂范围内的自动排程	可应对复杂多变环境的自动排程	集成供应商、客户的生产调度
分析报告	应用多源数据决策	人工报告	人工录入信息，自动生成报告	设置变量，自动生成统一格式的报告	对多源数据进行分析，自动生成报告	多个工具的集成应用，不同区域实现报告信息共享
主数据管理	主数据系统建设	不具备主数据系统	具备主数据系统，但不完善	主数据系统较为完善，但是未实现与其应用间的信息交互	具备完善的主数据系统，并与MES实现互通	可以依据生产实际进行自我优化

1. 工业物联网基础

（1）生产过程的信息通信能力

生产过程的信息通信能力是企业生产部门使用创新性的工业应用以及对生产工艺或组织做出提高的基础。

第一阶段：电话/邮件交流。在这个阶段，数据以及信息的交互以电话或者邮件的形式开展，各生产部门的岗位为获取该工艺环节生产所需数据，通过电话/邮件的形式联系相关其他部门岗位，然后在此基础上进行生产处理，效率低下。

第二阶段：生产中心数据库。有独立的数据库对生产运营数据进行管理，生产过程中所需要的各类数据都可以从该中心数据库中调取，提高了数据的获取效率。

第三阶段：信息共享的互联网门户。该阶段是基于第二阶段中心数据库的进一步开发。互联网门户具有良好的用户界面（UI），通过个性化设置，员工可以方便地获取所需数据，进一步提高了数据信息获取的效率。

第四阶段：自动信息交互。该阶段实现了数据信息在不同生产系统以及数据库之间的流动，可以及时识别生产过程中的不稳定因素。统一的数据交互规则和数据格式是该阶段的主要特征。

第五阶段：供应商/客户的集成通信。通过将供应商/客户集成至生产流程中，可以极大地提高个性化生产的能力，对价值链上产生的所有不稳定因素，均可以做出快速的改变和自适应方案，这是工业4.0的特征之一。

（2）生产部门与其他部门的信息交互

生产部门与其他业务部门网络连接能力的提高可以开启协同效应并且避免重复性工作，提高生产效率。

第一阶段：生产部门与其他业务部门没有连接。在该阶段，生产环节与企业业务环节脱节，生产过程对市场把握不准确，对资源的引进不合理，容易造成在制品过量积压或者产品供货不足的情况。

第二阶段：电话/邮件连接。企业业务部门与生产部门之间通过电话/邮件进行信息交流。业务部门将生产计划以及资源计划通过这种方式下发到生产部门，生产部门按照计划进行生产，但是这种方式需要大量的人工做记录，当订单数量较多时，容易造成生产混乱或者其他失误。

第三阶段：统一的数据格式与交互规则。生产部门与其他业务部门通过统一的数据格式与交互规则进行信息交换。

第四阶段：跨部门数据库交叉连接。不同部门之间的数据库可以通过统一的数据格式进行交叉连接，各独立的数据库被连接在一起。

第五阶段：数据流通过各部门IT系统无缝连接。该方案实现了数据流在各部门IT系统之间的无阻碍流动，提高了数据的利用效率。

2. 数据技术

（1）数据采集技术

数据采集是建立在工业互联网上的技术，是企业实现数字化生产的基础，因此对企业具有重要意义。

第一阶段：不具备数据采集能力。处于该阶段的企业并未意识到数据的重要性，生产手段及生产设备都处于落后阶段。

第二阶段：人工记录生产数据。企业开始意识到生产运营数据对企业的价值，但是由于设备及系统的落后，数据的采集主要通过人工记录的方式进行。

第三阶段：扫描二维码。企业在该阶段一定程度上实现了数据的半自动化采集，员工通过扫描二维码实现对制造过程中各制造资源的数据收集。

第四阶段：关键环节数据自动采集。对于关键生产环节的数据，企业使用先进的数据采集技术，在不需要人为干预的情况下，实现对运营数据的自动采集。

第五阶段：实现全工厂范围内数据的实时采集。企业运用多种数据采集方式，实现对所有生产环节数据的实时采集。

（2）数据分析技术

生产数据的采集不是企业的目标，通过对采集到的数据进行分析获取有价值的信息以帮助生产进行决策是根本目标。对生产数据的加工处理是智能制造工业应用的关键。该阶段是建立在数据采集基础之上的。

第一阶段：不具备数据处理能力。该阶段有两种企业：第一种是尚未实现对生产数据采集的企业，第二种是采集数据之后不知应如何处理的企业。

第二阶段：存储文档数据。该阶段企业实现了对生产数据的预处理，并以文档形式将数据保存在数据库中，但尚未对企业生产运营产生影响。

第三阶段：分析数据监控关键生产环节。企业对存储的数据文档进行初步的分析与应用，通过对数据的分析达到监控生产过程的效果，可以维持生产过程的稳定性。统计过程控制（SPC）是这个阶段的典型应用。

第四阶段：数据评估，提高数据质量。生产运营数据通常伴随着诸多多余数据，会对分析结果产生影响。因此，对数据进行评估处理、提高数据质量是对生产数据进一步应用的基础。

第五阶段：数据评估与分析，实现全工厂自动控制与决策。通过对生产数据的实时获取与分析，达到对制造过程实时监控的效果，并且过程可以自动触发控制反馈信息以优化生产过程，增强自动化控制水平。

3. 制造执行

制造执行是指企业业务部门下发生产指令之后，生产部门执行生产的方式方法。该阶段主要是建设以制造执行系统（MES）为核心的生产控制框架。

（1）MES 构架

MES 作为连接企业业务级和控制级的关键制造系统，对企业推行智能制造具有重要意义。可以说，MES 是智能制造的"大脑"。

第一阶段：尚未引进 MES。该阶段企业尚未引进 MES，企业生产控制层与业务层处于分层阶段。

第二阶段：MES 自动采集数据，实现流程可追溯性。该阶段企业引入了 MES，但是对MES 功能的开发尚不足。MES 可以实现对生产数据的采集与分析，实现生产过程的可追溯，但尚未实现自动控制。

第三阶段：优化生产计划，实现对各类资源的集成化管理。实现对技术文件、物料、设备、员工、能源、订单以及生产工艺的集成化管理，建立了生产现场多方面的预警管理机制。

第四阶段：自动化生产排程。该阶段实现了设备与能力规划的集成管理。通过生产数据的获取与分析，MES 可以根据员工的资质、设备能力等因素实现自动化生产排程，提高生产过程中的关键绩效指标的水平。

第五阶段：完善以 MES 为核心的自动计划与控制体系。对生产过程具有重要影响的关键应用如 PM、DDM、SPOT 等，在这个阶段均集成到 MES 中，并实现了数据流在不同工业应用之间的流动，达到工业 4.0 实时控制的要求。

（2）预防性维护

第一阶段：不具备预防性维护（PM）能力。企业不具备预防性维护能力，仍旧采用"事后处理"的设备维护、维修方式。

第二阶段：定期进行管理维护。为维持生产的稳定性，企业采取定期对设备进行维护的方式。由于缺乏对设备运行状态的分析，这种方式经常会造成"维修过量或维修不足"的现象。

第三阶段：对单一数据源进行分析，实现对设备关键性能的分类管控。通过设备所配置的各类传感器收集设备的状态数据，通过数据分析与对比，对设备关键性能进行分类处理。这种方式忽视了各性能之间相互影响的因素。

第四阶段：通过多源数据分析，实现对制造资源失效的精准预测。考虑各性能之间的相互因素，对多源数据进行融合分析，及时对设备故障信息做出预警，减少设备的非计划停机时间。

第五阶段：运用大数据分析，实现了全工厂范围内制造资源的预防性维护。考虑各设备之间的影响，同时利用在线数据及离线数据对全工厂的设备进行维护管理。

（3）偏差控制管理

偏差控制管理（DDM）可以为企业生产提供标准化的管理方法，为产生的偏差提供系统性的解决方案。

第一阶段：不具备偏差控制管理能力。企业不具备 DDM 管理方法，对制造过程中人、机、料、法产生的偏差不敏感。

第二阶段：可以实现对生产偏差的实时追踪。通过数据分析，可以发现生产偏差。企业建立了基础的 DDM 管理方法，通过对"4M"要素的实时分析，可以发现制造偏差，实现对制造流程的可追溯。

第三阶段：可以触发 MES 系统进行信息交互。该阶段 DDM 与 MES 进行了整合，可以与 MES 进行信息自动交互，实现了对制造过程的自动控制、对制造偏差的实时管理。

第四阶段：DDM 知识库可以根据生产实际进行自我优化。知识库系统是 DDM 成功应用的基础，所有的偏差信息都在知识库中存储。该阶段知识库系统可以根据生产实际，对自身进行优化，丰富知识库内容。

第五阶段：不同厂区实现对 DDM 知识库的共享。企业各不同厂区之间实现对 DDM 知识库的共同管理，具有统一的数据格式以及知识存储格式，对 DDM 的丰富具有重要意义。

（4）系统安全

MES 存储了大量的生产运营数据，因此系统数据安全需要企业关注。本书将系统安全分为 5 个等级。

第一等级：被动管理阶段。在该阶段，企业的安全制度只是为了应付上层机构的检查，大多数员工对信息安全并不特别关注，企业对安全技能的培训投入不足。

第二等级：主动管理阶段。该阶段企业具有完善的信息安全制度，企业有计划、有目的地对员工进行系统的信息安全培训，员工意识到信息安全对企业的重要性。

第三等级：全员参与阶段。企业意识到员工全员参与对企业信息安全的重要作用，绝大多数员工主动配合企业进行信息安全管理，积极参与对安全绩效的考核，并且员工可以获取安全信息。

第四等级：团队协作互助阶段。企业各部门之间协同互助对信息安全进行管理，所有可能相关数据都被用来评估信息安全绩效水平，不同部门之间共享安全信息，同时对不安全因素进行共同控制。

第五等级：持续改进阶段。保障信息安全已成为企业文化的重要部分，采用多指标对企业信息安全等级进行评估。企业对信息安全管理具有自信，并且通过不断积累经验，改善信息安全管理制度，提高自身的信息管理水平。

4. 设备自动化

设备自动化的应用包括数据交互平台、自动物料搬运系统、在线设备监控、变量监测与控制等，机-机交互、人-机交互、设备状态的实时监测是实现这些应用的基础。

（1）机-机交互

机-机交互（Machine-to-machine Communication，M2M）实现了各设备之间的数据交换，是实现设备自动化的基础。

第一阶段：设备之间未连接。在该阶段，各设备之间独立生产，容易造成设备的空闲、在制品过量积压等问题，OEE 较低。

第二阶段：现场总线接口连接。现场总线实现了各设备设施、高级控制系统等控制设备之间的信息传递，实现了设备之间的互联互通，但通常会造成数据传输的延迟、发送与到达次序的不一致等都会破坏传统控制系统原本具有的确定性。

第三阶段：工业以太网连接。工业以太网具有相同的通信协议，Ethernet 和 TCP/IP 协议很容易集成到 IT 世界。与现场总线相比，系统几乎无限制，不会因系统增大而出现不可预料的故障，有成熟可靠的系统安全体系，不会因传输不及时造成信息数据的延迟处理。工业以太网技术直接应用于工业现场设备之间的通信已成大势所趋。

第四阶段：设备接入互联网。设备接入互联网可实现完全的自动化生产，设备自身可以接收并发送数据，并通过不断的学习实现自我配置与优化。该阶段的实现需要对设备进行全面升级，并且将产生巨大成本。

第五阶段：通过互联网软件实现自动交互。网络服务，如 M2M 软件应用是机-机交互的最终阶段。

（2）人-机交互

随着制造系统复杂程度的不断提高，人-机交互（Human-machine Interface，HMI）方式成为生产部门关注的重点。

第一阶段：人与设备之间无信息交互。在该阶段，员工只是对设备进行规范性的操作，对设备状态以及加工状况的信息并不了解，容易造成设备故障以及产品质量缺陷。

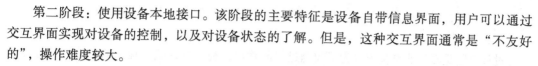

第二阶段：使用设备本地接口。该阶段的主要特征是设备自带信息界面，用户可以通过交互界面实现对设备的控制，以及对设备状态的了解。但是，这种交互界面通常是"不友好的"，操作难度较大。

第三阶段：PC 端实现对设备信息集成管控。该阶段实现了设备状态的在线监测，通过生产数据分析，PC 端可以实现对设备各类信息的集成化管理，并且具有友好的交互界面，如图表等。

第四阶段：使用移动终端。移动终端可以使员工随时了解设备运行数据，大幅度提高生产控制能力。但是，普及移动终端所带来的生产成本也不容忽视，如给每个员工配备智能终端、购买 UI 界面以及升级设备。

第五阶段：VR 和 AR 的使用。VR 和 AR 的使用可以实现员工对所有制造过程的远距离监控，通过数据分析，实时了解生产运营状况，大大简化了员工的生产工作，提高各项关键绩效指标。

（3）自动物料搬运系统

物料搬运是车间设备自动化的重要组成部分。

第一阶段：人工搬运物料。物料以及半成品的搬运主要通过人力完成搬运动作，处于物料搬运系统的初级阶段。

第二阶段：车间机械搬运系统。输送机、吊车、电动葫芦和牵引车是该阶段物料搬运系统的主要特征。机械化的搬运方式极大地解放了人力劳动，提高了物料的搬运效率，但是缺乏灵活性。

第三阶段：工业车辆系统。工业车辆包括小型搬运车、叉车、牵引车等，优点是具有很强的灵活性，缺点是需要占用较大的生产空间，运输成本高。

第四阶段：机器搬运系统。机器搬运系统主要包括工业机器人、AGV 等工具。不需要员工对搬运工具进行操控，机器自身便可完成物料搬运工作。

第五阶段：完善的自动物料搬运系统。完善的自动物料搬运系统包括 AGV、工业机器人、立体仓库、物料管理系统等一系列相关工具，可以实现材料的自动抓取、物料的准确送达、高效的物料管理等功能。

（4）在线设备监控

对设备状态进行实时监测，对故障信息进行提前预警并采取相应措施，是实现"预测型"智能制造的关键。

第一阶段：无设备状态监控。企业未采取监控措施，未对设备的运行状态进行监控。

第二阶段：人工记录设备运行关键参数。在这个阶段，企业开始重视对设备健康状况评估的重要性，员工对每台设备的关键运行参数以一定时间间隔进行统计分析。但是随着制造系统复杂程度的不断提高，不再使用这种方法。

第三阶段：设备状态在线监测。先进流程控制（APC）是这个阶段的特征，通过实施APC，实现了设备状态的实时监测，对设备异常情况进行预警并采取措施进行控制。

第四阶段：多种控制方式与设备的集成应用。将多种控制方式集成至设备监控系统中，可以使各种方式互补，弥补单一控制方式的劣势，提高生产控制效率与准确性。

第五阶段：设备自组织与优化。该阶段设备成为"智能设备"，可以通过对自身运行数据的分析处理，识别自身状态并采取自组织与优化的方式不断学习、不断提高。

5. 过程控制

过程控制是在工业系统中，为了控制过程的输出，利用统计或工程上的方法处理过程的结构、运作方式或演算方式。处理过程控制的系统可称为过程控制系统。

第一阶段：手动经验控制。该阶段的控制方式通常以老员工的经验为判断基准对生产流程进行控制，会造成人为失误从而带来影响，降低生产效率。

第二阶段：仪器、仪表监测控制。使用仪器、仪表等方式对生产过程中的温度、湿度以及压力等因素进行监测，对超出允许范围的环境因素进行及时的控制。该方式只适用于对环境因素进行测量，对其他因素控制效果并不明显。

第三阶段：通过数据分析，实现对关键环节的实时控制。企业对关键生产环节（如引线焊接）进行数据统计分析，及时识别关键环节产生的问题，避免对其他生产环节造成影响。SPC是主要控制手段。

第四阶段：实现全工厂范围的实时控制。在这个阶段，SPC已广泛应用于生产过程的各个环节，可以对各方面进行统计监测，另外，其他先进流程控制（APC）手段也广泛应用。

第五阶段：完善的过程控制系统。将制造过程的所有控制回路整合到一起，并且可以通过分析过往制造绩效，进而根据分析结果控制并优化制造系统，达到期望的生产绩效水平。

6. 生产指派或调度

指派和调度是两个不同的概念。指派是指在何时，哪个批次的产品应该在哪台或者哪些机器上进行生产，解决的是订单的排序问题；调度是指依据设备目前的状态以及产能规划，如何合理安排设备的准备（工具安装、设备清理等问题）、物料的调度等问题。自动化的指派或调度可以大幅度提高生产运营效率，提高生产过程在各个方面的绩效指标。

第一阶段：以经验为主的生产排程。该阶段主要依靠员工的经验进行生产排程，通常伴随着效率低下、资源利用不合理并且人为失误影响等问题。

第二阶段：实现各单台设备的自动排程。实现了在单台设备上的自动排程，提高了生产效率。但是，由于未考虑各工序之间的相互影响，通常会造成设备等待、在制品积压等问题。

第三阶段：实现全工厂范围内的自动排程。该阶段实现了全工厂范围内的自动化排程，收集企业生产运营的各项数据并通过算法得出优化的生产调度方案，极大地提高了物料运送的精准度以及设备产能利用率等。

第四阶段：可应对复杂多变环境的自动排程。随着制造系统不断趋于复杂，制程中不稳定因素越来越多，对排程方案的柔性提出了更高的要求。因此，该阶段企业需要考虑多种制造不稳定因素，使用柔性较高的调度算法以实现对不稳定因素的及时反应。

第五阶段：集成供应商、客户的生产调度。该阶段将供应商以及客户信息集成至生产调度系统中，增强对市场需求以及物料供应预测的准确性，可以降低企业原料及产品的库存成本。

7. 分析报告

分析报告是指依据企业各方面的生产运营数据，对生产相关的各关键绩效指标进行分析报告，以辅助企业进行决策。

第一阶段：人工报告。处于该阶段的企业，生产报告是员工通过对生产数据的分析与整理做出的，通常会产生报告进度缓慢耽误决策的问题。

第二阶段：人工录入信息，自动生成报告。在该阶段，企业员工录入生产信息，系统会自动生成生产报告供决策者使用，但是录入信息的过程较为烦琐。

第三阶段：设置变量，自动生成统一格式的报告。员工只需要通过对固定生产变量的设置便可以自动生成所需报告，简化了员工录入信息的过程。

第四阶段：对多源数据进行分析，自动生成报告。该阶段生产报告的生成不需要人为干预。

第五阶段：多个工具的集成应用，不同区域实现报告信息共享。系统会根据报告信息进行自动化决策，不需要任何的人为干预。

8. 主数据管理

第一阶段：不具备主数据系统。企业没有主数据管理系统，产品、物料及流程管理处于混乱状态。

第二阶段：具备主数据系统，但不完善。主数据应包括产品主数据、物料主数据、流程主数据以及资源主数据等。处于该阶段的企业具备了主数据管理系统，但是尚未完善。

第三阶段：主数据系统较为完善，但是未实现与其应用的信息交互。处于该阶段的企业拥有较为完善的主数据管理系统，但是互联互通尚未实现，数据使用不方便。

第四阶段：具备完善的主数据系统，并与 MES 实现互通。企业建立了完善的主数据管理系统，并与 MES 系统实现了数据信息的交互，使 MES 可以随时调用主数据，极大提高了生产效率。

第五阶段：可以依据生产实际进行自我优化。随着产品种类、物料以及资源的不断丰富与提高，主数据库系统可以进行自我优化，提高数据管理效率。

第三节　智能制造系统发展水平评估过程与案例

1. 评估过程

结合上一节提出的智能制造管理水平系统能力评估模型，对企业的生产运营现状进行深入的剖析，通过"问题"调查的形式来判断企业所处的应用等级，并依据实现程度进行打分计算，给出结果，并对结果进行分析，提出企业的未来发展方向。

"问题"的制定应当满足企业的生产特点以及模型等级要求，不同行业的"问题"应当有所差别，需要对企业进行实地的调查分析，从而判断"问题"是否符合不同等级要求的分析方式，包括人员访问、系统查询以及历史记录等多种分析方式。

（1）确定指标体系

上述指标体系基本涵盖了智能制造系统的各个方面，但是针对不同行业的特点、生产流程的特点等因素，应增加或者减少相应的评估指标并进行相应的问题设计。

（2）基于问题进行评价

针对每项指标都提出相应的问题进行实地调研，通过对企业对"问题"的满足程度进行评判并进行相应的打分处理，作为制造管理水平评价的输入。根据问题的满足程度，设置0、0.3、0.5、0.8、1五个等级的分值，对于处于两项之间的分值，由专家进行估值。例如，对"数据分析"的一二级指标进行分值划分，如表6-3所示。

表 6-3 "数据分析"的一二级指标分值划分

数据分析	不具备数据处理能力	存储文档数据	分析数据监控关键生产环节	数据评估，提高数据质量	数据评估与分析，实现全工厂自动控制与决策
分值	0	0.3	0.5	0.8	1

（3）给出分值与能力等级

通过对二级指标进行打分，得出各指标的分值并通过加权平均的方法得到该项目一级指标的分值，然后使用同样的方法对一级指标进行处理并得到最终制造管理能力水平等级。

2. 智能制造系统发展水平评估实例

本书以英飞凌科技公司（简称英飞凌）马六甲工厂为例进行模型测试。英飞凌马六甲工厂是英飞凌最大的半导体后道加工工厂，其正在推行"工业 4.0"项目的实施，并取得了较大的成果。对于生产环节，该企业建立了完善的以制造执行系统（CAMSTAR）为核心的工业控制系统，实现了对制造过程的 100% 可追溯。

（1）确定评估指标体系

针对半导体后道加工企业的特点，在本书第五章提出的指标体系基础上，增加了有关晶圆及芯片的相关应用。

1）自动晶圆释放（Auto Wafer Issue，AWI），该应用的目的是实现从晶圆库到预加工的过程中晶圆的可追溯性，实现自动化的晶圆分配。

2）流程规范管理系统（Recipe Management System，RMS），Recipe 是半导体行业的流程规范或程序配方，通常与加工设备结合，自动识别产品类型及其加工规范。

3）晶圆图系统（Wafer Map System，WMS），晶圆图是以芯片（Die）为单位的，将测试完成的结果用不同颜色、形状或代码标示在各个芯片的位置上。晶圆图是提供追溯产品发生异常原因的重要线索。

4）基座图系统（Strip Mapping System，SMS），基座（Lead frame）是半导体后道生产过程中的重要材料，在芯片粘接阶段作为芯片的支撑。StMS 为操作员提供了良好的交互界面，可以帮助其及时发现错误。一个批次的产量通常有 80 个基座，而每个基座都具有特定的 ID。

5）标记指导管理系统（Marking Instruction Management System，MIMS），用于自动识别产品类型并下载产品标记文档。

6）主数据管理系统（Master Data Management，MDM），主数据包括产品主数据、物料主数据、流程主数据以及资源主数据等。对主数据进行高效的管理，是实现其他应用的基础。

基于以上分析及表 6-2 中的内容，确定英飞凌马六甲工厂智能制造系统发展水平评估指标体系，见表 6-4。

表6-4 英飞凌马六甲工厂智能制造系统发展水平评估指标

一级指标	二级指标	评估等级				
		第一阶段	第二阶段	第三阶段	第四阶段	第五阶段
工业物联网基础	生产过程的信息通信能力	电话/邮件交流	生产中心数据库	信息共享的互联网门户	自动信息交互	供应商/客户的集成通信
	生产部门与其他部门的信息交互	生产部门与其他业务部门没有连接	电话/邮件连接	统一的数据格式与交互规则	跨部门数据库交叉连接	数据流通过各部门IT系统无缝连接
数据技术	数据采集技术	不具备数据采集能力	人工记录数据	二维码扫描采集数据	关键环节数据自动采集	实现全工厂范围运营数据实时采集
	数据分析技术	不具备数据处理能力	存储文档数据	分析数据监控关键生产环节	数据评估，提高数据质量	数据评估与分析，实现全工厂自动控制与决策
制造执行	MES构架	尚未引进MES	MES自动采集数据，实现流程可追溯性	优化生产计划，实现对各类资源的集成化管理	自动化生产排程	完善以MES为核心的自动计划与控制体系
	预防性维护（PM）	不具备预防性维护能力	定期进行管理维护	对单一数据源进行分析，实现对设备关键性能的分类管控	通过多源数据分析，实现对制造资源失效的精准预测	运用大数据分析，实现了全工厂范围内制造资源的预防性维护
	偏差控制管理（DDM）	不具备偏差控制管理能力	可以实现对生产偏差的实时追踪	可以触发MES系统进行信息交互	DDM知识库可以根据生产实际进行自我优化	不同厂区实现对DDM知识库的共享
	自动晶圆释放（AWI）	不具备自动晶圆释放能力	人工记录晶圆释放信息	实现了晶圆释放的可追溯性	通过批量计算，自动释放合适的晶圆	AWI与MES集成，实现对晶圆高效管理
	流程规范管理	不具备流程规范管理能力	人工管理流程规范	通过人工输入产品信息得到流程规范	根据产品类型自动得到流程规范	设备之间流程规范集成管理
	系统安全	被动管理阶段	主动管理阶段	全员参与阶段	团队协作互助保障数据安全	持续改进阶段

一级指标	二级指标	评估等级				
		第一阶段	第二阶段	第三阶段	第四阶段	第五阶段
设备自动化	机-机交互	设备之间未连接	现场总线接口连接	工业以太网连接	设备接入互联网	通过互联网软件实现自动交互
	人-机交互	人与设备之间无信息交互	使用设备本地接口	PC 端实现对设备信息集成管控	使用移动终端接口	VR 和 AR 的使用
	自动物料搬运系统	人工搬运物料	车间机械搬运系统	工业车辆系统	机器搬运系统	完善的自动物料搬运系统
	在线设备监控	无设备状态监控	人工记录设备运行关键参数	设备状态在线监测	多种控制方式与设备的集成应用	设备自组织与优化
晶圆及芯片相关应用	晶圆图系统（WMS）	不具备	简单且模式固定的晶圆图生成模式	通过数据录入（拖拽）生成晶圆图（如 JMP）	自动加载数据生成晶圆图	WMS 与其他应用整合，可自动定位产品异常原因
	标记指导管理（MIMS）	不具备	标记信息由专员管理	通过设置产品变量，自动释放标记信息	具有统一格式的标记管理	产品类型与系统完全整合，可以自动识别产品并释放标记信息
	基座图系统（StMS）	不具备	StMS 与设备连接	通过数据录入生成基座图	自动加载数据，生成具有良好 GUI 的基座图系统	StMS 与 MES 高效整合，实现数据信息的共享
过程控制	控制方法	手动经验控制	仪器、仪表监测控制	通过数据分析，实现对关键环节的实时控制	实现全工厂范围的实时控制	完善的过程控制系统
指派或调度	自动排程（SPOT）	以经验为主的生产排程	实现各单台设备的自动排程	实现全工厂范围内的自动排程	可应对复杂多变环境的自动化排程	集成供应商、客户的生产调度
分析报告	应用多源数据决策	人工报告	人工录入信息，自动生成报告	设置变量，自动生成统一格式的报告	对多源数据进行分析，自动生成报告	多个工具的集成应用，不同区域实现报告信息共享

（续）

一级指标	二级指标	评估等级				
		第一阶段	第二阶段	第三阶段	第四阶段	第五阶段
主数据管理	主数据系统建设	不具备主数据系统	具有主数据系统，但不完善	主数据系统较为完善，但是未实现与其应用的信息交互	完善的主数据系统并与MES实现互通	可以依据生产实际进行自我优化

（2）以实地调研的形式对英飞凌马六甲工厂进行指标评分

英飞凌马六甲工厂智能制造系统评估结果见表6-5。

表6-5　英飞凌马六甲工厂智能制造系统评估结果

一级指标	二级指标	评估等级	分值
工业物联网基础	生产过程的信息通信能力	3~4	0.7
	生产部门与其他部门的信息交互	4	0.8
数据技术	数据采集技术	5	1
	数据分析技术	3~4	0.7
制造执行	MES构架	5	1
	预防性维护（PM）	4	0.8
	偏差控制管理（DDM）	5	1
	自动晶圆释放（AWI）	4	0.8
	流程规范管理	4	0.8
	系统安全	4	0.8
设备自动化	机-机交互	3	0.5
	人-机交互	2~3	0.4
	自动物料搬运系统（AMHS）	3	0.5
	在线设备监控（TFM）	4~5	0.9
	晶圆图系统（WMS）	4	0.8
	标记指导管理（MIMS）	5	1
	基座图系统（StMS）	5	1
流程控制	控制方法	5	1
指派或调度	自动排程（SPOT）	2~3	0.4
分析报告	应用多源数据决策	5	1
主数据管理	主数据系统建设	5	1

（3）评估结果分析

首先，对所有二级指标评分进行加权计算得到一级指标分值，结果如表6-6所示。

表6-6 一级指标分值

指标	工业物联网基础	数据技术	制造执行	设备自动化	流程控制	指派或调度	分析报告	主数据管理
分值	0.75	0.85	0.87	0.73	1	0.4	1	1

对一级指标进行加权计算，可以得到英飞凌马六甲工厂的测评结果为0.825，最终结果该工厂处于工业3.3~3.4阶段。从分析结果可以看出，工业物联网基础、制造执行、设备自动化以及指派或调度三个方面，马六甲工厂的评估分值低于0.8，相对来说发展缓慢，在接下来的发展过程中，应着重加强对这三个方面的建设。

1）提高生产环节本身的信息通信能力，通过统一各生产环节的数据格式以及共享数据库等方法，实现生产环节不需要人为干预的自动信息交互机制，并在此基础上，将客户以及供应商信息集成到生产部门，提高企业绩效水平。

2）提高数据分析技术。在现阶段，马六甲工厂实现了对全厂范围内的数据实时收集，但是尚未实现所有数据的整合应用。因此，下一步发展应着重关注大数据分析技术，实现所有数据源的整合应用以发现更多有益信息。

3）马六甲工厂的人-机交互方式相对来说处于发展的较低阶段。现在，人-机交互主要通过设备本地的交互界面进行信息交互，员工的自主活动范围依然较小。因此，下一步需要通过使用移动通信设备，使员工在任何地点都可以了解生产运营情况，实现员工工作范围的不断扩大。

4）自动物料搬运系统的建设。现阶段，马六甲工厂的物料搬运主要通过小车进行搬运，需要员工进行物料配送。下一步的发展应普及AGV等智能物流设备的应用，实现物料搬运的自动化。加强物料搬运系统的建设应是工厂下一步发展的重点。

5）指派或调度方面，马六甲工厂处于发展落后阶段，英飞凌后道工厂应着重推进SPOT项目在全球后道工厂的应用。现在SPOT主要应用于新加坡工厂，在马六甲工厂尚未普及。进一步发展应当将供应商/客户的信息纳入调度系统，实现物料的精准采购以及客户订单的准时送达。

第七章
智能制造管理实施路径与对策

智能制造企业将包括从工厂运营到供应链的所有方面，并在整个产品生命周期中实现资本资产、流程和资源的数字化虚拟追踪。智能制造管理的实施可以建立一个灵活且极具创新性的制造环境，使制造绩效和生产效率得到大幅度提升，以及企业在制造层面和业务层面能够高效协同工作。

智能制造的发展将在当前以及未来的制造业中产生巨大的影响，为了将智能制造更好地在我国工业领域进行推广，以及在工厂和企业层面更好地推进智能制造产业升级，本章给出了实施智能制造的四步走战略。

第一节 建立智能制造的建模及仿真平台

发展智能制造首先需要一些建模及仿真计算平台作为基础。这些平台能够被用户访问，供用户交流并且能够提供知识产权保障。发展智能制造还需要将目前的计算及决策工具开发出更高级的功能，来支持智能制造环境中更复杂的数据分析、流程优化和智能决策，并且实现在制造企业层面上商业系统与制造工厂的全面整合。工厂整合的对象为所有关键绩效指标以及企业层面的数据，包括原材料数据、机器设备数据、系统工具数据、基础设施数据、产品数据和物流数据等。这些决策工具和自动化系统还必须将人的因素纳入其中，将人的行为和活动与机器的知识整合，更好地发挥作用。

为实现上述目的，本节将这一项具体的行动分为四步，分别是：为虚拟工厂、企业创建社区建模和仿真平台、开发下一代制造决策的软件工具箱和计算架构、将人的因素和决策集成到工厂优化软件和用户界面中、将资源决策工具应用于不同行业以及不同发展水平企业中。

1. 为虚拟工厂、企业创建社区建模和仿真平台

为了将智能制造系统成功地应用到各种企业中，首先需要建立具有即插即用功能的标准化开源计算平台（可定制的、开放式访问软件，数据网络）。这种平台将利用通用的应用模块而不是由企业在内部定制以模拟特定的工厂配置，并且不向外部软件开发商公开知识产权。建立这种平台还需要制定相关标准和协议来支持通用模块的整合和匹配以及有效的数据交换。

1) 现状：①制造工厂的软件和定制化工具开发成本高；②缺少可以跨行业使用的平台和相关软件；③缺少适合中小企业使用的智能制造工具。

2) 优势：①可以使制造商选择并且定制化智能制造相关软件；②标准化的模型可以保证软件的持续开发和使用；③使软件开发成本更低、速度更快；④有助于制造工厂在设备操作、资源使用、环境安全等方面的提升；⑤提升相关软件和工具在多种环境下的可用性；⑥鼓励企业开发新的软件模块。

3) 行动方案：第一步，找出各行业中亟须解决的问题，定义出每一个问题的权重和困难程度。制造企业最初可将资源管理作为重点，定义清楚企业制造过程和产品相关的关键绩效指标，找出企业所需的数据和体系结构，对当前企业的现状做标杆管理分析。开发出数据联合的相关基础设施来保障系统的传输和测试，并为源代码开放、模块化的建模平台建立相关标准。第二步，在多个行业中将开发出的具有开源、适应性强、能解决某些问题、即插即用的软件进行实验，同时通过一些试点项目来验证提出模型的适应性和可扩展性。开展一些试点项目去鼓励企业在智能制造背景下新商业模式的开发，以及帮助中小企业实施这些模型。第三步，结合可视化和更高级的算法，进行平台的改进。

4) 实施目标：搭建适用于制造工厂环境的建模、仿真及计算平台；开发出可在不同行业和进程使用的智能化模块；开发出具有通用数据库和编程语言的可交互软件；建立行业内认可的体系结构标准和数据交换标准；在平台中应用现代可视化技术；同时考虑企业运营与制造过程两个方面的关键绩效指标；将工厂的运营效率提升10%，安全事故等突发事件减少25%。降低智能制造模型应用成本，5年内降低80%~90%。

2. 开发下一代制造决策的软件工具箱和计算架构

发展智能制造，还需要开发下一代软件和计算架构，去更有效地进行数据挖掘和解决复杂的问题，并且将决策制定基于更广的企业和工厂的数据环境中。更先进的软件与系统会将风险评估纳入工厂管理中，进一步开发资源管理和优化技术，以及提供更快捷有效的运营管理工具。

1) 现状：①在制定决策过程中具有高度的不确定性和复杂性；②现有模型的可扩展性不高、自我反馈调节能力差；③相对较低的数据质量；④相对较高的软件开发成本。

2) 优势：①通过创建快速智能的软件和工具来提升所有维度的指标；②可以更快速地进行制造评估以及更好地了解资源使用、流程变动带来的影响；③能够在操作层面改进决策制定过程；④能够缩短产品的上市时间、提升产品的竞争力、提升制造的灵活性；⑤可以对相关指标和参数进行产品全生命周期的跟踪，识别制造过程中的瓶颈，降低制造成本。

3) 行动方案：第一步，对当前各行业智能制造相关软件和工具进行盘点，包括行业软件的当前状态和未来需求、功能性需求（设计、成本、资源管理、不确定性等）以及其他的要求（可用性、互通性、接口类型等）。进一步了解当前工具与实际需求的差距，并且制订相关软件和工具的开发计划，构建软件和工具的资源库。第二步，通过定义平台的运作框架，开发下一代软件工具，并且构建覆盖全球的大数据库。开发适用于各行业的算法应用，提升基于大量过程变量的多变量数据分析技术，并且将决策过程与平台整合，创建学习和自适应工具。第三步，将建立好的模型在不同的工厂进行试点实行，建立共享学习的基础。探索新型的软件开发方法，并且开发全生命周期的智能制造软件和工具的自动维护功能。

4）实施目标：建立具有多层参数的标准化工艺流程图；开发简化模型搭建工具；开发在高度不确定环境中的智能决策工具；构建具有智能分析、预测、决策等功能的高级工具箱；构建自适应学习模型；将生产成本降低30%，生产周期缩短40%；在生产率、设备使用效率、浪费、事故率、风险等多方面都有相对的改善和提高。

3. 将人的因素和决策集成到工厂优化软件和用户界面中

发展智能制造还需要利用相关工具和软件更好地将人的决策整合到智能软件工具中。这种整合能够在工厂层面制定出更快更规范的决策，并让生产工人变成"知识型"员工。对人的决策的整合能够让生产工人更直观地看到他们的行为产生的影响，并且营造一个持续改善的制造环境。进一步地，还需要开发对生产工人友好的用户界面来匹配相关的软件和应用工具。

1）现状：①现有模型中未考虑人的行为的不确定性；②缺少不需要高技能水平就可操作的相关软件；③学习与自适应软件框架的复杂性高；④相对较高的软件开发成本。

2）优势：①可以通过发展"知识型"员工来提高企业的生产力；②可以使员工提升工作满意度；③能够促进持续的流程改进；④可以在运营层面提升提高关键绩效指标的能力，同时降低生产成本；⑤提升相关软件和工具的可用性和使用效率。

3）行动方案：第一步，将人的决策与行动与自动化工具进行整合，评估如何进行人机交互。开发可由非工程人员或者工厂高层管理人员使用的假设分析软件，并在多个工厂进行试点示范，专注于积极提升工厂的关键绩效指标。开发针对工厂运营的用户友好界面。第二步，继续将以人为中心和可量化的人的因素纳入软件系统的开发过程中，进一步扩展现有综合模型的覆盖面（资源、生产力、质量等各方面），并且探索其对关键绩效指标的影响。第三步，将工厂内知识性员工的自适应反馈纳入现有模型中，并且开展行业内更高级软件的试点示范活动。

4）实施目标：开发出将人的因素考虑在其中的自适应学习软件；在制造层面施行更及时（实时化）、更严格的决策制定过程；能够直观地看到决策制定中的积极影响和消极影响；具有对所有关键绩效指标建模的能力；开发出直观的控制和人机交互界面；在关键绩效指标的表现上有可衡量的提升；提高员工的生产率，降低员工的流动率。

4. 将资源决策工具应用于不同行业以及不同发展水平企业中

企业需要开发相关的工具（例如，资源仪表板、自动化数据反馈系统、资源优化利用软件、移动设备相关软件）来提升制造工厂对资源的使用和选择的实时决策能力。在当前大多数企业的制造水平下，高效地收集并分析解释数据是极具挑战性的。在某些情况下，企业人员缺乏正确解释相关数据的知识。将工厂的资源数据与外部的相关信息（例如，当地各类资源的成本）进行整合，可以为企业在资源的使用和选择时提供独到的视角。

1）现状：①难以收集和解释相关的资源数据；②缺少用于优化系统的相关资源数据。

2）优势：①使资源数据随时可用，并且可根据此做出减少资源使用以及降低资源成本的决策；②短期内达到资源的显著节约；③达到在智能制造系统和资源管理系统方面培训工程师人才的双重目的。

3）行动方案：第一步，开发可供工厂工人使用的基于数据的工具，这些工具中应该包含不需要进一步解释的直观数据。进一步地，可以吸引大学或者研究机构来辅助开发和部署相关数据体系和工具体系，并利用现有的政策与规划对这些工具进行推广。记录大型企业的成功案例，并且尝试将其应用到中小企业中去。第二步，将这种基于数据的工具加入技术和实践的战略发展部署中，以实现资源的节约。第三步，开发先进有效的数据维护方法，建立推广方案来覆盖不同行业。

4）实施目标：开发出可供操作员使用的决策工具，该工具具有解释工厂的相关资源数据和做出有效选择的功能；可以根据不同的生产流程、产品、资源来对资源选择进行比较；从资源的角度整合工厂的所有功能；减少25%的资源使用，并使这种新型资源决策工具应用到75%以上的制造企业中；使能够做出高效决策的工程师人才数量显著增加。

第二节　建立工业数据收集与管理系统

当今产业背景下，企业需要大量的数据来支持智能制造系统的建立和运行。这些数据需要利用高效、标准化的方法来进行收集、存储、分析和传输。高效并且低成本的管理和使用这些数据对智能制造的实施是一个不小的挑战。解决当前数据系统的局限性则需要开发一致的数据方法和使用全方位的传感器网络和简化数据传输体系的新型数据收集框架。数据系统还需要在不同的平台和使用目的之间具有可交换性和可互操作性。

为实现上述目的，本节将这一项具体的行动分为两步：第一步，建立针对所有制造企业的一致的高效的数据方法；第二步，开发出针对所有制造企业的稳健的数据收集框架（传感器、数据融合、知识捕获、用户界面等）。

1. 建立针对所有制造企业的一致的高效的数据方法

对制造企业来说，如何高效地收集、存储、处理和使用数据是部署企业运营模型和实施智能制造的关键方面。由于缺少标准化的、易于使用的数据系统，当今制造业中数据的收集、处理和使用是相对低效的。若要实施智能制造系统，需要对当前的数据管理系统与方法进行改进，这包括更好的数据协议、数据接口和数据交互标准。

1）现状：①工程人员在数据收集、处理和使用上效率低；②对为制造企业工艺流程原型开发可扩展方法所需的数据、软件和接口缺乏共识。

2）优势：①为可以跨行业应用的数据收集和使用提供一致的基础；②有助于智能制造部署的大幅度增加；③消除了更复杂、更高级的智能采集数据的制造系统普及的障碍；④促进跨企业系统的成本效益的整合。

3）行动方案：第一步，定义一致的数据方法（包括数据协议和接口、通信标准）和价值命题的要求，对现状进行差距分析，并且基于目前低效的现象创建数据方法开发计划。为在制造企业工艺流程原型中减少资源的使用和浪费，定义所需要的数据、软件和接口。第二步，开发新的数据方法、协议、标准，并对数据方法的知识产权开发相对应的授权策略，以及开展相应的竞赛来使技术商业化。第三步，对新开发的数据方法进行公测，并且通过工具集、对供应商或用户的激励及其他方法促进数据方法与产品的整合。探索使中小型制造企业参与数据方法的开发，以及使供应商采用通用数据方法的激励措施。

4）实施目标：在企业的商业模型中嵌入基本的数据质量管理系统；开发出一致的数据方法和数据通信标准；构建出一个能够解释所需数据的知识库；开发元数据（包括数据历史）

来支持面向对象的虚拟企业；构建支持可调数据和学习软件系统的架构；大幅度减少浪费在数据收集、处理和使用上的时间，实现数据上的零时间浪费，达到预期生产力要求。

2. 开发出针对所有制造企业的稳健的数据收集框架

在目前的行业背景下发展智能制造，为了获取更加稳定和完整的信息、保证数据的真实性，我们需要开发一套信息系统构架，并能够保障与制造设备和系统相关的、高效的知识传递。该构架将理想地应用复杂软件来提供智能制造，提供简化的信息技术用户界面，并且主动地获取人的知识。先进的、快速的、低成本的传感器将扩大数据的数量和种类，从而使管理者能够对工厂运营进行更全面的分析和优化。数据融合技术可以用来融合来自不同来源的传感器获取的数据，并实现更高的测量精度。

1）现状：①现有知识捕获系统效率低，问题解决能力不足；②知识获取和传输具有一定的复杂性；③传感器成本高；④缺乏针对制造系统的实时高效的传感器。

2）优势：①减少系统反应时间，缩短管理时间；②增加创新以及新想法的及时使用；③提升制造系统的生产力；④加快产品制造过程和产品的商业周期；⑤提高数据收集的速度；⑥降低成本和数据收集与解释的难度。

3）行动方案：第一步，开发用于大规模和低成本数据获取的增强型传感器，包括降低传感器成本、提高传感器分辨率、可用于产品质量监测的软件传感器，以及提高现有传感器在多种环境的适应性。开发一套信息技术架构用于在信息的产生、获取和使用阶段记录和检索数据，并设计一套合适的用户界面。第二步，根据企业现状开发出一套教学工具，以及一套合适的方法使企业向知识型企业转变，确定支持流程模型简化的最佳数据规范。第三步，在不同的行业中进行数据试验，设计一套广泛部署数据体系的方法。开发数据信息管理的相关课程，并且积极从事企业员工的培训工作。

4）实施目标：开发适用于许多不同的环境的快速便宜的传感器；开发虚拟的低成本可实时获取数据的传感器；开发的数据收集构架能够维护数据的真实性，具有主动实时的信息检索能力，以及简化的信息技术用户界面，能够进行有效的数据分类；开发可作为信息管理工具的软件系统（具有带时间标记的数据检索能力）；开发的信息获取和管理系统将支持70%的工业过程；提高解决问题的速度。

第三节　进行企业层级整合

制造企业不仅包含制造过程和生产的产品，还包含跨越制造工厂、企业、行业的商业和管理职能。因此，跨越整个供应链的制造运营和业务功能的集成是未来智能制造企业的核心和优势方面。成功地整合业务规划和制造决策功能可以极大地提高资源使用上的效率和企业的生产力。整个供应链上的整合则能够显著地改善供应商的绩效，并且能够使供应商拓展到更广阔的市场中去。

为进行企业范围的一体化整合，本节提出了三项措施，分别是：共享生产报告以优化供应链、开发开放的平台软件和硬件、整合产品和制造过程模型。

1. 共享生产报告以优化供应链

为了达到对供应商绩效的实时评估，我们需要开发一套计算系统去连续地感知和响应。

这套系统可以从多个来源获取数据，进而分析数据，得出相应的结论或确定下一步的操作。构建一个公共的资源库以及开发一套基于计算系统的感知和响应的报告方法，能够将整条供应链上企业绩效整合起来并提供一个监控面板，并且有了一致的方法来表彰供应链中参与整合并且有突出绩效表现的企业。

1）现状：①数据的所有者和可转移性界定困难；②对知识产权的保护力度有待提升；③参与成本高；④缺乏针对供应商参与的激励。

2）优势：①可驱使供应商去提升其绩效表现；②可以给供应商提供规范的标准以及更好的保障；③可以增强整条供应链上企业绩效的可见性；④可将需求、规划、运营提升等方面整合；⑤可根据供应链绩效监控面板来针对更先进的企业做差异分析。

3）行动方案：第一步，开发报告所用的通用语言，并创建支持该语言的数据架构。针对通用的绩效指标的定义，以及测量方法、最终报告的要求等，在整条供应链内进行讨论所需的基础设施建设，包括基于云的供应链软件，以及安全、简单、可扩展的平台和网络体系。第二步，基于供应链中不同企业的不同角色，构建监控面板。基于供应链的核心竞争力，创建一套评级系统、分析方法以及报告协议，最终可以将供应链中的关键事件进行内部公开。第三步，定义清楚供应链网络中不同企业的角色以及其报告能力，跟踪产品的资源使用足迹并要求成员根据产品型号来进行绩效报告。

4）实施目标：创建的评级系统可以使供应链中的企业清楚地认识到其核心企业的竞争力和绩效；将供应商可公开的流程及产品数据构建一个可以内部访问的数据库；可为不同型号的产品分别提供绩效数据；监控面板上产生的结果可以使企业对比行业内先进水平做差异分析；构建出通用的数据架构和语言；开发出服务水平协议可使供应商提高其透明度；参与服务水平协议和响应机制的供应商百分比很高。

2. 开发开放的平台软件和硬件

目前，我们需要一个低成本、开放的、标准化软件和硬件平台将小中型供应商与原始设备制造商整合。这将使数据之间能够快速有效地传输，同时确保对知识产权的保护。实现供应商和制造商的集成需要可以应用于不同供应链的通用语言和架构。此举的好处是实现供应链的优化，降低新行业内中小企业的进入门槛，以及更容易进行低成本的供应链整合。

1）现状：①当前数据系统缺乏标准化；②对知识产权的保护力度有待提升；③缺乏可适用于不同行业的不同数据需求的平台。

2）优势：①使供应链之间的整合更容易，成本更低；②提高整个供应链的信息传输速度；③提高供应链内中小企业的全球竞争力；④降低多元化的中小企业进入新行业的壁垒；⑤使原始设备制造商能够优化企业范围内的供应链；⑥与原始设备制造商供应链结盟。

3）行动方案：第一步，建立通用的语义库，包括通用的语言和词汇。定义清楚在产品制造、流程、供应链、可持续性等各方面的关键绩效指标。定义体系结构和数据要求，包括数据的元素、技术和商业元素、产品和进程等。第二步，开发第一版报告系统（包括体系结构、子语言等），并进行相关概念研究来验证该系统的可用性，进行软件的升级和完善来验证系统的可扩展性。定义面向服务体系架构的模式，并在各部门进行试点示范工作。第三步，制定相关的推广和激励措施，来鼓励该平台的使用。通过相关的官方组织来促进平台标准化的推进工作。

4）实施目标：搭建出简单、可扩展、安全、可靠、成本低的基础设施；建立跨供应链和原始设备制造商的通用语言和词汇；开发有效的体系结构和子语言等；建立能够保护知识产权的数据共享系统；全面降低运营成本（运营和维护成本、劳动力成本、运输成本、资源成本等）；在产品准交率上有大幅度提升；60%以上的中小企业参与供应链整合。

3. 整合产品和制造过程模型

产品和制造过程模型需要更强的界面，以缩短上市时间、提高产品质量，并提高工厂过渡到新产品的能力。对产品和制造过程模型整合的目标是开发一套经过验证的开源软件和标准化方法（网络、虚拟和实时仿真、数据传输系统等），可以应用到各个行业中。一套集成的产品和流程模型将有助于企业和工厂级规划的成功集成，从而实现关键绩效指标的多目标优化。

1）现状：①开发跨设备和产品计算平台的通用接口较为复杂；②对知识产权的保护力度有待提升；③缺乏有效集成虚拟和实时数据的工具。

2）优势：①提高解决问题的速度；②可能改进所有关键绩效指标；③缩短新产品的上市时间；④有助于产品质量的提高；⑤提高工厂灵活性，以适应产品结构的变化。

3）行动方案：第一步，开发适用于该行业的连接产品和过程模型的标准和工具，并且结合高性能计算设施和建模专业中心来推进共享服务。第二步，开发为现有模型获取知识产权的能力，识别导致重复业务决策的模型，并为此类模型构建业务案例。开发用于模型创建、验证和重复使用的开源方法（例如，建立模型原型验证中心）。第三步，创建已验证模型的资源存储库，并将此类标准方法公开发布。

4）实施目标：完成虚拟和实时模型的集成；能够将模型用作控制系统；实现不基于反馈机制的模型调整；具有低成本且可应用到所有工厂中的能力；产品和工艺流程之间达到闭环链；在模型集成方面有足够多的商业投资案例；显著缩短企业对市场的反应时间；在产品质量方面达到可量化的提升；能够在行业范围内实施以及验证其可追溯性的能力。

第四节　开发智能制造的教育和培训体系

当前环境下，实施智能制造还需要技能熟练的开发人员来实现智能制造的技术和其他组件，并使其在工厂层面得到有效和广泛的使用。虽然企业目前有很多途径来加强对员工智能制造的培训，但更重要的是要将智能制造体系融入大学课程体系中。这样做的目的可以确保在工程师和科学家的骨干队伍在所服务的行业中接受过智能制造的相关培训。但我们仍需要一些工厂或工业培训方案来培训操作员使用新工具，并确保人为因素被不断地整合到工厂的计算和自动化系统中。

为实现这一目标，我们建议计划发展智能制造的企业加强对员工的教育和培训，为智能制造建立相应的员工队伍。开发企业培训模块、新的教育课程、智能设计标准和有效的学习者界面将有助于企业在智能制造领域培养熟练的员工，并为他们后续的持续学习与发展提供有效的途径。更高层次的教育（例如大学）应与创造更好的智能制造企业所需的技能相一致。业界和教育界合作将有助于教育界建立与当前行业动态需求相关的课程。由企业提供的培训应该构建关键绩效指标的知识体系并适用于所有级别的员工。熟练的员工可以快速地适应新的智能制造技术。进一步地，新的智能制造技术也将包含操作反馈，将为员工提供持续的学习与提升空间。

1）现状：①在高等教育界与业界需求之间没有有效连接；②缺乏训练有素的工人，以确保新的智能制造技术、建模环境和模块的快速与成功实施、验收和维护；③缺乏操作反馈以改进智能制造平台。

2）优势：①为员工提供有关生产力的操作信息和实时反馈；②吸引更多的人投入制造业中去；③通过员工知识来提高生产力；④可以有效降低员工的流动性；⑤与教育界合作提供实习机会可确保提升未来员工的整体素质。

3）行动方案：第一步，全面考虑相关部署元素（包括模块开发人员、用户、安装和维护等方面）来开发实习和培训项目，加强与高等教育界在智能制造相关课程方面的合作并在教学方法中纳入行业经验和要求。找出需要授权给员工的相关信息，创建设计标准和直观的员工用户界面，以保证员工的持续学习，并制定包括用户反馈和验证在内的问题解决方案。第二步，在开发新技术的同时实施和完善相关培训计划，并将培训计划扩展到新的行业以及大学中去。

4）实施目标：开发动态、现代化的教学方法；开发技术培训和维护模块；开发可用于所有级别员工的培训包，内容包括从数据到工厂资产等各方面；将工作任务分析和行业经验反馈纳入员工的终身学习中；提供适合本科生和研究生智能制造课程体系；降低行业培训成本；在目标市场部署和使用新技术方面培训足够多的工程人员；采用新技术和新型教学方法的企业百分比大幅度提高。

第八章
基于 KPI 的智能制造管理系统

 第一节　智能制造成熟度模型

1. 成熟度的概念

成熟度是为了精炼地描述事物的发展过程而形成的一套管理方法论，通常将其描述为几个有限的成熟级别，并且各个级别均具有明确的定义、相应的标准，以及实现其所必要的条件。事物从低级向高级发展，且级别之间具有明确的顺序性，上级是下级的进一步发展和完善，下级是上级的基础，体现了事物从低层次向高层次层层递进、不断发展的过程。

软件能力成熟度模型（SW-CMM）、制造成熟度模型（MRL）和智能电网能力成熟度模型（SGMM）等均是比较著名的成熟度理论，其模型及定义如表 8-1 所示。

表 8-1　相关成熟度模型及定义

成熟度模型	定义
软件能力成熟度模型（SW-CMM）	软件组织在定义、实施、度量、控制和改善其软件过程的各个发展阶段的描述。此模型可以用来衡量软件组织的现有过程能力，查找出软件质量及过程改进方面的关键问题，从而为选择改进软件的策略提供指导
制造成熟度模型（MRL）	用于测试生产运营过程中制造技术是否成熟，技术转化过程中是否存在风险，从而管理并控制产品生产，使其达到最佳生产数量和质量，为企业提高制造水平提供指导依据
智能电网能力成熟度模型（SGMM）	旨在组织、了解当前智能电网部署和电力基础设施性能的框架，并为建立有关智能电网实施的战略与工作计划提供参考

资料来源：中国电子技术标准化研究院，《智能制造能力成熟度白皮书》，2017。

尽管定义存在一定的区别，但是成熟度测试遵循的方法论是一致的，本书所介绍的智能制造管理能力"金字塔"成熟度模型则是成熟度理论在智能制造领域中的运用。该模型旨在给出组织实施智能制造要达到的阶段目标和演进路径，提出了实现智能制造的核心能力及要素、特征及要求，为我国企业提供了理解其当前智能制造水平的方法，并可以以此模型为基础，建立智能制造转型战略规划及实施路径，帮助企业分层次、分步骤地向智能化方向转型。

2. 智能制造管理能力"金字塔"成熟度模型

信息物理系统是智能制造的核心。因此，本节以信息物理系统的关键技术及工业数据闭环为基础，建立智能制造能力"金字塔"模型。一般而言，信息物理系统由两个主要功能组件组成：①高级连接，确保从物理世界获取实时数据，并从网络空间获取信息反馈；②构建网络空间的智能数据管理，分析和计算能力。然而，这种要求是非常抽象的，并且对于实现目的而言不够具体。相比之下，这里介绍的"金字塔"模型通过顺序工作流方式明确定义了如何从初始数据采集、分析到最终价值创建来构建信息物理系统。智能制造能力成熟度"金字塔"模型，如图8-1所示。

图 8-1 智能制造能力成熟度"金字塔"模型

（1）稳定化/标准化

对生产过程关键绩效指标进行清晰的定义，是实现智能制造管理的基础。普适性的生产过程关键绩效指标包括生产能力指标、质量指标、生产时间指标以及准时交付率指标。

（2）互联互通

如何将实时制造数据（人、机、料、法、环）、信息系统数据等异构数据源进行互联，以实现数据流在企业范围内的无缝运转、分析及应用，使异构系统数据能相互"理解"，从而实现数据互操作和集成，是智能互联的目标。

（3）数据→信息

只有从数据中推断出对制造过程有用的信息，才能实现数据收集的价值。工业云平台及工业大数据分析是实现数据到信息转化的重要工具，工业云平台是在传统云平台的基础上叠加物联网、大数据、人工智能等新兴技术，实现海量异构数据汇聚与建模分析、工业软件模块化、工业创新应用开发等，从而支撑生产智能决策、业务模式创新、资源优化配置和产业生态培育。

（4）信息→知识

在此级别上实施CPS可以全面了解受监控系统，向专家用户正确呈现所获得的知识支持正确的决策。系统通过对过往事件的分析,自动形成专家知识库,并在该事件再次发生时,专家知识库知识可以被自动调用,实现对异常事件的自反馈与自适应。

（5）预测

以最短故障时间保持最佳的运行效率,是企业生产运营管理部门的目标。通过大数据分析、机器学习等方法,对制造过程数据进行实时分析并发现制造过程中产生的不稳定因素,提前预知到维护需求,提高对故障风险的响应速度,是该层级需要实现的目标。

（6）智能决策

以实时数据分析为基础,制造系统通过对事件发生时间的预知,以及对周围环境变化的认知,对制造过程做出实时、精准的决策。

3. "金字塔"模型各层级发展阶段

"金字塔"模型自下而上、从生产元素到全工厂范围给出了制造企业实施智能制造的关键环节。但是,需要注意的是,对于各个环节企业都不能一蹴而就地实现,因此本节分析"金字塔"模型的各层级发展阶段,如图 8-2 所示。

图 8-2　"金字塔"模型的各层级发展阶段

（1）数据感知

数据感知是建立在工业互联网上的技术,是企业实现数字化生产的基础,因此对企业具有重要意义。

（2）互联互通

生产部门与其他业务部门网络连接能力的提高可以开启协同效用并且避免重复性工作,

提高生产效率。

（3）数据→信息

生产数据的采集不是企业的目标，通过对采集到的数据进行分析获取有价值的信息以帮助生产进行决策是根本目标。

（4）信息→知识

制造过程中异常事件的出现往往具有一定的周期性，因此基于制造过程异常信息以及制定的解决方案，形成相应的专家知识库系统，对于提高处理异常事件的效率和效果具有重要意义。

（5）预测

通过仿真、统计或者机器学习等方法，及时预知制造过程中的异常风险并采取预防性维护措施，对于提高制造过程的稳定性、提高企业 KPI 指标具有重要意义。

（6）智能决策

智能决策是智能制造区别于其他制造方式的最主要特点。实现对制造过程的主动、及时以及自适应控制，对于维持生产过程稳定性、提高制造绩效指标具有重要意义。

第二节　基于"金字塔"成熟度模型的 KPI 控制

1. OEE 控制系统

OEE 控制系统是将设备综合效率相关理论借助计算机软硬件设施作用于设备生产管理的应用系统。OEE 控制系统的主要功能是通过对生产过程中设备的所有损耗进行监督和反馈，并以可视化的生产报表呈现给管理者，给管理者提供改善的方向和思路。与传统 OEE 制造管理方法相比，智能制造 OEE 控制方法能够通过对设备生产全过程的实时监控和分析，发现或挖掘设备出现故障的规律，进而制定维护设备的策略，减少设备异常的次数和降低维修设备的成本。基于"金字塔"成熟度模型的 OEE 控制方法如图 8-3 所示。

2. 质量控制

传统质量管理是以纸为载体，员工通过记录制造过程中的异常现象形成质量管理文档，其传输方式是与传统的金字塔式管理体制相适应的径向沟通方式。这种方式层次多、效率低，极易因信息沟通失误造成损失。

在智能制造管理中，过程质量控制系统以数据分析为基础，通过建立数据统计分析模型等，及时识别制造过程中产生的不稳定因素，并进行实时控制，避免了不稳定因素导致的负面影响的进一步扩大。传统制造管理与智能制造管理对质量控制的比较如图 8-4 所示。

3. 生产周期时间控制

生产周期时间包括排队时间以及生产时间，建立生产时间监控系统对于维持制造过程稳定性、提高产品准时交付率具有重要意义。在传统制造管理模式下，生产时间绩效指标由员工记录而生产。这种监控方法准确性低、对员工综合素质具有较高的要求。在智能制造管理模式下，先进流程控制可以实时收集分析生产数据，可以及时识别制造过程中出现的影响生产周期的因素并施加控制，以保障生产过程的稳定性，提高订单准时交付率。传统制造管理与智能制造管理对 CT 的控制的比较如图 8-5 所示。

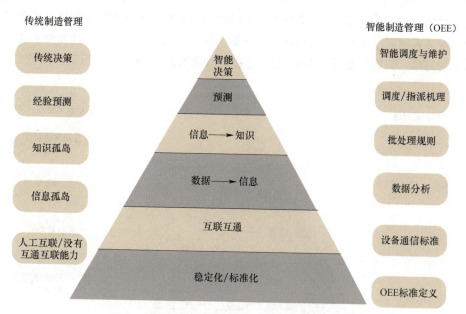

图 8-3 基于"金字塔"成熟度模型的 OEE 控制方法

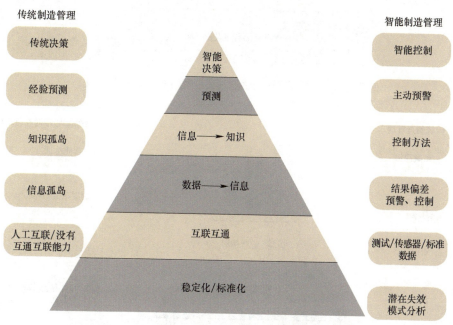

图 8-4 传统制造管理与智能制造管理对质量控制的比较

4. 准时交付率控制

准时交付率是衡量企业生产运营计划效果、产线运行效率，以及交付可靠性的重要指标。衡量该指标需要收集并分析以下数据：①每周的订单量；②每周的交付量；③预交付量；④欠货量。在传统制造管理模式中，由于缺乏实时生产数据的收集与分析，企业往往在生产结束或者将要结束的时候才能意识到订单能否按时完成，导致企业的准时交付率较低。在智能制造管理模式中，企业通过对生产数据的实时收集与分析，可以及时发现订单生产过程中的异常，制造系统可以通过自适应调整，对设备、物料等进行重新调度，优先处理优先级综合值较高的订单。智能制造管理与传统制造管理对准时交付率的指标控制的比较如图 8-6 所示。

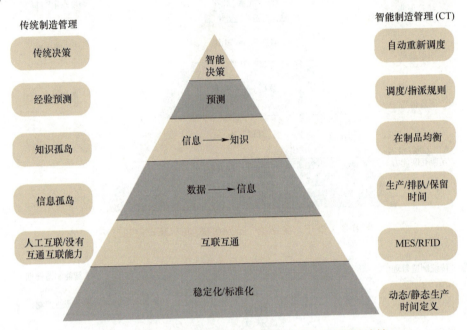

图 8-5　传统制造管理与智能制造管理对 CT 的控制的比较

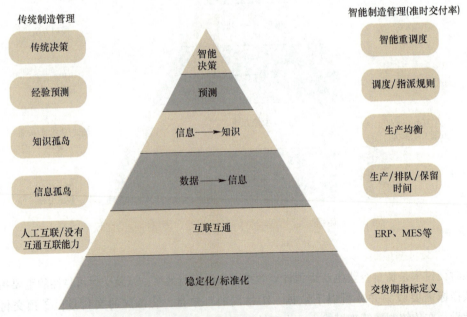

图 8-6　智能制造管理与传统制造管理对准时交付率的指标控制的比较

第三节 KPI 控制系统实施案例

1. 质量控制系统

（1）基本概念理论

1）质量波动性。质量波动性是指产品在任何一个制造过程中，其质量特性值总是存在着一定的差异。这种客观差异被称为质量波动性。这种质量波动产生的原因是生产过程中各要素（人、机、料、法、环，简称 4M1E）存在不稳定性。过程质量控制的目的就是要维持各生产要素的稳定性，使产品质量特性值在整个生产过程中保持在某一特定范围内。在质量控制过程中，产品实际达到的质量特性值与规定的质量特性值之间发生的偏离称为质量变异或者质量波动。表 8-2 给出了过程质量波动产生的原因。

表 8-2 过程质量波动产生的原因

质量波动因素	描述
人（Man）	员工质量意识、技术水平、熟练程度、正确作业的差别等
机（Machine）	设备精度、工夹具的精度和维护保养状态的差别等
料（Material）	材料的化学成分、物理性能及外观质量的差别等
法（Method）	生产工艺、操作规程以及工艺装备选择的差别等
环（Environment）	温度、湿度、照明、噪声以及清洁条件等

2）质量波动性分类。

正常波动：对过程质量影响较小，且难以避免。正常波动又称随机波动，是由生产过程中随机性因素或偶然性因素引起的。随机性因素具有以下特点：①随机性因素数量较多；②来源和表现形式多种多样；③大小和方向随机变化；④作用时间无规律，对过程质量的影响比较小。如果生产过程中只存在随机性因素的影响，则系统状态被称为稳定状态或者统计受控状态。

异常波动：对过程质量影响较大，可以控制。异常波动又称为系统波动，是由生产过程中的系统性因素引起的。系统性因素的特点：①系统性因素数量较少，且可以被控制；②大小和方向按一定规律变化；③主要来自生产要素（4M1E）；④作用时间有一定的规律，对过程质量影响较大。生产过程中存在系统性因素影响的状态称为非稳定状态或非统计受控状态。

3）过程质量控制方法。过程质量控制中的一些专有名词如表 8-3 所示。

表 8-3 过程质量控制中的一些专有名词

相关名词	英文及简写	名词解释
质量控制计划	Quality Control Plan, QCP Process Management Plan, PMP	基于流程图及相关标准和客户文件由质量部门编制而成的过程质量控制总体方案

（续）

相关名词	英文及简写	名词解释
失效模式影响分析	Failure Mode & Effects Analysis，FMEA	研发、工艺技术以及质量人员在产品设计到试产、量产阶段的经验总结，是一个动态文件
标准检验作业流程	Standard Inspection Procedure，SIP	描述质检员在监测产品质量过程中的操作步骤和应遵守的事项的文件
标准操作流程	Standard Operation Procedure，SOP	描述操作人员在生产作业过程中的操作步骤和应遵守的事项的文件
直通率（制程良率）	First Passed Yield，FPY	产品从第一道工序开始一次性合格到最后一道工序的参数，反映企业制程控制能力
首件检验报告	First Article Inspection，FAI	对第一件产品质量检验，避免出现因为工艺和操作等原因而出现大批量的次品
关键质量特性	Critical To Quality，CTQ	关键质量特性是决定和控制产品质量的关键因素，是产品质量的主要载体
关键过程特性	Critical To Process，CTP	关键过程特性是制程本身所具有的特性，不随产品加工而改变，例如工艺参数温度、压力等
失效分析与改善	Failure Analysis/Corrective Actions，FA/CA	通过综合手段，对产品或者制程失效原因进行分析，并提出改善措施
源头检验	Source Inspection，SI	对质量缺陷的根本原因进行分析

质量控制的思路主要包括输入、过程以及产出三个阶段如图8-7所示。

图8-7　质量控制的思路

（2）过程质量控制系统

1）过程质量控制系统简介。过程质量控制系统是通过采集并分析生产实时数据、生产信息系统数据等，对制造过程中所产生的不稳定因素施加自动控制的系统。通过引入过程质量控制系统，企业可以改善过程动态控制的性能，减少过程变量的波动幅度，使产品及制程质量更能接近于目标值，最终达到提高制造系统稳定性和安全性、保障产品质量的均匀性、提高产品直通率、降低企业总体运营成本的目的。

传统过程质量控制方法与数字化过程质量控制系统的指标比较如表 8-4 所示。

表 8-4　传统过程质量控制方法与数字化过程质量控制系统的指标比较

指标	传统过程质量控制方法	数字化过程质量控制系统
使用效率	设备停机，设备 OEE 较低	设备不停机，设备 OEE 较高
生产过程连续性	需要停止生产过程进行纠正	自动纠正，无须停产
数据	使用数据样本分析	集成分析所有数据
维护方式	事后维护、修正	预测性维护

2）过程质量控制系统功能分析。过程质量控制系统主要包括数据采集、仿真预测分析以及知识更新三个环节如图 8-8 所示。

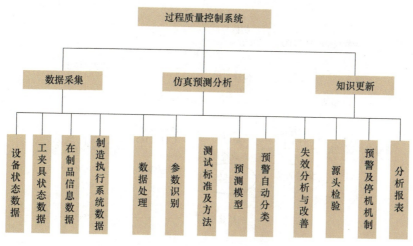

图 8-8　过程质量控制系统的功能结构

① 数据采集：在过程质量控制系统中，数据采集包括两个方面：一方面是生产车间中各要素（员工、设备、物料等）所产生的实时数据，另一方面是制造执行系统中的运营数据。通过专业的数据处理软件对这些信息进行过滤、归类处理，并按照一定的规则关联排列成有逻辑性的实用数据，存储在过程质量控制系统数据库中，实现对生产状态的实时更新。

② 仿真预测分析：以数据采集为基础，对数据进行仿真预测分析是过程质量控制系统的核心。仿真预测分析包含两部分内容：一是预测模型，即对可能发生的生产异常进行预测，包括变量识别、机器学习、建立控制模型等；二是形成过程控制知识，通过对异常因素进行失效分析与改善等，提升企业过程质量控制水平，包括预警机制以及停产机制的更新。

③ 知识更新：通过对异常事件产生的原因进行源头分析，识别出其产生的根本原因，并

对过程控制系统知识库进行更新，实现对下一阶段或者下一批次产品生产的优化，并自动产生过程控制质量报表。

3）质量控制系统实施架构

过程质量控制系统是一个典型的串联式应用系统而非独立的信息系统，各模块之间实现各自功能并以一定的逻辑结构相互连接，各模块都实现数字化、自动化。先进过程控制（Advanced Process Control，APC）是采用科学先进的控制理论和控制方法，以工艺控制方案分析和数学模型计算为核心，以计算机和控制网络为信息载体，充分发挥分布式控制系统和常规控制系统的潜力，保证生产过程始终运转在最佳状态，以获取最大的经济效益的一种控制方法。本书介绍以 APC 为基础建立的过程质量控制系统结构。

① APC 基本业务流程。APC 的基本业务流程如图 8-9 所示。

APC 系统可以实现以下两项过程控制功能：第一，失效监测与分类（Fault Detection & Classification，FDC）；第二，批对批控制（Run to Run Control，R2R）。

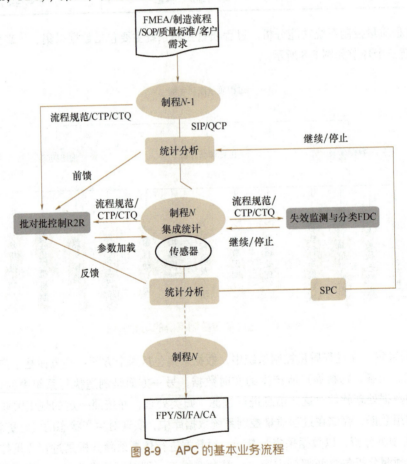

图 8-9　APC 的基本业务流程

② 失效监测与分类。统计过程控制（Statistical Process Control，SPC）是一种借助数理统计方法的过程控制工具。它对生产过程进行分析评价，根据反馈信息及时发现系统性因素出现的征兆，并采取措施消除其影响，使过程维持在仅受随机性因素影响的受控状态，以达到控制质量的目的。在先进流程控制系统中，FDC 通过对在线实时数据的采集与分析，实现 SPC 类似

的功能。但是，FDC 在一些方面与 SPC 有区别，SPC 与 FDC 的指标比较如表 8-5 所示。

表 8-5　SPC 与 FDC 的指标比较

指标	SPC	FDC
数据	使用在制品内嵌数据	直接从设备、流程中采集变量
测量方法	结果（离线）	过程（在线）
样本比例	<5%	100%

在 APC 控制系统中，FDC 的发展可以分为四个等级。第一等级：实现了对设备的集成管理以及数据的实时采集；第二等级：识别制程的关键变量。通过对海量生产数据以及信息系统数据的分析，FDC 系统可以识别出影响制程稳定性的关键因素，并可以提供趋势图以及简单的统计分析。第三等级：离线分析。FDC 系统可以通过线下分析，实现对过程不稳定性的控制。可以提高制程的生产力、产品质量以及维护能力。第四等级：在线监控。FDC 系统实现了对制造过程的实时监控与分析，以及对不稳定性因素的预测，并通过自动邮件触发系统等，与相关质量人员进行联系，及时施加控制。

③ 批对批控制。在间歇性生产过程中，由于一些重要的质量指标参数缺乏在线测量手段，无法实施对过程产品质量的实时监控。同时，生产设备特性会随着时间的推移而发生漂移，如果采用固定制程方案进行控制，往往会导致不同批次的产品质量存在较大差异。R2R 是一种针对间歇过程的优化控制方法，根据对历史批次信息的反馈与分析，更新过程模型并调整制程方案，从而降低批次之间的产品差异的控制方法。

4）APC 智能制造质量控制系统架构。APC 智能制造质量控制系统架构如图 8-10 所示，主要包括数据收集、仿真 & 预测、实时控制等方面。

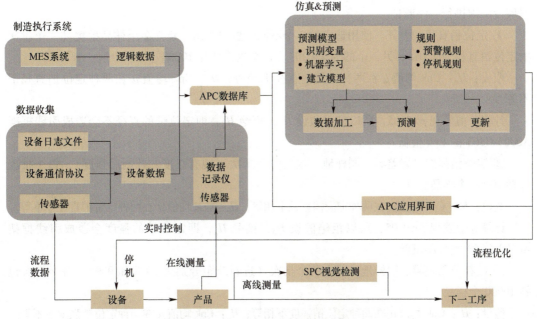

图 8-10　APC 智能制造质量控制系统架构

（3）质量控制系统应用案例

选取上述半导体制造公司的 SOT23 C8 产品的引线框架引脚尺寸过程质量提升案例为研究对象。

引线框架作为集成电路的芯片载体，是一种借助键合金属线材料（金丝、铝丝、铜丝）实现芯片内部电路引出端与外引线的电气连接，形成电气回路的关键结构件，它起到了和外部导线连接的桥梁作用。绝大部分的半导体集成块中都需要使用引线框架，是电子信息产业中重要的基础材料。引线框架（Leadframe）A0003-C863 是适用于产品 SOT23 C8 的引线框架，由于引脚尺寸的问题，导致相应制造过程（芯片键合，Die Bond）的过程能力指数 Cpk 为 0.87，说明实际生产过程与正常水平偏离过大。

首先，通过实地调研的方式，确定了该问题产生的原因的鱼骨图，如图 8-11 所示。

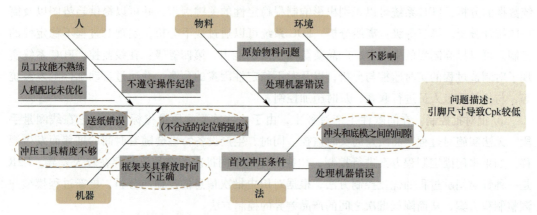

图 8-11　A0003-C863 过程质量 Cpk 低的产生原因鱼骨图

其中，虚线圈内的原因是最有可能导致上述问题的原因。针对这些原因，做出假设，并对假设原因进行一一验证。

① 定位销直径的差异。使用选定的 2 个不同位置引脚组，建立 2 个样品批次（一个批次的定位销直径为 2.015，另一个的为 2.020），每个批次样品 10000 个。

假设：H_0：Cpk 均值 μ 在两种定位销直径下相等；H_a：Cpk 均值 μ 在两种定位销直径下不等。

计算 p 值发现 $p>0.05$，所以接受假设 H_0，拒绝 H_a，即定位销的直径不会造成引线框架 A0003-C863 的 Cpk 值低。

② 定位销强度设置差异。同样地，建立两个批次（现有强度和控制后强度），每个批次包括 10000 个样品。

假设：H_0：Cpk 均值 μ 在两种定位销直径下相等；H_a：Cpk 均值 μ 在两种定位销直径下不等。

计算 p 值发现 $p<0.05$，所以拒绝假设 H_0，接受 H_a，即定位销的强度会造成引线框架 A0003-C863 的 Cpk 值低。

③ 进料节距差异。同样地，建立两个批次（进料节距分别为 10.2 和 9.9），每个批次包括 10000 个样品。

假设：H_0：Cpk 均值 μ 在两种定位销强度下相等；H_a：Cpk 均值 μ 在两种定位销强度下不等。

计算 p 值发现 $p > 0.05$，所以接受假设 H_0，拒绝 H_a，即进料节距不会造成引线框架 A0003-C863 的 Cpk 值低。

根据以上分析可以得出结论：改变定位销强度会给引线框架 A0003-C863 的生产过程偏差造成较大的影响。因此，确定通过优化定位销强度以提高引线框架 A0003-C863 制程 Cpk 的决策。在 0~3kg 的范围内调整定位销强度以获取最优值，最终得到最优定位销强度应该在 1.5~3kg。

改善定位销强度前/后制程 Cpk 比较如图 8-12 所示。

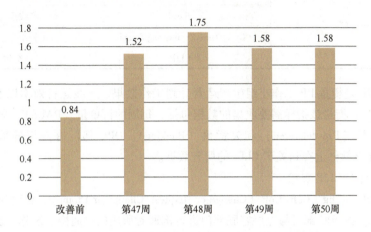

图 8-12 改善定位销强度前/后制程 Cpk 比较

2. 准时交付率控制系统

准时交付率（Confirmed Line Item Performance，CLIP）是该企业管控交付期的主要关键绩效指标之一。作业计划与控制（Operation Planning and Control，OPC）部门主要负责生产运营计划安排，并承接 SCP（订单接收部门，与客户直接联系）分配的订单，安排每周的生产计划。OPC 目前包括制造执行系统（Manufacturing Execution System，MES）管控，物料计划（Resource Plan，RP），投资计划（Investment Plan，IP）和生产计划（Production Plan，PP）4个工作小组，该部门组织结构具体如表 8-6 所示。

表 8-6 OPC 部门组织结构

组织名称	具体工作职责
制造执行系统（MES）管控	由该小组进行日常监控，维护企业 MES，进行长期的生产运营安排
物料计划（RP）	除了芯片之外的引线框、塑封材料等的配给工作
投资计划（IP）	当订单数量大并且持续走高或者产能不够时，该小组进行机器购买等工作
生产计划（PP）	短期的生产计划（BEST）、产能安排、产线实际生产中计划的调整、产品交付等过程的控制

OPC 部门的管控指标见表 8-7。

表 8-7   OPC 部门的管控指标

指标	KPI	中文名称
成本	Loading	产能利用率
	Idle Costs	停工损失
	Cost Deviation	成本偏差
	Personnel Efficiency	人员效率
生产流程	OEE	设备综合效率
	Speed	产线运行速率
	Cycle Time Engineering Sample	工程小样生产周期
	CLIP	交付率

其中，CLIP 是衡量 PP 工作小组生产运营计划工作效果、产线运行效率以及产品交付可靠性的重要指标。衡量该指标需要收集的数据包括：每周的订单量（PAUS）、交付量（Delivered），预交付量（Pre-delivered）和欠货量（Backlog）。OPC 部门有专用的数据搜集软件 Skynet，可以在该软件上查到关于 CLIP 的所有数据。

（1）公司管控 CLIP 现状

CoR/CoP Reporting。CoR/CoP（Change or Request/Change or Promise，更改或请求/更改或承诺）Reporting 是 OPC 部门与上层客服部门进行沟通时所用的沟通协议统称。例如，当产线出问题导致计划完不成，需要与客服部门沟通时，就需要使用的 CoR/CoP Reporting。CoR/CoP Reporting 的沟通流程如图 8-13 所示。

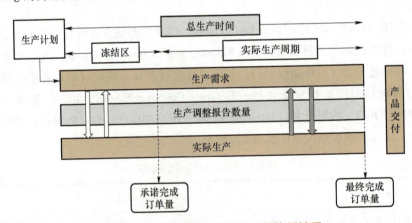

图 8-13   CoR／CoP Reporting 的沟通流程

首先，PP 工作小组做生产计划时有冻结区。这一冻结区被称为 BEST 计划，一般时间为三周，三周内产线的产能不会改变。其次，在实际生产过程中，通常会出现例如机器停机、客户要求改变等情况，需要使用 CoR/CoP Reporting，以确定是要求订单交付延后，还是追加芯片数量保证完成订单、准时交付。

（2）CLIP 体系

由于产线在实际生产过程中会进行调整，仅仅有最后入库后的 CLIP（DC_IN）不能完全地代表 PP 工作小组的实际绩效，所以还有另一个 Raw CLIP，即未调整前原始的 CLIP 来共同反映 PP 工作小组以及产线的绩效。其中，CLIP（DC_IN）指标的目标值为 94%，预警值为 92.5%；Raw CLIP 的目标值为 85%。相应的交付率指标计算方式如下：

$$CLIP(DC\_IN) = \frac{Delivered_{cw}^{x} + Excess\ Delivered_{cw}^{x-1}}{PAUS_{pw}^{x} + Backlog_{cw}^{x-1}};$$

$$Raw\ CLIP = \left(1 - \frac{|FBEST\ Demand - Final\ Demand|}{|FBEST\ Demand + Final\ Demand|}\right) \times \frac{Delivered_{cw}^{x} + Excess\ Delivered_{cw}^{x-1}}{|DEW_{pw}^{x}| + PAUS_{pw}^{x} + Backlog_{cw}^{x-1}}.$$

式中　　　　$Delivered_{cw}^{x}$——第 x 周的交付量；

$Excess\ Delivered_{cw}^{x-1}$——第 $x-1$ 周的预交付量；

$PAUS_{pw}^{x}$——第 x 周的订单量；

$Backlog_{cw}^{x-1}$——第 $x-1$ 周的欠货量；

$FBEST\ Demand$——本来计划承诺要完成的订单；

$Final\ Demand$——实际完成的订单

CLIP 指标体系需要衡量生产承诺的履行情况，包括在生产过程中的必要调整，而在实际的生产运营过程中，短期计划冻结区的高调整率会导致生产中的效率损失，以及规划过程中的效率损失等。所以，引入 Raw CLIP 的动机就是为衡量原始的（未调整前）订单的交付率。

（3）CLIP 指标体系的优化

为追踪准时交付率未能达标的原因，该公司创新性地引入寻因交付率指标（OP_driven CLIP），衡量计划部门调整后的交付率。首先对交付率未达标的原因进行归类：在进行分类后，可得共有三个原因，分别为运营原因（Operation Driven）、客户原因（Division Driven）和系统原因（System Driven），具体分类与代码详见表 8-8，其中 FE 和 BE 分别为半导体制造的前道与后道工序。由于客户原因与系统原因是不可控的，因此在企业主要关注由运营原因导致的 CLIP 指标不达标时，运营部门在发出生产调整报告时，必须标明"更改订单量"的原因代码。

表 8-8　CoR/CoP Reporting 分类与代码

运营相关的调整原因	代码	前道	后道
前道与后道原料运送问题	DFE、DBE	√	√
订单积压导致的重新调度	BLR	Not Used	√
积压订单的清理	BLC	System	√
原材料短缺	RMS	Not Used	√
因批次生产量进行的计划调整	PLS	（OP）	√
客户相关的调整原因	代码	前道	后道
产品相关的运输问题	DPR		√
芯片短缺	CS	√	√

(续)

客户相关的调整原因	代码	前道	后道
用户需求变化	CCD	√	√
前道交付问题	DFE	（OP）	√
晶圆缺失	WLO	√	√
芯片加载后需求变化	PLC	√	√
过短的提前期	TSL	√	√
系统相关的调整原因		FE	BE
过量传输	ODL	√	√
分配请求变动	ARMV	√	√
未加工量	COP	√	√
循环批次相关	LLR	√	√

然后，对三种原因的生产调整报告（CoR）进行指标统计，具体如下：①生产调整报告的总数量（Total CoR）；②由运营原因产生的生产调整报告数量（OP_driven CoR）。最后，在企业现有的数据收集程序中收集相应数据并按照如下公式计算 OP_driven CLIP。

$$OP\_driven\ CLIP = CLIP(DC\_IN) - \left[CLIP(DC\_IN) - Raw\ CLIP\right] \times \frac{OP\_driven\ CoR}{Total\ CoR}$$

式中　Total CoR——生产调整报告的总订单量；

OP_driven CoR——因运营原因产生的生产调整报告数量。

根据 CLIP(DC_IN)、Raw CLIP 以及 OP_driven CLIP 的定义，可以发现造成 Raw CLIP 与 CLIP(DC_IN) 之间差异的原因主要有三个，分别为运营原因、客户原因和系统原因，OP_driven CLIP 是剔除运营原因导致的交付期变异后的系统交付率，即 OP_driven CLIP 与 CLIP（DC_IN）的差值就是由于运营调整造成的交付率的提升，三者之间的关系如图 8-14 所示。

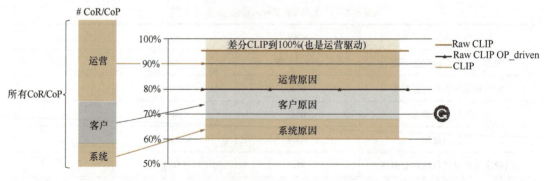

图 8-14　OP_driven CLIP、Raw CLIP 和 CLIP（DC-IN）三者之间的关系

引入 OP_driven CLIP 指标的作用体现在以下两个方面：①对于运营部分可以快速找出关键原因后对症下药，对于已经出现的问题进行标准化作业，有效预防和避免同类问题的再次发生；②使用计划部门原因调整后的交付率 OP_driven CLIP 可以更准确地衡量运营部门的绩

效，对于产线其他部门出现的问题，也可以很快找出原因，同时提高当交付率失控时的响应效率，通过节省成本来提高企业收益。

（4）实施效果分析

选取该公司在某年度第 26~31 周（CW26~CW31）的 CLIP 指标进行智能制造管理系统实施效果分析。由于原始交付率（Raw CLIP）和入库后的实际交付率［CLIP（DC-IN）］之间出现的差异变化较大，Raw CLIP 经常接近失控（目标值＝85%）的边缘。

图 8-15 表示在实施改进计划之前，由于原始交付率和入库后的实际交付率之间的差异变化较大，原始交付率经常接近失控（目标值＝85%）的边缘。

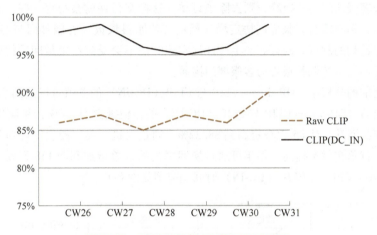

图 8-15　改善之前的 CLIP 时间趋势图

为识别造成原始交付率和入库后的实际交付率差异较高的原因，并在接下来的生产中进行改善，企业使用 CLIP 智能控制系统自动获取 Raw CLIP，CLIP（DC-IN）在接下来 CW32~CW36 周内的 CoR/CoP Reporting 数据，并自动生成时间数量图，如图 8-16 所示。

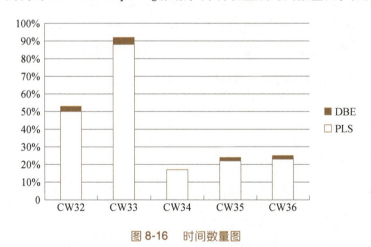

图 8-16　时间数量图

图 8-16 中，Y 轴为由于运营原因而产生的生产调整报告的数量，即 OP_driven CoR/CoP，各个颜色代表不同的 CoR/CoP Reporting 原因代码，颜色柱为该原因调整的报告数量。其中橙

色柱为由于（DBE）交付问题引起的计划调整，蓝色的为小批量（PLS）问题引起的计划调整（PLS，DBE 均为原因代码，可以在表 8-8 中找出具体名称和描述）。从图 8-17 中可以看出 PLS 导致了该时间段内准时交付率（CLIP）的不达标。

分析得到原因后，应制订计划以提升企业准时交付率绩效水平。由于每个产品批次出货时必须达到一定的数量才会出货交付，否则会使成本失控，所以未达到出货批量的产品会在尾料库等待同类型产品出货，这样就会影响交付期。所以，对于小批量的产品订单，该公司提出一系列新的工作流程：首先，运营部门接收到小批量订单后先向客服部门进行确定，如果该产品会有源源不断的间隔时间较短的订单，则可以生产，否则向客服部门申请拒绝该订单。此时，若客服部门同意拒绝，则去除该订单，这样交付期就会稳定一些；若客服部门仍然坚持该订单，则必须与客服部门协定增加预定芯片原料数量（客服部门与客户沟通），然后再进行生产计划的制订。制订好的生产计划实施时便不会受到小批量问题的影响。若碰到其他问题后再使用生产调整报告与客服部门沟通。

在改进之前的分析中，OP-driven CLIP 与 CLIP（DC-IN）的差值可以达到 5.5%，在新的工作流程提出后，OP-driven CLIP 与 CLIP（DC-IN）的差值减少到 2.0%，并且 Raw CLIP 有了近 3 个百分点的回升。从 85.36% 提高到 88.22%。通过改进，英飞凌生产计划部门的人员效率不断提高，订单交付率提高，每年可通过挽回损失的订单增加利润 138 万元。改进一段时间后的 OP-driven CLIP 与 CLIP（DC-IN）时间趋势图见图 8-17。

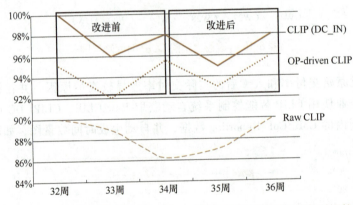

图 8-17　改进一段时间后的 OP_driven CLIP 与 CLIP（DC-IN）时间趋势图

第九章
智能工厂的规划与设计

第一节 智能工厂的规划原则

1. 智能工厂的特征

智能工厂是移动通信网络、数据传感监测、信息交互集成、人工智能等智能制造相关技术、产品及系统在工厂层面的具体应用，以实现生产系统的智能化、网络化、柔性化和绿色化。智能工厂的建设是一项复杂的系统工程，围绕产品的全生命周期价值链实现制造技术和信息技术在各个环节（研发设计、生产制造、物流、销售、服务）的融合发展。

智能工厂融合新一代信息技术、自动化技术以及先进制造技术，具有生产自动化、工厂数字化、流程可视化、系统集成化、决策科学化以及模型化等特点。智能工厂的特征如图9-1所示。

（1）生产自动化

在原有技术和生产模式下，实现集中式控制向分散式增强型控制的基本模式转变，让设备从传感器到

图9-1 智能工厂的特征

互联网的通信能够无缝对接，从而建立一个高度灵活的、个性化和数字化、融合了产品与服务的生产模式。

（2）工厂数字化

借助覆盖全工厂的传感器以及各工业应用软件，实现对生产运营数据的实时采集，快速掌握生产运行情况，实现生产环境与信息系统的无缝对接，提升了管理人员对生产现场的感知和监控能力。

（3）流程可视化

通过实施先进的流程控制技术，如先进流程控制（APC）、统计过程控制（SPC）等，实

83

现对所有制造因素以及产品设备工艺关键参数的100%可追溯性。

（4）系统集成化

智能工厂的核心特征就是制造系统及相关工业应用的集成化，以实现生产运营数据在所有部门的无阻碍流动。智能工厂系统平台以 MES 为核心，向上支撑企业经营管理，向下与生产过程的实时数据高度集成，将各自独立的信息系统连接成为一个完整可靠和有效的整体。

（5）决策科学化

利用工业大数据技术进行科学化决策是智能工厂的主要特征之一。对各应用系统的数据进行集中存储和分析，协助企业决策层及时发现问题、分析问题原因、进行风险预警，实现决策的科学化。

（6）模型化

基于工厂模型构建制造车间各类工艺、业务模型与规则，并与各种生产管理活动相匹配。

2. 智能工厂的规划要素

智能工厂的规划是一项复杂的系统工程，本节基于智能工厂的内涵以及智能工厂的特征，分析智能工厂规划过程中的核心要素。

（1）数据采集与分析

数据是智能工厂的血液，实现数据从设备层信息系统到企业层信息系统的无缝流动，是智能工厂规划的核心内容。在智能工厂的运转过程中，生产要素数据、信息系统数据以及流程数据等异构数据构成了工业大数据。在生产过程需要及时采集分析相关数据，并与订单、人员以及物料等进行关联，实现对生产过程的全程追溯。

（2）互联互通

工业物联网是实现企业互联互通的技术保障。互联互通是智能工厂数据流通的血管，是实现数据在全工厂范围内流通的保障。智能工厂需要建立统一的数据格式和数据交互规则，使数据可以在企业范围信息系统内实现无障碍流通，提高数据质量和数据利用效率。图 9-2 所示为生产系统数据采集及互联互通解决方案，是智能工厂其他功能模块建立的基础。

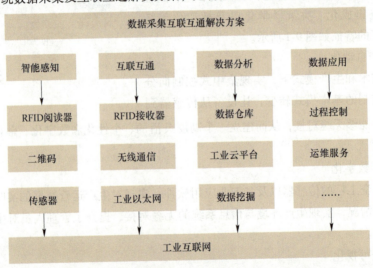

图 9-2　生产系统数据采集及互联互通解决方案

（3）设备自动化系统

生产管理信息系统需设置设备管理模块，使设备释放出最高的产能（OEE），通过生产的合理安排，使设备尤其是关键、瓶颈设备减少等待时间。机-机交互（Machine-to-Machine，M2M）实现了各设备之间的数据交换，是实现设备自动化的基础。对设备层级进行标准化管理，采用标准的通信方式、通信协议以及接口方式，建立统一的设备自动化集成平台，是建立设备自动化系统的关键。自动化设备的实施方案应当包含多个模块：智能装备、智能组件、数据采集、通信网络、智能物流等数据信息交互平台。智能工厂设备自动化系统解决方案如图9-3所示。

图9-3　智能工厂设备自动化系统解决方案

（4）制造执行系统

制造执行系统是智能工厂系统规划的核心，旨在实现车间的实时透明化管理，维持生产过程的稳定性以提高生产绩效。构建以MES为核心的工业控制应用系统是关键。制造执行系统可以实现如下关键功能：高效的生产计划排程、制造过程的可视化、制造资源的100%可追溯性、在线质量监测、自动化物流搬运等。智能工厂制造执行系统解决方案如图9-4所示。

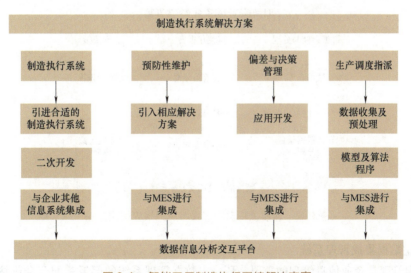

图9-4　智能工厂制造执行系统解决方案

（5）过程质量控制系统

提高质量是制造企业永恒的主题。在进行智能工程规划时，质量以及过程控制仍旧是关键的业务流程。流程质量控制是指使用先进的控制技术，包括先进流程控制（APC）与统计过程控制（SPC），对制造过程中的所有制造活动进行监控并对监测数据进行分析处理，将实时制造数据的分析结果与工程师预先设定的规范区间（Spec）进行比较，对超过规范区间规定的行为进行提前预警并反馈信息，形成闭环控制，避免把有质量缺陷的产品供应给客户。图9-5所示为智能工厂过程质量控制系统解决方案。

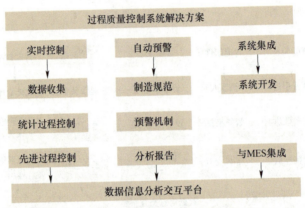

图9-5　智能工厂过程质量控制系统解决方案

（6）自动报告与决策系统

实现制造系统的自动控制与决策是智能工厂的目标。传统工厂以人工决策为主，这种决策方式往往造成响应速度慢、决策不精确的后果，最终给企业运营成本带来压力。智能制造实现了制造系统的自动控制与决策，提高了生产过程对异常事件的响应速度和决策的准确性。图9-6是智能工厂自动报表与决策系统解决方案。

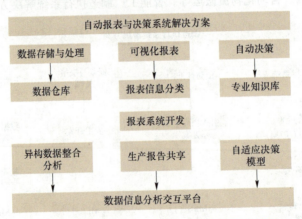

图9-6　智能工厂自动报表与决策系统解决方案

（7）主数据集成管理系统

主数据管理是企业信息管理的重要一环，主数据管理系统的部署是配合企业整体信息化战略的一个重要步骤。引入主数据管理系统可以实现主数据（客户、供应商、产品结构等）的规范化和标准化管理，并且可以实现主数据与企业其他关联信息系统的协同和分发，保证企业在异构环境下各系统具有统一、准确、高质量的主数据，提高业务流程的执行效率。

第二节　智能工厂设计仿真技术与软件工具开发

1. 智能工厂仿真和数字化工厂的链接

智能工厂是工业4.0的主题之一，实现智能工厂的前提是实现数字化工厂，数字化工厂有着很丰富的内涵，它是基于虚拟仿真制造技术，以涵盖产品全生命周期的数据为基础，在虚拟环境中，实现整个生产过程的仿真、分析和优化的一种生产组织方式，在实际生产中有着广泛的应用，可以为企业持续降低生产成本、提升生产率和缩短研发周期。

数字化工厂规划要包含以下四个要素：工厂设备数字化、工厂物流数字化、设计研发数字化和生产过程数字化。

1）工厂设备数字化是建设数字化工厂最基本的要素，它需要生产设备的实时数据，可以直接为产品的设计、研发、生产、运输、销售等其他环节提供直接数据支持。所以各种可编程逻辑控制器（PLC）、传感器、伺服电机等都是实现数字化工厂必不可少的部分，其中尤以传感器最为基础。

2）工厂物流数字化是对整个物流过程的数据进行数字化，它是实现智能物流的核心，通过实现物流过程的透明性、高效性和安全性，包括追踪产品运输过程、追踪定位各类运输车辆、配送物料上线等，可以极大地提升企业资源的利用率。

3）设计研发数字化通过高度集成设计、工艺、制造、检测等各业务的知识数据，包括CAD/CAPP/CAE/CAM/PLM的集成、虚拟仿真技术、产品全生命周期管理等来做到全流程的数字化。

4）生产过程数字化的目的是通过数字化技术来解决现实中复杂的车间生产过程管理，主要是对制造执行系统（Manufacturing Execution System，MES）以及企业资源规划（Enterprise Resource Planning，ERP）和产品生命周期管理（Product Lifecycle Management，PLM）及车间现场自动化控制系统进行数据交互，可以做到实时分析、监控和控制。

2. 仿真技术介绍

数字化工厂的实现和建立离不开仿真技术的运用，它通过将真实的工具换为各种数据，以便实现仿真或虚拟现实，再基于仿真设计和优化，通过仿真和优化工具的实用，来执行和优化规划项目，将复杂的工厂分解为不同的层次和单元。在实际应用中，通常我们分为四层来进行整个供应链的仿真。

第一层是设备或工作中心的仿真，企业离不开各种各样的生产线、设备、物料、工人、推车等元素。这是最基础的仿真，因为元素比较少，也是比较容易实现的仿真。

第二层是工厂和制造中心的仿真。第二层的仿真会集成所有第一层的元素，更多关注产品在整个制造中心的流动。可以通过仿真产品生产周期来重新组织或优化生产线。通过工厂仿真，我们可以更清楚地知道产品的流向和浪费。

第三层是对整个内部供应链的仿真，通过对整个企业内部所有工厂的协同优化，关注整个企业内部所有生产产品的流动及在各个制造中心的生产和运输情况。各种节点彼此协调和动态链接，从宏观角度进行企业内部的分析和优化。通过虚拟网络来共同设计产品或生产线，其中不同的参与者可以在同一环境中协作并一起工作。

第四层是对整个供应链的仿真，以当前企业为中心，包括所有的利益相关者，从原材料、劳动力、能源供应商到企业的所有客户，甚至是客户的客户，进行企业未来战略上的分析模拟。

通过不同层级的仿真，可以对企业进行全方位的分析和优化，包括规划设计、系统吞吐量、生产线平衡、规划过程甚至是企业战略。

在现有的比较成熟的仿真方法论中，主要分为以下三种不同类型的仿真，包括有限元仿真（Finite Element Method Simulation，FEMS）、运动仿真（Motion Simulation，MS）和离散事件仿真（Discrete Event Simulation，DES）。

（1）有限元仿真

在过去的几十年中，FEMS逐渐发展成工程系统建模和仿真中的关键技术。在开发一个工程系统时，必须经历一个非常严格的建模、仿真、可视化、分析、设计、原型、测试和最终的制造过程。FEMS正是基于用简单的方法和元素，并通过元素之间的相互作用来构建复杂的对象。它是一种数值方法，用一种数学上的近似理论对实际的生产系统进行模拟仿真，然后利用有限的未知量去模拟和逼近拥有无限未知量的真实生产系统。随着计算机计算速度的不断增长，FEMS与计算机辅助设计（CAD）或计算机辅助制造（CAM）紧密地联系在一起，作为一种计算机模拟方法在工程中的应用也越来越广泛。

（2）运动仿真

MS是通过运用机械系统的运动学方法、动力学理论科学以及计算机辅助技术，在建模仿真、运动控制、动力学研究等方面进行仿真的技术，主要应用在机械设计领域。由于机械运动的过程非常复杂，往往难以用准确的数学表达式来描述，因此设计者为了减少复杂的理论分析，经常采用以前的经验，对新的设计方案进行比较和试错。这样盲目地试错会导致设计周期的延长，而且设计的结果也很可能与真实情况出现较大的差距。因此，随着计算机技术的发展和机械设计的精度控制越来越高，运动仿真技术得以成为机械设计人员进行设计的重要技术，不仅可以大幅降低设计成本，而且可以无风险地试错，可以非常快捷地得到结果。

常用的运动仿真软件有SolidWorks、ADAMS（Automatic Dynamic Analysis of Mechanical System）等，可以采用OpenGL、VB、VC等编程语言进行实现。这些环境都提供了良好的人机交互界面，可以让设计者很方便地构建零部件的模型，对系统进行仿真计算并且以图表的形式进行显示，从而对机械运动系统进行动力学或静力学的分析和研究。

（3）离散事件仿真

根据对象的不同，对制造系统进行的仿真，主要可以分为两类：连续制造系统的仿真（Continuous Manufacturing System Simulation，CMSS）和离散制造系统的仿真（Discrete Manufacturing System Simulation，DMSS）。连续制造系统是指系统的状态随时间的变化而变化，是时间的函数。离散制造系统是指系统的状态是发生在离散的时间节点上，系统状态变化只在特定的时间节点发生，并且发生的时刻具有一定的随机性。离散制造系统的状态变化由随机事件驱动，随着特定事件的到来，系统状态随之发生变化。

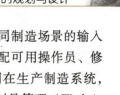

这种随机事件或者时间驱动的特点，使离散制造系统可以通过修改不同制造场景的输入参数。例如，重新定位机器、管理过程周期时间、改变物流路线、重新分配可用操作员、修改操作员或机器的数量来得到不同场景下的结果。这种特质非常适合应用在生产制造系统，尤其是对生产力成本分析、瓶颈识别和机器故障仿真、生产计划验证、在制品管理（Work in Progress，WIP）分析和准时制生产（Just In Time，JIT）场景非常有用。DES 还可以自定义生成系统的行为报告和统计数据。通过数据分析，可以更方便地实现各种方案的评估，从而得到最好的设计方案。

3. 离散事件系统仿真介绍与流程

（1）离散事件系统仿真介绍

离散事件系统的状态变化是由特定的事件或时钟驱动的，而且导致系统状态变化的事件可能不唯一，状态变化的方向也不特定，有时难以用常规的数学表达式来建模。目前离散系统的模型框架主要有以下三种。

1）逻辑层次模型：这类模型中系统状态变化与驱动事件之间有明确的条件关系，属于确定性模型。

2）时间层次模型：这类模型不只关注系统状态与驱动事件的逻辑关系，还会有一条时间轴，并且要在时间轴上刻画分析系统状态演变过程。

3）统计性能层次模型：这种模型框架来自对随机服务系统（排队系统）的研究，研究方式通常是排队论、排队网络等。

在离散事件仿真中，根据过程的侧重点不同，可将离散事件系统仿真分为面向对象的仿真和面向过程的仿真两种类型。

1）面向对象的仿真。面向对象（Object-Oriented）的仿真特别适用于大型复杂系统，强调通过客观世界中固有的事物来构建仿真系统。它是通过将客观世界中的物体进行属性、动作、行为封装，来构建模型的一种方法。因为系统的状态变化是通过对象表现出来的，所以它通过研究对象的属性和行为来分析系统。同时，对象的属性变化也会改变整个系统的状态。

2）面向过程的仿真。面向过程（Procedure-Oriented）的仿真是根据事件发生的先后顺序对系统中对象的状态做出相应的改变，并推进系统状态发生变化。不同于面向对象的仿真方法，面向过程的仿真强调通过系统的运行流程和状态变化过程来构建仿真系统。

不管是面向对象还是面向过程的仿真方法，离散事件仿真系统的关键组成要素都是一样的，主要包括以下几种。

1）实体是指存在于系统中的最基本的仿真对象，根据生存周期的不同可以分为临时实体和永久实体。临时实体的生存周期比较短，随着系统状态的演变，会在周期结束后消失。永久实体是指存在于系统中的固定部分，它的生命周期会贯穿整个仿真过程。

2）事件是指造成离散系统状态发生变化的特定条件。事件不仅可以协调实体之间的活动，而且可以完成实体之间的信息传递。事件可以分同步事件、异步事件，还可以设定各种突发事件，种类繁多。在仿真系统中可以利用事件表来集中管理系统中可能出现的所有事件。

3）活动是指系统在两个相邻状态（或相邻事件）之间的转移过程。活动主要反映的是系统状态变化的规律。一项活动可能因为某个事件的触发而开始，也可能因为某个事件的到来而终止，一个活动的结束也可能会激发出一个新事件的产生。

4）进程是指可以用来表示若干事件和活动的集合。进程不仅可以描述集合内部各类事件和活动之间的逻辑关系，而且可以管理彼此在时序上的特定约束关系。进程简单来讲就是实体在系统中经历的完整的过程。

5）仿真时钟。在任何仿真系统中都会有仿真时钟，仿真时钟通常都会加快或者减慢时间的运行从而得到想要验证的结果。在离散事件仿真系统中，由于系统状态变化是由事件驱动并且具有一定的随机性，因此时钟的步长也将随之是随机的，并且仿真时钟还可以根据设定呈现出一定的跳跃性。

离散事件系统的仿真过程一般包括以下几个步骤。

1）明确仿真目标，提出总体方案：准确描述被仿真系统的内容，分析系统的边界条件、系统约束，根据仿真的核心目标，分析系统中的可控变量，确定仿真目标函数，制订完善的项目研究计划。

2）收集数据，构造模型：了解系统运行状况，采集所需的系统数据，从实际需求出发选择合适的仿真算法、仿真策略。分析系统的初始状态，设计系统的仿真流程图。构建系统的数学模型，选择合适的计算机语言编写仿真程序，并对程序进行验证修改。

3）制定方案，改进模型：确定具体的仿真实验方案，运行仿真程序，将采集到的数据输入仿真系统，分析对比仿真结果与实际系统运行规律，改进模型直到符合实际系统的要求及精度为止。

4）设计仿真结果输出格式：设计出清晰的仿真结果输出格式，以利于客户了解整个仿真过程，方便分析和使用仿真数据。

（2）仿真流程

目前流行的仿真软件有很多，但是无论用哪种仿真软件，都可以采取如图 9-7 所示的系统化仿真建模步骤来进行仿真研究，主要步骤包括需求分析、概念设计、数据收集、工厂概念模型建立、数字化仿真建模、实验设计、数字化仿真验证、文档和报告等步骤。

1）需求分析：做仿真模型一定要明确研究的范围和目的，所以需求分析通常是第一步需要做的。在确定了项目背景和目的后，需要通过问卷调查、现场调研、会议座谈等方式，了解研究对象，确定建模之前的假设条件，确定模型详细程度以及模型精度指标，确定需建立模型的性能评价指标。

2）概念设计：确定了研究的对象和需求后，需要进行初步的概念设计，功能结构图可以将复杂的系统拆分成一个个单一功能的模块，有利于分析模块之间的相互关系。系统地梳理各个环节内部以及环节之间的相互关系，从功能上对系统的各要素进行分类，并形成可行性分析和报告。若可行，则应当列为仿真对象，进行下一步的分析和建模。若仿真可行性不高，则需要进行合理假设，使其具备仿真可行性，或者结束该仿真课题的研究。

3）数据收集：确定仿真可行后，为了建立后续的模型，需要根据模型需求进行数据收集，收集模型中所需的生产数据，工厂建模数据通常包括系统布局、工艺流程、设备操作方法和基本参数、三维模型等数据、员工的操作时间和任务清单。为了模型更快更好地建立，需要收集的数据应尽可能全面，可以通过查看系统文件、实施现场调研、统计分析等方式获得。

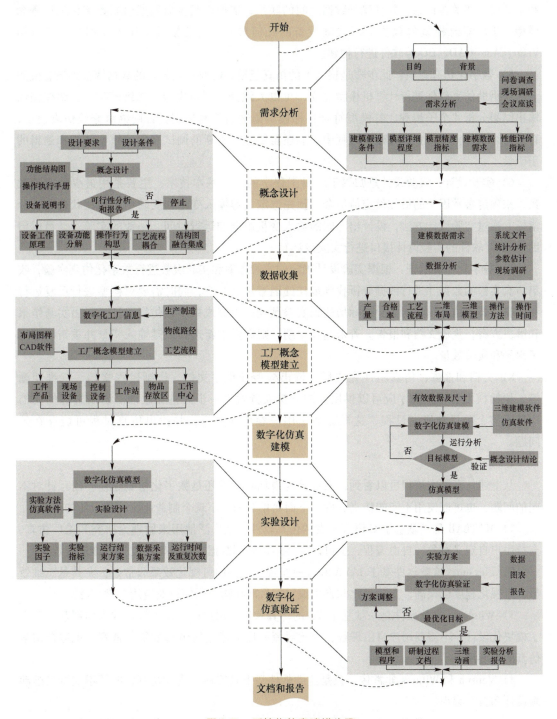

图 9-7　系统化仿真建模步骤

4）工厂概念模型建立：在实际建模前需要先建立概念模型，需要对上一步收集到的数据进行整合分类，可以分为产品相关、设备相关、材料相关、工艺相关、人员相关、物流相关和工厂管理相关等信息，并且建立数据之间的联系，依据产品生命周期绘制数字化工厂概念模型。工厂概念模型包含了工厂关键设备的几何尺寸、功能描述、加工流程等，可以用Visio、Auto CAD、UG等软件进行构建。

5）数字化仿真建模：此步骤是狭义上的仿真建模，需要将收集到的数据嫁接到概念模型上，并借助仿真软件进行计算机模型建立，可以大致分为逻辑模型、二维模型、三维模型和输出结果分析4个子步骤。若模型符合目标模型则输出仿真模型，否则继续修改仿真模型，直到符合目标模型为止。在建模过程中可能还需要进行不断的调试来保证模型结构和逻辑的正确性。

6）实验设计：实验设计是归属于质量工程学的一个基本技术，主要是用最少的实验次数，来确定参数因子的最佳设定值组合。预先选定关键输入变量和反映仿真模型状态的实验指标，通过实验设计方法，设计出不同的输入变量组合和运行时间。一般的实验设计可以借助minitab软件的实验设计接口进行实验设计。

7）数字化仿真验证：根据实验设计确定的实验方案和实验次数进行数字化仿真实验，收集仿真实验的数据并进行数据分析找到最佳的因素水平组合，同时需要对模型进行反复运行和调整，若各仿真模型的实验指标均达到实验预期，则完成数字化仿真验证，得出实验结果和解决方案，生成文档和报告。若未达到预期，则需要重新选择关键输入变量并重新确定因子水平和实验数量。

8）文档和报告：仿真验证完成后，输出模型和程序文档、研制过程文档、三维动画等。原始模型和相关程序应可以供用户或分析人员做进一步调整和改动。研制过程的文档应记录整个项目的研究过程，这样有助于用户参考和分析，并找出仿真过程可能存在的问题。

4. 常用仿真软件

从上述仿真基本流程可以看到，最重要也最耗时间的还是数字化仿真建模，而且针对不同的问题，也可以使用不同的仿真软件。下面简单罗列一下现今制造业比较流行的仿真软件。

1）MATLAB是一款基于C语言开发的仿真软件，被广泛地用来做理论研究和工厂仿真，支持用户自定义对象、自由编程，也可以直接连接外部数据，但是暂不支持三维动画效果。

2）Flexsim，这款软件基于JAVA和C++实现，模型的可视化效果非常好，尤其是三维效果，可视化程度也很高，支持优化和自由编程，目前在物流仓储行业应用非常广泛。

3）Witness，这款软件是一款基于VB的仿真软件，用户可视化很好，因为内部基本实现了模块化设计，不需要用户自由编程，因此对流程比较稳定的仿真效果非常好，也适合初学仿真的人使用。

4）Vensim和Witness非常像，只是这款软件基于C/C++，支持仿真，但是不支持三维动画设计和自由编程。

5）Anylogic是一款基于JAVA架构的仿真软件，内部设计有丰富对象可以直接调用，也支持用户自由设计对象，可以做到基础对象和动作的模块化，同时支持优化和JAVA编程来设计不同的事件，三维效果显示也相当不错。

对工厂来说，上述几款软件是比较常用的，可以根据问题的不同自由选择。

第三节 智能生产线设计

1. 生产线设计原则

为了在当前的市场中保持竞争力，生产线设计必须能够对客户不断变化的需求和动态的商业环境做出快速反应。为了有效地生产各种规模的产品，企业需要灵活的生产线系统，可以很容易地重新配置和部署生产方案。智能生产线规划的主要原则有以下三点：

1）操作简单，出错概率小。

2）灵活多变，以满足不断变化的客户需求。

3）能高效地为客户和企业实现最具价值的解决方案。

在生产线设计中，有一些通用的指导方法、原则和技术可以引导进行最优化的生产线设计。然而，有时候企业必须超越这些方法、原则和技术，并将消除浪费纳入生产线的设计目标。

生产线设计的工业工程方法是开发一个简单的系统，该系统可伸缩、模块化、成本效益高，能为客户减少浪费，从而有效地为客户的产品和企业的制造需求提供最佳的生产线设计。

2. 智能生产线设计方法与步骤

（1）流程分析

为了更清楚地了解将要采用什么样的流程，必须首先彻底了解要规划设计的产品。因此，设计人员必须首先知道：

1）生产的产品是什么？产品组合是什么？

2）生产量是（目前规划的生产量，将来可能的最大生产量）多少？

3）产品将如何制造？（生产流程是什么？工艺流程中的装配方法）

4）物料将如何到达？（物料数量、尺寸、用途）

5）产品的预期循环寿命是多少？（样品时间、原型构建、生产、生命周期、客户的生产计划）

6）产品将在哪里生产？

7）这个项目分配了什么样的生产车间？

一个成功的生产线设计虽然分析过程是费时的，但是确是至关重要的。以易于解释的形式绘制信息图表是任何生产线设计开发的关键步骤。一些最有效的图表如下：

1）产品-数量（Product-Quantity，P-Q）分析图：X 轴为产品组合。Y 轴是每种产品的需求数量。数据应按数量递减的顺序绘制。目标是确定产品组合是否需要独立制造。高产量的产品可以独立生产。

2）产品-路线（Product-Routing，P-R）分析图：X 轴是生产产品所需的流程列表。Y 轴是产品组合。流程应根据机械装配图顺序或者产品流程进行，并借助物料清单（BOM）确定材料的内容，并在操作流程图上标注清楚。操作流程图需要识别操作序列中的关键元素。一旦输入了 X 轴和 Y 轴的信息，图就必须按照产品类型所需的公共操作顺序进行排序。这将允许对类似类型的操作和类似类型的产品进行分组。

3）数量-路线（Quantity-Routing，Q-R）分析图：X 轴为每个产品的数量。Y 轴是按顺序生产产品所需流程的列表。操作应根据机械装配图进行，借助物料清单确定材料的内容，并在操作流程图上标注清楚。操作流程图需要识别操作序列中的关键元素。然后需要按体积对信息进行排序。这些结果将使生产线设计的材料处理一目了然。体积较大的作业通常需要较复杂的物料处理系统才能有效作业。

4）产品-数量-时间（Product-Quantity-Time，P-Q-T）分析图：X轴为产品组合。Y轴是每个产品随时间变化的数量（最好是按月变化）。对所有产品进行一年或更长时间的预测将是最有用的。企业必须将此信息考虑到生产线设计中，以便在生产人员和生产线灵活性之间建立平衡。这类信息将显示（按产品类型分组时）每个产品的容量随时间的任何变化，以将允许设计人员在生产线设计中考虑一定数量的可伸缩性和模块化。

（2）流程诊断

在此过程中，设计人员应该清楚有时候并不是严格的连续流线类型的设计，也不是严格的车间类型的设计。准备生产线的草图（流水线或车间），此时只会让设计人员产生误会。在这个阶段，关键是要记住，客户需求和动态的业务环境迫使我们设计一个简单的系统。该系统具有灵活性、可伸缩性和模块化，并且以有效降低成本的方式减少了浪费。因此，实现这一点的最佳方法是进一步分析和开发流程。

成功的生产线设计的第一步是设置最佳设计的基线期望。最优线设计以零无增值为核心，零无增值基线定义如下：

1）无库存浪费。

2）无材料浪费。

3）无返工或报废浪费。

4）无闲置资源的浪费。

5）无动作浪费。

6）无额外的支出浪费。

7）无不必要的活动的浪费。

一旦定义了基线，并且最重要的是理解了基线，设计人员必须通过从材料和操作人员的角度生成详细的制造过程流程图来进一步分析生产线设计的过程。材料工艺流程图，可以给设计人员提供一个鸟瞰图的生产操作。操作人员的工艺流程图能够让设计人员更仔细地查看流程中需要哪些物理操作。此外，它还将为设计一个鼓励零无增值活动的流程提供便利。

为了开发和分析这些图表，需要一个完整的机械装配单元，或者至少需要一套机械装配图。尽管机械装配是首选，但任何一种模型都能使工程师详细列出进一步分析数据所需的材料和操作程序。同样重要的是，当设计人员分析装配单元时，也要画出与制造过程相关的其他功能。无论何时开发流程，工程师都必须负责从ICT到发货的所有操作。

工艺流程图现在将被用来对混合产品中的每个产品进行最详细的分析。其中大多数将使操作者能够将材料和操作人员工艺流程图中描述的装配顺序组合成一个序列的增值步骤，这些步骤将成为初始线设计布局的基础。一旦大部分完成，每个元素的时间总和将产生每个产品的周期时间。这些数据与客户的预测、每天的小时数、每周的天数和每天的班次相结合，将使工程师能够确定组合中每个产品的节拍时间。这是计算生产线速度以满足客户需求所必需的。

一旦完成了初步的大部分分析工作，就需要审查拟订的装配次序，以确保在这一进程的发展过程中适当考虑下列事项：

1）零无增值基线。

2）P-Q，P-R，Q-R，P-Q-T分析。

3）分配的空间数量。

4）建议装配过程的精确位置。

5）工艺流程图（包括物料流程图和操作人员工艺流程图）。

6）灵活、可伸缩、模块化的生产线。

7）"零浪费"。

8）物料处理和物料管理系统。

9）标准工具和生产设备。

10）可视化管理系统。

在开发流程时，有必要关注上面的所有元素。忽略上述任何一个数据都可能极大地改变拟订的装配顺序，进而改变生产线的总体设计。

一旦完成了大部分分析，就需要对操作进行价值流分析，以确保设计的操作装配顺序的浪费量最少。虽然没有必要对混合中的所有产品都做价值流图，但建议对混合中的代表性样本进行分析。

为了验证过程诊断是可靠的，设计人员应该执行过程故障模式和效果分析（Process Failure Mode and Effects Analysis，PFMEA）。PFMEA可以作为一种程序和工具来测量所提议的过程与其潜在性能之间的差距。PFMEA过程将是一种功能自上而下的方法，能够在设计过程中尽早分析过程故障。

（3）生产线设计计划

将所收集到的信息继续通过过程评估和优化，从而组合成现在的生产线设计。成功的生产线设计的关键要素之一是要记住，所创建的设计必须足够简单，能够有效地降低成本，同时还要足够灵活、可伸缩和模块化，以满足动态业务环境。

只要简单地了解客户的产品生命周期，就可以实现成本有效的设计。有时候单个客户的产品上架时间和全生命周期都非常短（9~18个月）。设备的选择需要遵循以下原则：

1）灵活应对产品的变化。

2）根据流程的变化进行模块化。

尽管设备选择是生产线设计的一个重要方面，但为了满足客户在动态商业环境下的需求，仍然需要构建一个灵活、可伸缩和模块化的流程。

灵活性包括：

1）能够将所有设备重新部署到现有客户。

2）能够向工作站添加工作内容，而不需要对工作站进行任何重大的重新配置。

3）能够快速、轻松地应对市场环境的变化。

4）能够开发足够简单的流程，任何人都可以在20个或更少的周期内成功地执行流程。

5）能够在大多数生产系统上对生产线员工进行交叉培训。

可伸缩性包括：

1）能够适应现有产品订单量的意外变化。

2）能够以小的增量而不是大的步长函数添加容量。

3）能够快速有效地重新配置现有工作站。

模块化意味着：

1）能够在不中断生产的情况下添加工作站。

2）能够采购和使用多功能制造设备。（工作台、货架等）

一般，成本和生产力之间有一条很细的线，只有通过建议的成本分析，才能最终确定任何决策。解决方案可能不具有成本效益，因为它是客户所需要或期望的。值得注意的是，尽管客户可能会要求某些系统，但工程师的工作是评估这些解决方案，并在可行的情况下提出替代方案。

（4）生产线设计

这个时候，必须将前面分析和提到的所有信息转换为设计。第一步是计算生产线节拍的时间或速度。顾客需求节拍（Takt）时间将使工程师开始根据满足客户需求所需的节拍时间将大部分分析划分为活动区域（工作站或工作区域）。

第二步，在一张白纸上按地理位置绘制各个活动区域图表，而不考虑每个活动区域的实际占地面积。为了达到空间要求，设计人员必须分析所需的设备和所涉及的服务设施，必须用现有的空间来平衡这些设备面积的需要。一旦实现了这种关系平衡，设计人员将在设施布局上绘制概念图的草图。

此时将开发布局许多变体或迭代。下一步是调整和操作布局，以确保良好的适配性和功能的有效性。活动区域的实际塑造，如何处理材料，以及调整适应主要通道和建筑特点的调整，都是生产线设计规划的一部分。

随着每一个潜在布局的开发，它必须受到生产线设计理念的挑战。该生产线是否设计了一个简单的系统？是否具有灵活性、可扩展性和模块化？

一些符合标准的可行布局可能仍然存在。现在，应该在评估无形因素的同时提出成本合理性。因此，一个布局应该脱颖而出，作为最优或最好的。注意，从两个或多个以前的布局组合开发一个新的，甚至更好的布局并不少见。

生产线设计的下一步是将上述布局转换为最终的详细布局，重点应包括以下内容：

1）在空间和位置方面，材料的最佳移动、搬运和存储。使用看板或使用点存储系统非常重要。

2）设计人员必须记住，如果现在不开发这些系统或不扩大它们的规模，将来这些系统的实现可能会极大地改变生产线的布局。必须考虑零件尺寸、生产线所需数量，以及基于节拍时间的补货周期。

3）设计人员应尽量设计最小的容许占地面积，以节省宝贵的制造及生产空间。

4）通过选择合适的物料处理和物料管理系统，进一步消除浪费。

5）在设计阶段应致力发展或概念化这些系统，以便在设计过程中适当地容纳这些系统。例如，物料补充、看板、库存管理系统，以及拉取顺序、补充周期都应该在流程的这个阶段进行。

6）配置空间和定位设备，以吸收未来生产的增长，而不需要对布局进行重大更改。

7）仔细研究可能的生产优势，并考虑以往的生产历史。

8）选择符合企业标准的设备和供应商。

9）除非有特别需要，否则所选择的所有设备都应是标准设备。使用这些标准工具和设备将允许企业将它们重新部署到其他客户或站点。在重新部署、重新配置或启动新的或现有操作时，标准设备最终将降低成本。

10）创建对流程的简单视觉解释规则。

11）5S、胶带标准、图纸标准等工具将使这种设计成为可能。

12）不浪费空间、材料或运动。

13）消除非增值活动和零浪费的心态。

（5）流程实施

既然已经创建了线路设计，那么就由工程师来制订项目计划了。在此过程中，首先获得工作单元管理器是至关重要的。随后，必须制订一个项目计划来详细说明事件的顺序及其各自的持续时间。建议使用 Microsoft Project 软件完成一个完整的项目计划。

（6）流程监控

项目一旦实现，剩下要做的就是监视流程或操作的性能。第一步是选择一个度量。为设计选择的节拍时间或节奏现在必须用作与实际性能比较的基准。预期新设计将根据所选择的这个或任何其他度量标准来评估其成功或失败。此外，我们希望每次收集到的信息和最终的设计都能被恰当地记录下来。

3. 智能生产线设计关键成功因素

1）工业工程部门的理念和方法。

2）包含过程评估和优化过程的目标。

3）做一个简单的系统，灵活、可伸缩、模块化，成本效益高，为客户减少浪费。

4）操作简单，出错概率极小。

5）足够灵活，能及时满足客户不断变化的需求。

6）可扩展的产品优势。

7）可以有效地为客户和企业提供最具价值的解决方案。

8）能够根据流程的变化进行模块化。

9）足够有效的成本，使设计在较短的产品周期内创造积极的现金流。

10）通过采用零浪费和零附加值的设计，达到最小的浪费。

11）设计是增值步骤的最后一个动作，是下一步的第一个增值动作。

12）只包含增值行为。

13）设计过程足够完善以适应所有产品在加工过程中的最小变化。

14）能够在不需要设置的情况下处理客户需求的所有产品。

15）所有的设置要求都能在产品生产过程中得到处理。

16）以一种直观的方式传达需求，这样一般人第一次就可以毫不犹豫地执行任务。

17）设计的包装应能呈现材料，以便操作者通过简单的 Get/Place 动作直接进入装配。

18）不要浪费材料。

19）不要浪费精力在返工或报废上。

20）不要浪费时间在闲置资源上。

21）不要浪费时间。

22）不要浪费支持。

23）不要把时间浪费在不必要的活动上。

24）不使用库存来平衡劳动力的低效率，而是使用劳动力来最小化库存成本。

25）不需要创建任何额外的步骤，以把产品放到运营商处。

26）不要让产品闲置。

27）不需要跟踪批次。

28）不需要批量存储空间。

29）不将产品置于批次缺陷的风险中。

30）使生产与需求相匹配。

31）构建只有增值活动的产品。

32）在消费时接收材料，对材料进行加工，并立即发货。

33）以足够常见的方式识别设备/工具和顺序步骤，以便快速识别不同的活动。

第十章
数字孪生与智能制造

第一节　数字孪生技术的概念与其理论发展

1. 数字孪生定义

大规模定制化生产、柔性制造、预测性维护都是工业 4.0 提出的新型智能制造的场景。随着物联网技术和基于模型的设计仿真的普及，以数据为驱动的新型制造形式正在呈现。其中一个趋势就是数字孪生。

数字孪生（Digital Twin）是以数字化方式创建物理实体的虚拟模型，借助数据模拟物理实体在现实环境中的行为，通过虚实交互反馈、数据融合分析、决策迭代优化等手段，为物理实体增加或扩展新的能力。作为一种充分利用模型数据、智能并集成多学科的技术，数字孪生面向产品全生命周期过程，发挥连接物理世界和信息世界的桥梁和纽带作用，提供更加实时、高效、智能的服务。

数字孪生近期得到了广泛和高度关注。全球知名 IT 研究与顾问咨询公司 Gartner 连续两年将数字孪生列为当年十大战略科技发展趋势之一。世界最大的武器生产商洛克希德马丁公司在 2017 年 11 月将数字孪生列为未来国防和航天工业 6 大顶尖技术之首。2017 年 12 月 8 日，中国科协智能制造学术联合体在世界智能制造大会上将数字孪生列为世界智能制造十大科技进展之一。此外，许多国际著名企业已开始探索数字孪生技术在产品设计制造和服务等方面的应用。在产品设计方面针对复杂产品创新设计，达索公司建立了基于数字孪生的 3D 体验平台，利用用户交互反馈的信息不断改进信息世界中的产品设计模型，并反馈到物理实体产品改进中。在生产制造方面，西门子基于数字孪生理念构建了整合制造流程的生产系统模型，形成了基于模型的虚拟企业和基于自动化技术的企业镜像，支持企业进行涵盖其整个价值链的整合及数字化转型，并在西门子工业设备 Nanobox pc 的生产流程中开展了应用验证。在故障预测与健康管理方面，美国国家航空航天局（National Aeronautics and Space Administration，NASA）将物理系统与其等效的虚拟系统相结合，研究了基于数字孪生的复杂系统故障预测与消除方法，并应用在飞机、飞行器、运载火箭等飞行系统的健康管理中。美国空军研究实验室结构科学中心通过将超高保真的飞机虚拟模型与影响飞行的结构偏差和温度计算模型相结合，开展了基于数字孪生的飞机结构寿命预测。在产品服务方面，PTC 公司将数字孪生作为"智能互联产品"的关键性环节，致力于在虚拟世界与现实世界之间建立一个实时的连接，将智能产品的每一个动作延伸到下一个产品设计周期，并能实现产品的预测性维修，为客户提供了高效的产品售后服务与支持。

2. 数字孪生的发展

数字孪生的概念最初由格里夫斯（Grieves）教授于 2003 年在美国密歇根大学的产品全生命周期管理课程上提出，并被定义为三维模型，包括实体产品、虚拟产品，以及二者之间的连接，但由于当时技术和认知上的局限，数字孪生的概念并没有得到重视。直到 2011 年，美国空军研究实验室和 NASA 合作提出了构建未来飞行器的数字孪生体，并定义数字孪生为一种面向飞行器或系统的高度集成的多物理场、多尺度、多概率的仿真模型，能够利用物理模型、传感器数据和历史数据等反映与该模型对应的实体的功能、实时状态及演变趋势等。随后，数字孪生还包含专家知识以实现精准模拟。里奥斯等认为数字孪生不仅面向飞行器等复杂产品，还应面向更加广泛通用的产品。在数字孪生概念不断完善和发展过程中，学术界主要针对数字孪生的建模、信息与物理融合、交互与协作及服务应用等方面展开了相关研究。

3. 数字孪生的应用场景

（1）建模方面

当前在数字孪生建模的框架和建模流程上已开展了一定的研究，但还没有一致的结论。在建模相关理论上，包括物理行为研究、无损材料测定技术、量化误差与置信评估研究，已取得一定进展。这些辅助技术将有助于模型参数的确定、行为约束的构建，以及模型精度的验证。

（2）信息与物理融合方面

在数字孪生信息与物理融合上，目前仅在数据融合方面的降维处理传感器数据与制造数据集成融合上有初步研究，而针对数字孪生信息与物理融合理论及技术的研究仍是空白。为解决这一难题，北京航空航天大学团队于 2017 年将信息与物理融合这一科学问题分解提炼为"物理融合、模型融合、数据融合、服务融合"4 个不同维度的融合问题，设计了相应的系统实现参考框架，并结合数字孪生技术与制造服务理论，对物理融合、模型融合、数据融合和服务融合 4 个关键科学问题开展了系统性研究与探讨，提炼和归纳了相应的基础理论与关键技术。相关工作为相关学者开展数字孪生信息物理融合理论与技术研究、为企业建设并实践数字孪生理念提供了一定的理论与技术参考。

（3）交互与协同方面

已经开展的生产数据实时采集理论和人机交互的研究有助于实现物理世界与虚拟世界的交互与协同，但当前几乎没有机器之间以及服务之间交互协同的相关研究。

（4）服务应用方面

目前对数字孪生在疲劳损伤预测、结构损伤监测、实时运行状态检测、故障定位等方面的服务应用已开展了一定的研究，而在实现服务融合协同上仍有很多问题有待研究解决。

尽管数字孪生的很多方面，例如数字孪生建模、信息物理融合、交换与协同等方面有待系统深入地研究。但工业界已经开始了初步的尝试。

1）产品的数字孪生。基于模型的产品参数、质量测量参数定义，可以数字化三维展现产品的使用功能机理、部件的结构和相互作用，主要满足设计、仿真，包括部件老化仿真的需要。通过自动化和集成，可以确定制造流程并将指令下发到机器。通过传感器技术收集用户的使用情况，可以用来改进设计和更好地满足客户地潜在需求。

2）流程孪生。流程孪生与企业孪生，两者的原理类似。流程孪生相对企业孪生覆盖的范围不同。流程孪生可能只覆盖一个制造机器、一个制造过程或一条生产线，而企业孪生覆盖企业所有的流程。流程孪生的目的是模拟产品的可制造性和制造能力。通过流程孪生可以知道制造的节拍、瓶颈等。通过物联网技术，流程孪生可以真实反映生产线的情况。数字孪生车间如图 10-1 所示。

图 10-1　数字孪生车间

第二节　从智能制造发展看数字孪生

1. 智能制造发展趋势和重点

（1）数字化到网络化再到智能化推进智能制造范式演进

广义而论，智能制造是一个大概念，是先进制造技术与新一代信息技术的深度融合，贯穿于产品、制造、服务全生命周期的各个环节及制造系统集成，实现制造的数字化、网络化、智能化，不断提升企业的产品质量、效益、服务水平，推动制造业创新、绿色、协调、开放、共享发展。数十年来，智能制造在实践演化中形成了许多不同的范式，包括精益生产、柔性制造、并行工程、敏捷制造、数字化制造、计算机集成制造、网络化制造、云制造、智能化制造等，在指导制造业智能转型中发挥了积极作用。面对智能制造不断涌现的新技术、新理念、新模式，综合已经出现的智能制造相关范式，经过总结归纳，可以综合为三种基本范式，即数字化、网络化、智能化，如图 10-2 所示。

三种基本范式次第展开、迭代升级。一方面，三种基本范式体现着国际上智能制造发展历程中的三个阶段；另一方面，对我国而言，必须发挥后发优势，采取三个基本范式"并行推进、融合发展"的技术路线。

（2）柔性化生产需求激增促进制造过程软硬件深度协同

我国是制造业大国，但是面对国际上制造业"双向回流"的局面，如何提升我国制造业柔性化水平，将决定我国本土保留中高端制造能力的多少。柔性化生产的发展，不仅需要企业在生产过程中更多地使用智能制造装备，还要通过快速换模（SMED）、单件流（One Piece Flow）等生产方式的创新来实现柔性化生产。

图 10-2　智能制造范式演进

资料来源：中国工程院，赛迪顾问整理 2018，09。

与此同时，在市场竞争越来越激烈、人力成本加速上升的大环境下，如何实现软件的柔性化、敏捷编程或自动编程，将生产管理、人力资源、信息化管理等"软件"与生产线的硬件进行同步规划，加强软件与硬件的深度协同，才是实现柔性化生产、满足下游定制化需求的重要因素。

柔性的特点和孪生的关系，产品和流程孪生可以对客户的要求快速迭代和响应，从而可以达到柔性制造的要求。

（3）工业物联网大发展推动智能制造系统集成高速兴起

工业物联网是自动化与信息化深度融合的突破口，在工厂内部主要实现自动化设备与企业信息化管理系统的连接，从而实现数字化管理；在工厂外部则依托工业云平台提供数据采集、云端分析，进而实现企业之间的联动协同。工业物联网的发展将推动智能制造产业生态的构建，即在实现企业内部全生命周期的智能化基础上，打通产业链纵向维度，通过系统集成的方式，利用数据连接的形式，构建产业价值网络内部的数据流闭环，将企业之间的各类资源进行整合、优化、再分配，最终实现产业生态体系中各企业之间的价值协同共赢。

IoT 的普及和数据驱动技术其实是数字孪生的推手，也是数字孪生随着数据驱动智能制造的发展必然，是数据积累到一定程度的必然，是智能制造深挖场景应用的必然。例如，预测性维护、仿真，是降低物理制造成本的方法，由于物理改进速度慢、成本高，通过产品和流程的孪生可以在物理制造前进行模拟制造验证可行性从而降低成本，是满足个性化制造的需要。

2. 智能制造发展尚存在难以解决的问题

（1）国内智能制造发展基础参差不齐亟待强基固本

随着我国深入实施制造强国战略，我国智能制造正在实现飞速突破。以智能制造装备产业为例，2022 年我国智能制造装备产业规模总值超过 3.2 万亿元，国内市场满足率超过50%。虽然宏观数据持续向好，但是国内各区域、各产业之间发展水平参差不齐，以京津冀、长三角、粤港澳大湾区为代表的发展先行区域，在个别产业方向、个别产业环节已经具备了国际先进水平，但是在东北、西北、西南等地区，还存在诸多高耗能、高污染、低产出的落后生产方式。"一刀切"式地鼓励企业瞄准智能化进行改造升级，难以有的放矢地深入展开，更可能出现违背工业发展规律的揠苗助长。逐步夯实数字化、网络化基础，才是提升我国制造业综合实力的主要方向。

（2）软件硬件发展脱节导致智能化升级进程缓慢

随着智能制造概念的不断普及，越来越多的企业将智能化改造升级作为提升企业核心竞争力、进行高质量发展的主要手段。但是，目前存在一个普遍误区，即最行之有效的智能化改造升级就是大量使用工业机械手、AGV 物流机器人等自动化装备，同时增设自动化生产线，在硬件层面尽可能多地使用智能装备。

智能制造发展的核心是新一代信息技术与先进制造技术的深度融合，因此搭建完整的网络架构，普及 MES、ERP、PLM 等工业控制系统和工业软件与设备更新同等重要，甚至在成本降低、流程缩短、效率提升等方面取得的效果较机器换人有过之而无不及。单独更新硬件设备犹如四肢发达，但是不受大脑控制，而单独完善软件系统则犹如高位截瘫毫无行动力可言，因此软件与硬件发展的脱节将极大阻碍智能化升级过程。

（3）智能化改造投入需求过高阻碍中小型企业发展

由于国内制造业发展基础较弱，需要从自动化、信息化、数字化、网络化再到智能化逐层"补课"，导致企业需要在软件、硬件等方面均进行较大的资金投入，从自动化生产线建设、关键生产设备更新、基础信息网络铺设、工业控制系统构建等多个层面进行升级改造。

如此动辄百万、千万甚至上亿元的资金投入让众多企业望而却步，而且受到建设周期、生产周期及资金回流周期的影响，企业难以在短时间内快速实现生产效率的大幅提升和投资资金的快速回笼，甚至会出现企业由于盲目重金布局设备更新而导致资金链紧张或断裂，最终迫使企业倒闭的极端案例。

鉴于国内智能制造相关产业基金布局仍处于初级阶段，尚未形成完善的资本支持模式，智能化改造升级所需的高额投入将成为我国企业，尤其是中小型企业发展智能制造的巨大障碍。

3. 数字孪生有望推动智能制造实现快速发展

（1）兼顾数字化与网络化双向赋能智能制造升级

数字孪生是充分利用物理模型、传感器更新、运行历史等数据，集成多学科、多物理量、多尺度、多概率的仿真过程，在虚拟空间中完成映射，从而反映相对应的实体装备的全生命周期过程。数字孪生的两大基础要素便是数字化与网络化，即通过智能传感器的数据捕捉以及现有的工业原理，将人、机器的物理动作转化为计算机可接收、可编辑、可分析的数字信号，同时将所有数据捕获终端进行网络化链接，从而实现虚拟空间中各层线路、各台设备的有机整合，使物理空间中的所有信息都能够有效地反馈在虚拟数字空间中，完成完整的映射过程。

数字孪生技术的普及应用将极大地推动企业在数字化、网络化两个层级的发展，助力企业加速智能制造范式演进的进程，为企业实现智能制造升级进行双重赋能。

（2）有效连接实体生产车间与数字虚拟空间

数字孪生的核心是使数字虚拟空间中的虚拟事物与物理实体空间中的实体事物之间具有可以连接的通道、可以相互传输数据和指令的交互关系。

数字孪生技术能够有效地将物理空间实体与虚拟数字模型进行协同，这种连接不是简单的信息拷贝和流程形态的简单呈现，而是基于现有数据和信息，在数字虚拟空间进行未来工作流程的演绎和模拟，通过数字模拟先行的方式提前预知可能出现的技术漏洞、工艺瑕疵和质量问题。数字孪生技术实现的"先预防"模式是对传统实体生产过程中"后维修"模式的升级，可促进企业工作模式的变革和行业技术进步。

（3）投入低、见效快有助于技术快速普及

由于数字孪生并不是一个极度复杂并且系统庞大的技术，既不会因为漫长的设计过程而导致过多的资金投入，从而影响企业的现实收益，也不会因为出现技术问题而导致生产线大面积停产，为企业带来不可估量的损失。

如今，几乎任何制造商都可以从支持传感器和连接 IoT 的机器及设备收集生产数据，并将数据与基于云的机器学习和熟悉的 CAD 可视化系统结合起来，以数字化方式为物理对象创建虚拟模型，来模拟其在现实环境中的行为，并通过搭建整合制造流程的数字孪生生产系统，实现从产品设计、生产计划到制造执行的全过程数字化。数字孪生将现实世界与虚拟世界无缝连接，覆盖制造业全生命周期，并有望在未来借助工业物联网的发展实现对产业生态体系的数字孪生，进而助力制造业数字化、智能化转型。

但是要实现数字孪生不是一蹴而就的事。现在主要的工业软件缺乏，尽管可以购买，但人才的缺乏、素材的缺乏是一大瓶颈。一般来说，从三维模型开始，积累产品的三维设计模型、生产设备的三维模型，是通向数字孪生的一条必由之路。三维模型结合物联网的传感器数据采集，可以初步实现数字孪生的雏形。

4. 数字孪生的主要发展方向

（1）离散型制造仍是主要方向

由于数字孪生技术能够在数字虚拟空间中对制造流程的各个环节进行单独模拟、任意整合，使以汽车制造、电子制造、机械制造为代表的离散型制造与数字孪生技术匹配度极高。同时，成熟度越高的产业越能够有效地总结出通用型生产流程和工艺原理，为实体制造过程虚拟数字化提供更加便利的条件。因此，目前国内外数字孪生技术均主要应用于汽车制造、电子制造、机械制造等产业方向，代表企业包括西门子、GE、吉利等。未来，随着 AI 算法的不断提升，数字孪生可应用的领域也将迅速扩大，并最终实现智慧城市等超复杂架构的完美映射。

（2）由设备工序数字化向流程系统数字化发展

现阶段，数字孪生技术主要应用在智能工厂这一制造业场景中，专注于实体设备和生产线的数字虚拟化，而随着大数据、云计算等技术的不断发展，数字孪生将逐步由设备工序数字化向流程系统数字化发展，即通过反复的模拟计算，自主生成数据资源库，并利用深度学习等人工智能技术，逐步实现数字孪生对实体流程的自适应、自决策，从而在生产需求、业务场景发展新变化时，生产流程能够完成自发性的智能化、柔性化调整，进而真正实现智能工厂的无人化。

第三节　数字孪生技术应用的条件与驱动

数字孪生的核心是模型和数据，为进一步推动数字孪生理论与技术的研究，促进数字孪生理念在产品全生命周期中落地应用，北京航空航天大学团队结合多年在智能制造服务、制造物联、制造大数据等方面的研究基础和认识，将数字孪生模型由最初的三维结构发展为如

图 10-3 所示的五维结构模型，包括物理实体、虚拟模型、服务系统、孪生数据和连接。

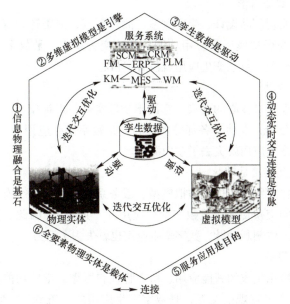

图 10-3 数字孪生五维结构模型与应用准则

1）物理实体是客观存在的，它通常由各种功能子系统（如控制子系统、动力子系统、执行子系统等）组成，并通过子系统之间的协作完成特定任务。各种传感器部署在物理实体上实时监测其环境数据和运行状态。

2）虚拟模型是物理实体忠实的数字化镜像，集成与融合了几何、物理、行为及规则 4 层模型。其中，几何模型描述尺寸、形状装配关系等几何参数，物理模型分析应力疲劳、变形等物理属性，行为模型响应外界驱动及扰动作用，规则模型对物理实体运行的规律/规则建模，使模型具备评估、优化、预测、评测等功能。

3）服务系统集成了评估、控制、优化等各类信息系统，基于物理实体和虚拟模型提供智能运行、精准管控与可靠运维服务。

4）孪生数据包括物理实体、虚拟模型、服务系统的相关数据，领域知识及其融合数据，并随着实时数据的产生被不断更新与优化。孪生数据是数字孪生运行的核心驱动。

5）连接将以上四个部分进行两两连接，使其进行有效实时的数据传输，从而实现实时交互以保证各部分之间的一致性与迭代优化。

基于上述数字孪生五维结构模型实现数字孪生驱动的应用，首先针对应用对象及需求分析物理实体特征，以此建立虚拟模型，构建连接实现虚实信息数据的交互，并借助孪生数据的融合与分析，最终为使用者提供各种服务应用。为推动数字孪生的落地应用，数字孪生驱动的应用可遵循以下准则。

（1）信息物理融合是基石

物理要素的智能感知与互联、虚拟模型的构建、孪生数据的融合、连接交互的实现、应用服务的生成等，都离不开信息物理融合。同时，信息物理融合贯穿于产品生命周期各个阶段，是每个应用实现的根本。因此，没有信息物理融合，数字孪生的落地应用就是空中楼阁。

（2）多维虚拟模型是引擎

多维虚拟模型是实现产品设计、生产制造、故障预测、健康管理等各种功能最核心的组件，在数据驱动下多为虚拟模型将应用功能从理论变为现实，是数字孪生应用的"心脏"。因此，没有多维虚拟模型，数字孪生应用就没有了核心。

（3）孪生数据是驱动

孪生数据是数字孪生最核心的要素，它源于物理实体、虚拟模型、服务系统，同时在融合处理后又融入各部分中，推动了各部分的运转，是数字孪生应用的"血液"。因此，没有多元融合数据，数字孪生应用就失去了动力源泉。

（4）动态实时交互连接是动脉

动态实时交互连接将物理实体、虚拟模型、服务系统连接为一个有机的整体，使信息与数据得以在各部分之间交换传递，是数字孪生应用的"血管"。因此，没有了各组成部分之间的交互连接，如同人体割断动脉，数字孪生应用也就失去了活力。

（5）服务应用是目的

服务将数字孪生应用生成的智能应用、精准管理和可靠运维等功能以最便捷的形式提供给用户，同时给予用户最直观的交互，是数字孪生应用的"五感"。因此，没有服务应用，数字孪生应用就是无的放矢。

（6）全要素物理实体是载体

无论全要素物理资源的交互融合，还是多维虚拟模型的仿真计算，或者数据分析处理，都是建立在全要素物理实体之上的。同时物理实体带动各个部分的运转，令数字孪生得以实现，是数字孪生应用的"骨骼"。因此，没有了物理实体，数字孪生应用就成了无本之木。

第十一章
面向智能工厂动态生产的实时优化运行技术

第一节　动态生产多目标、多任务实时优化运行与协同控制

在新一代信息技术与制造业深度融合的背景下，考虑协同制造背景下多任务执行、各子任务并行和串行并存的复杂时序关系，以及制造企业空间异构和生产目标多样性的特征，各国都开始重视协同制造平台的研究，以攻克动态生产多目标/多任务实时优化与协同控制一体化技术。我国提出了"中国制造2025"，其中明确指出要加快推动信息化和工业化的深度融合，并把智能制造作为量化融合的主攻方向。美国通用电气推出了Predix平台来实现资源配置优化，而德国推出了类似的"Mindsphore-西门子工业云平台"用以预防性维护、能源数据管理和工业资源优化。建立协同制造平台、实现在空间和时间上异构的企业之间的系统化协同，充分发挥企业生产制造的优势，提高资源整合能力，优化任务在企业之间的调度是其中的关键。

动态生产多目标、多任务协同调度作为一个NP-hard难问题（Non-deterministic Polynomial-time Hardness Problem）吸引了众多专家学者的研究。一些学者采用传统整数规划的思想解决此类问题。程八一等为了实现制造环节和配送环节的协同运作，综合考虑成本、库存和配送三阶段的总成本。研究了供应链环境下的联合调度。科莱姆特（A. Klemmt）等运用基于事件窗的混合整数编程分解和可变领域搜索两种方式研究了如何减少工作的总加权延迟问题。瓦雷拉（Varela）等提出了一种动态多准则决策模型，通过权衡不同绩效度量，实现动态环境的调度与再调度策略，发现任务调度问题研究起来都极其困难，模型复杂、计算困难，很难应用到实际的任务调度工作中。对此，一些学者选择启发式算法，通过计算机自运算来解决协同任务调度问题。迈凯轮（MoNchL）运用蚁群算法研究了半导体制造中的无关的并行机总加权迟滞调度问题。徐文中等运用遗传算法研究了云计算环境中关于虚拟机负载均衡的调度策略，根据历史数据和当前状态达到最佳负载均衡。刘明周等运用粒子群优化算法研究了不确定环境下再制造加工车间的生产调度优化方法。王建华等设计了一种基于成本的任务调整启发式算法，研究供应商可调度时段离散的敏捷供应链静态调度优化问题，发现采用启发式算法通过计算机自运算优化结果具有运算速度快、便于应用到实际工作中的优势。但在某些不确定的环境下，启发式算法会得到很坏的答案或效率极差。一些学者对启发式算法进行了

改进，采用元启发式算法避免这类问题。雅茨冈（HR Yazgan）运用遗传算法来最小化调度问题的完工时间，提出了田口正交阵列代替全因子实验设计来确定遗传算法的参数。郑晓龙提出了一种新颖的混合离散果蝇算法研究了置换流水线调度问题，提高了算法的有效性和鲁棒性。李劲、陈可嘉等研究了置换装配线调度问题，为了解决其局部最优及收敛慢的问题，提出了改进遗传算法或改进的食物链算法，有效解决了以上两个问题。陈鸿海等通过非支配排序遗传算法研究了柔性作业制造车间的多目标优化问题，构建了调度模型和算法，并验证了可行性与有效性。

　　生产任务调度问题吸引了国内外众多学者的研究，对调度提出了很多有效的方法，但当前的研究主要集中在车间调度、项目调度和流水线调度等方面，很少有涉及网络协同制造环境下任务在制造企业之间的多任务调度问题。目前，部分还停留在单一目标的优化问题上，而制造企业一般都会考虑多种收益作为制造目标，本节将对考虑网络环境中制造任务并行与串行同时存在的复杂时序关系和制造企业在空间上的异构性，同时考虑生产成本、生产时间、生产质量建立协同制造多目标的调度问题进行阐述。网络协同制造是五种智能制造模式之一，其利用互联网、大数据和集成技术将串行工作转变为并行工作，突破时间、空间的限制，打破传统制造企业之间的信息孤岛。通过信息化、自动化技术与传统制造相结合，建立企业之间的信息协同。构建面向企业的信息协同制造系统，从而提高企业的资源利用率、生产能力与创新能力，解决多任务/多目标协同调度的问题。网络协同制造系统的任务调度通常具有以下三大特点。

1. 复杂的时序关系

　　在整个制造任务中，同时存在多个任务并行与串行，且分布杂乱无序，在制造任务更加复杂的网络协同制造环境下，某一复杂任务被分解为多个子任务交给不同的企业完成。这些子任务可以视为协同制造任务的各个流程步骤，它们之间表现为更加复杂的并、串行共存的时序关系，使协同制造环境下的任务调度非常复杂，解决起来更加困难。

　　任务分解是解决复杂时序关系的主要手段，那么任务分解的设计也会对整个协同设计有至关重要的影响。任务分解的功能是实现一个复杂任务的简单化的过程，这些简单化的任务彼此独立，并且有着与单体能力相匹配的粒度。通过简单化任务之间的关联实现多个小组的任务协同化。进行任务分解一般要完成以下步骤：任务初分解、分解任务的可执行性鉴定、分解任务的再组合等。

　　虽然不同任务的分解过程有着很大的差异，但是有一些原则是这些任务分解过程都需要遵循的。

　　1）子任务可执行性达标。由于分解后的任务是需要小组成员来执行的，因此任务能否被有效执行取决与其要求是否超出小组成员的执行能力，一旦任务的完成要求超出小组成员的执行能力，任务就不能被执行，最终导致任务分解失败。

　　2）分解任务要有确切的实现目标，且具有独立性。明确的目标包括详细的情况描述和完成要求，还有信息量多少来表现任务完成的要求。如果能保证分解任务的彼此独立，那么多个分解任务将能够以并行的执行方式被执行，且组员之间的通信量也会随之减少，以控制系统的通信所带来的损耗。

　　3）分解任务的粒度要适宜。只有适宜地分解任务粒度，才会真正对任务的分解过程有效，一旦任务粒子超出了适宜的范围，将会导致任务复杂度较高难以被执行或者是分解任务数量多到难以管理和协调控制，最终影响任务的进度甚至是完成。

4）分解任务一定要使共性与个性彼此独立。通过了解任务的共性与个性的区别可以选择合适的处理方式。

2. 制造企业在空间上的异构

在实际网络协同制造系统中，不同的制造企业之间在空间分布上较为分散，有些甚至距离非常远。材料或半成品在不同制造企业之间转移过程中，产生的运输成本或运输时间是协同生产总成本和总时间不容忽视的重要组成部分。网络协同制造系统是一个内部各节点相互联系相互制约的复杂系统，系统中任何一个子任务的承接企业发生变化，都会导致相互协同的企业之间的运输成本和运输时间变化，进而影响整个协同制造系统的总生产成本和总生产时间。故协同制造的任务分配是一个解决起来及其困难的问题，一个优秀的任务分配方案对于优化协同生产活动、节约生产成本具有重要的意义。

任务分配的作用是分配完成任务所需的资源。任务分配问题是设计协同系统中规划与调度的一个关键点。任务分配包括代理商（Agent）的责任、任务分解和对求解问题的资源分配等。任务分配技术可以分为两种：集中式和分布式。为了减少通信、冲突，提高问题的求解效率，可以使任务相关性最小化。

任务分解与分配之间的关系可以解释为：有一个任务需要完成，但是所需要的知识、资源等超出了一个代理商的能力范围时，此时为了完成这个任务需要对该项任务进行分解。只有这样，才能合理的把任务分配给相应的代理商执行。任务分解需要考虑每个代理商的能力范围，从而保证任务分配的顺利执行。

（1）代理商的协作

协作技术可以对共同工作的代理商分配任务、信息和资源，提高系统的稳定性。协作的缺失导致每个代理商只能达到线性增加群体的性能，而生产率不能得到提高；加入协作，使代理商之间可以协作起来共同完成任务，不仅能够提高效率，改进代理商的性能，而且增加了鼓励代理商的能力，从而完成单个代理商不能完成的任务。多代理商系统结构图如图 11-1 所示。

代理商的协作理论主要有以下三种。

1）共同意图。共同意图理论取决于同一目的思想，即是在某种精神状态下运行的事务。该理论的重要之处在于：当某个代理商使用某个不能被团队里其他代理商拥有的概念时，需要把这个概念告知团队里其他的代理商成员。

2）共享计划。当某个代理商缺乏处理知识时，可以跟团队里其他的代理商签订合同，将部分或全部行为交给它们完成，从而实现对任务的有效执行。

3）计划团队的活动。形成团队的过程是指当某个代理商想要完成某个目标时不能独自完成，因此与团队里的其他成员进行通信，发送共同的目标，共同计划完成目标。

代理商的协作方法：是指协作是如何具体进行的。协作方法一般可以分为以下六种，即成组与增加、通信、专业化、通过共享任务和资源进行协作、行为的协调、通过协商和仲裁消解冲突。

协作的过程：当某个代理商相信使用协作可以带来收益时，会产生协作的愿望，开始寻找协作伙伴；多个代理商在交流过程中如果发现通过协作可以实现更大的目标时，就会形成

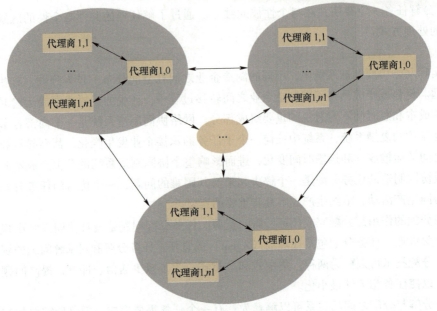

图 11-1　多代理商系统结构图

代理商组，并采取协作一致的行动。尽管产生协作的背景存在一定的差异，但一般都会遵循：根据目标及协作的需要而设定恰当的规则，而想参与协作的代理商必须有能力完成规则下的任务。通过将规划、竞争、约束、协作纳入一个协作框架内对多代理商系统进行研究，可将协作过程分为：①产生需求、确定协作目标；②协作规划、解析协作结构；③搜寻协作伙伴；④选择协作方案；⑤实现目标；⑥结果评估等六个阶段。

（2）冲突的识别与消除

因为代理商具有自治性的特点，导致代理商之间经常会产生冲突，产生的冲突的原因主要是对有限资源的存取问题。由于资源的有限性，使用合适的技术消除这些冲突是非常有必要的。这种情况下使用的技术就是代理商之间通过协作来消除冲突的冲突消除技术。虽然完全的协作状态与完全的冲突状态都存在，但是在多数情况是冲突与协作是同时存在的。由于MAS中的代理商成员对全局的观点、知识并不知晓，再加上代理商成员的目标和结果之间会不可避免地产生冲突。这些冲突有可能还会是分布的，所以要解决协作问题，必须对这些分歧进行消除和检测。

（3）代理商之间的通信机制

多代理商系统的优点主要是可以通过全局的信息来降低过程中代理商之间产生利益冲突的可能性，最终实现总体任务的代理商之间协同优化解决。通信机制在这里扮演的角色是信息共享交流功能的提供者，通信机制的灵活可靠性可以确保多代理商系统中代理商之间协作的高效运行。在任何不同的多代理商系统中，根据不同情况对应不同的通信策略可以很大程度提高系统的性能。常见的通信策略概括起来主要有黑板结构方式、消息/对话通信方式。

1）黑板结构方式。黑板结构方式中多代理商系统代理商单体之间的通信的实现是通过一块特有的信息交流共享数据库。这种数据中的信息是多代理商系统中代理商单体都可以获取的。代理商单体之间的通信不是点对点的两个代理商单体之间的信息发送，在黑板通信方式中的代理商单体是通过向黑板中发送信息并指明接收者来实现与指定代理商单体之间的信息互通的。在物理分布上多个不同的代理商单体之间会通过检测黑板信息的更新来获取与自己有关的相关协调信息，从而实现在抽象层面上的并发以及代理商单体之间的协同交互的。黑板结构模型如图 11-2 所示。

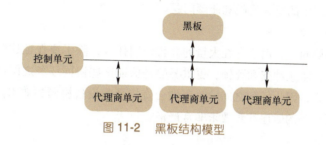

图 11-2　黑板结构模型

2）消息/对话通信方式。消息/对话通信方式的特点是通信只在指定的两个代理商单体之间进行，在整个通信过程中的方式类似于点对点的通信方式，不同的代理商单体之间有着共同的规则通信指令集，通过定义好的指令集根据环境变化产生通信需求的代理商单体就知道如何向另一个需要进行通信的代理商单体来描述指定意义的信息，接收信息的代理商也能知道信息的含义。因为通信是在指定的两个代理商单体之间的通信，信息对两个代理商单体之外的代理商单体是不透明的，所以两个代理商单体要明确通信双方的唯一地址来保证信息的可靠传递。典型的信息对话方式已经在合同网协议的应用上得到了广泛的应用。

为了完成多代理商系统的通信过程，确切的代理商交流语言则是必不可少的。一般，我们把能够描述消息内容、参数，以及代理商观念态度和目的意图的，能用于代理商交流协作的高级语言称为代理商通信语言（Agent Communication Language，ACL）。知名的代理商通信语言主要有智能体通信语言（Foundation for Intelligent Physical Agents，FIPA-ACL）、知识查询和处理语言（Knowledge Query and Manipulation Language，KQML）等。

3. 任务目标要求的复杂性

网络协同制造模式主要应用于飞机、大型船舶等大型装备产品的制造领域。该种产品的生产要求一般比较复杂。客户一般会对包括生产成本、生产时间和生产质量在内的多种生产指标具有一定的要求。

第二节　设备实时优化运行与协同控制一体化技术与工具软件

近年来，通过 IP 技术实现了设备资源的共享和远程访问，极大地提高了许多国民经济重要行业中的设备资源使用效率，但是在区域管理、科学研究和应急救援等行业，不仅要实现设备的远程访问，而且要求许多设备之间的协同工作，从而更好地满足这些行业的应用需求。

在数字化网络控制系统项目中，往往涉及许多大规模设备的协同问题。大规模设备的协同具有两个重要的特点：

（1）协同规模大

大规模设备协同的大规模性表现在两个方面：一方面，一次协同任务的执行需要部署在很大范围内的大量设备共同完成；另一方面，在大规模设备协同系统中存在大量的并行协同任务和设备资源访问任务。因此，如何保证在大范围内对数量如此之多的设备进行协同工作，如何保证在大量并行协同任务的执行过程中无冲突地并发访问设备资源。这些是大规模设备协同机制研究和实现中的重大挑战和瓶颈问题。

（2）时序约束严格

在大规模设备协同中，由于存在大量的并行协同任务，除了要保证这些任务之间能够有效地共享各类资源，防止冲突和死锁，更重要的是保证这些协同任务之间以及任务与子任务之间的时序约束关系，因为任务之间的时序性会直接影响设备协同的效果。因此，在大规模设备协同中对协同任务的时序约束要求非常严格。

1. 设备协同控制

设备协同控制的研究主要分为设备远程访问、支持用户协作的设备共享和设备协同三类，下面介绍这些研究及其典型项目。

（1）设备远程访问

设备远程访问主要致力于设备远程共享，集成大量分布异构设备，方便用户使用，但是没有考虑协同问题，其代表性研究有美国能源部下一代互联网计划资助、印第安纳大学等多所高校共同完成的智能代理（Xport）项目，实现了对几台昂贵的 X 射线结晶设备的远程访问，以及这些仪器的使用规则、仪器操作、数据获取、筛选和分析等功能；美国国家自然科学基金（Common Instrument Middleware Architecture，CIMA）资助的项目，该项目通过普通仪器中间件对各类传感器提供统一封装，开发了一种适用于传感器数据传输的通信协议，利用传感器、视频服务器和计算机软件对实验仪器设备进行远程控制和数据访问。

（2）支持用户协作的设备共享

实现设备资源的对象化封装，用户通过操作物理设备对象进行协作，但是不支持动态流程建模和设备之间的协同工作，其代表性的研究有美国国家自然科学基金资助的 NEESgrid 项目，支持远程的共享实验设备和数据，并且为建模和仿真提供了合作空间，使地震研究人员可以通过资源和设备的共享以及团队的协同计划、执行并发布他们的实验，该项目使科学家们能够在实验进行时协同完成计划实验和进行远程观测。

（3）设备协同

利用建模工具实现设备协同流程的定义，通过协同机制实现设备协同流程的自动化，其代表性研究有欧盟委员会资助的 GRIDCC 项目，基于网格中间件 Globus 建立了一套地理上的分布式系统，能够远程控制和监测大量在不同环境下的复杂仪器，包括从地球物理台站监测地球情况使用的传感器，欧洲电网的小发电机，以及高能物理实验设备等，并采用了工作流技术实现了业务流程的建模以及设备协同。

2. 复杂设备远程服务

在制造业，复杂设备远程服务系统已成为业界的研究热点。王友发对远程服务的思想、体系结构等做了详细的阐述。戴庆辉讨论了协同服务的内涵，指出复杂设备的协同服务是一种全新的产品服务模式，它强调跨企业、跨地域的有效协作，通过设备和服务的集成及其相互影响为用户提供产品全生命周期的服务支持。随着企业的发展而逐步建立起来的远程服务往往是集成了多种应用系统的复杂大系统：从技术上看，这些子系统通常基于不同协议（如JMS、RMI）、不同模式（如 B/S 和 C/S）、不同平台和不同开发语言；同时又源于多方和多种信息资源，例如设备制造商、供应商、服务商和客户等提供的设备资料信息、现场采集的信息、智能分析系统、网络虚拟仪器，以及支持群组协作的即时通信系统、音视频系统和电子白板等。另外，市场和技术推动的产品复杂性的增加、客户不断增长的苛刻服务需求迫使制造商不断优化经营服务模式，以期为客户提供随需而变的服务。总之，复杂设备远程服务系统是典型的复杂多变的分布式大系统。

远程服务系统的关键在于实现灵活的服务资源集成、共享、开发和增值，实现服务实体之间的协调运作。面向服务框架（Service Oriented Architecture，SOA）思想和面向网络服务本体语言（Ontology Web Language for Services，OWL-S）的出现为实现上述目的提供了新范式：SOA 专注于以业务为中心的服务协作，其松耦合本质极大地提高了软件的复用性、互操作性和灵活性，可以实现灵活的跨企业的异质业务协作；OWL-S 用本体来描述 Web 服务，具有显式语义和机器可理解的特点，从而为用户或智能代理商发现特定服务资源，并对这些资源进行调用、组合和监控提供了支持。本章借鉴面向服务的架构和OWL-S，建立了基于 SOA 的复杂设备协同服务平台，探讨了基于语义的服务组合方法，并给出了原型。

（1）基于 SOA 的复杂设备协同服务平台

SOA 中的一个服务通过服务发布、发现和调用实现一个服务与分布在网络中的终端应用程序或其他服务进行交互，并且可以通过服务组合创造出复杂的服务模型，从而实现服务增值。在 SOA 模型中，服务提供者是执行服务的软件代理，它注册发布服务并执行服务；服务消费者是请求服务的软件代理，它发现服务描述并调用服务。显然，一个软件代理可以同时作为服务消费者和服务提供者。基于 SOA 的平台适应了复杂设备远程服务的分布性、复杂多变性的特点，为协同服务带来了高度的灵活性和伸缩性。

业务领域是 SOA 中执行特定任务或负有特定责任的主体资源，依照组织层次或功能可把业务分为不同的领域，例如特定的企业、部门或系统。特定的业务目标可采用自顶向下的方法层层分解，直至每一个业务活动都可以进行清楚的描述。例如，针对一台加工中心的协同服务，需要客户的现场设备信息（如 OPC 服务器提供数据交换服务）、制造商的商业智能系统（如专家系统进行故障诊断）、数控系统供应商的信息服务系统等，进而依据需要把上述系统层层分解为多个具体的服务。对于遗留系统无论其支撑平台是技术架构J2EE，NET 或其他，都可依据其功能封装为 Web 服务，即把现存的 IT 资源转化为可复用的服务组件。

（2）服务构建

服务是 SOA 中最核心的抽象手段，业务被组建化为一系列粗粒度的业务服务和业务流程。业务服务相对独立、自包含和可重用，由一个或多个分布的系统所实现，而业务流程由服务组装而成。Web 服务是实现基于 SOA 的复杂设备协同服务的基础构件。一个 Web 服务定义了一个与业务功能或业务数据相关的接口，以及约束这个接口的契约，接口和契约基于中立、标准的方式定义，使异质的服务可以以一种统一和一致的方式交互。Web 服务技术在设备监控中得到工业界广泛关注，典型的如 OPC 基金会新近制定的数据交换标准（OPC Unified Architecture，OPC UA）中把服务根据其逻辑结构分成了多个服务集，服务集的每个服务都代表一个具体的 Web 服务。

服务通常从技术角度被划分成基本服务、复合服务和过程服务，并封装为 Web 服务构件。后端是特定业务领域的业务规则或数据存取系统，在 SOA 中通常封装为一些基本服务。基本服务是单一业务领域的基本业务功能的封装，相应地分为数据基本服务、逻辑基本服务，是无状态的。复合服务由基本服务或（和）其他复合服务构成，也是无状态的。过程服务由基本服务、复合服务或其他过程服务组成，是有状态的。

（3）企业服务总线

企业服务总线（Enterprise Service Bus，ESB）是 SOA 模式的一种具体实现技术，其主要功能是为服务通信提供协议转换、信息格式转换和（智能）路由，解耦服务消费者和提供者。服务通过在 ESB 服务注册库注册，由 ESB 来支持动态查询、定位和路由，使服务之间的交互是动态的，位置是透明的。这种松耦合性带来两点好处：变化的灵活性，每个服务如同一个插件；某个服务的内部结构逐渐发生改变时不影响其他服务。

（4）前端、协同工具

前端是依据其业务逻辑调用必要的服务处理业务的服务消费者，它可以是基于任意语言的应用程序。SOA 规范明确提出使用 Web 服务实现 SOA，但 Web 服务通常提供数据处理、业务逻辑或控制相关的功能，并非适合所有的分布式应用场合：Web 服务基于 XML，使传输数据量增大数倍；从前端经 ESB 的（多次）协议转化耗费时间，并且受到带宽和不可靠网络的限制。对于实时的、需要大量数据传输的工具，如音视频、电子白板等，可以以组件或插件的形式提供给用户。

由于 WSDL、UDDI 和 BPEL4WS 等标准技术缺乏语义信息，不能支持 Web 服务的自动发现、调用、组合和监控，难以实现服务协作的自动化。OWL-S 基于本体来描述 Web 服务，不但可以描述服务的语义，还能进行推理，从而使 Web 服务具有机器可理解性和易用性。

（1）基于语义的服务注册中心

服务注册中心是一个面向设备制造商、供应商、服务商和客户等的私有 UDDI 注册中心，储存了协作多方发布的 Web 服务信息。注册中心的服务语义信息由 OWL-S 的上层本体的 profile.owl 文档提供，包括：服务的名称、描述和服务提供者等业务信息；服务的输入、输出、服务的功能信息，即服务的输入、输出、前提和效果（Input/Output/Precondition/Effect，IOPE）；服务的分类信息；非功能信息，例如服务质量。通过映射上述语义信息到 UDDI 模型，可为服务的自动发现提供支持，例如美国某大学开发了由通信模块、OWL-S/UDDI 转换器和 OWL-S 匹配引擎三部分组成的 OWLS/UDDI Matchmaker，可以根据一定的算法准确找到所需的服务。

（2）基于语义的服务基点

服务基点（grounding. owl 文档）描述了如何访问服务的细节，包括协议、消息格式、传输方式和服务寻址等。OWL-S 和 WSDL 覆盖了不同的概念空间，同时又存在重叠，是互补的关系。基于 OWL-S 和 WSDL 的服务基点需要完成如下的映射：OWL-S 原子过程映射为 WSDL 操作；OWL-S 原子过程的每个输入、输出映射为 WSDL 的一个消息；OWL-S 的输入输出类型映射为 WSDL 中的抽象类型。

（3）基于语义的过程模型

Web 服务之间的协作依赖 Web 服务之间的交互协议，协议的描述语言有很多种，其中 BPEL4WS 是业界事实标准，但是也没有明确定义形式化执行语义，组合 Web 服务执行比较困难。OWL-S 的过程模型（process. owl 文档）提供了基于语义的 Web 服务交互协议描述，可以实现灵活的 Web 服务组合。OWL-S 的过程模型由过程本体和过程控制本体描述。过程本体通过 IPOE 来描述过程，使服务能够进行规划、动态组合和互操作。过程控制本体使程序能够监控服务请求的执行，例如代理商可以利用过程控制本体，以及用户的需求描述作为它的知识库，并利用 AI 技术进行知识推理和规划。OWL-S 的过程模型给出 10 种控制结构定义组合服务的各个组成部分的执行顺序，包括：Sequence，Split，Split + Join，Choice，Any-Order，Condition，IfThen-Else，Iterate，Repeat-While，and Repeat-Until。其中 Iterate 是抽象概念，不能在 OWL-S 过程模型中实例化。OWL-S 过程模型中的原子过程可视为工作流中的活动；组合过程由原子过程分层组合而成，描述了原子过程的执行顺序，可视为原子过程组建的工作流。OWL-S 过程模型可以映射为 BPEL 定义的模型，从而利用其相应的工作流引擎。

第三节　研究设备实时优化与车间实时调控的智能联动方法

数字化、信息化、智能化车间管理对制造企业的发展具有重要意义，通过数字化车间的建立，能够提高车间制造过程管理水平，实现设备实时优化与车间实时调控。企业在实现全方面的数字化管理过程中，目前存在以下几个方面的需求。

车间产品生产过程管理需求：掌握车间生产过程情况，实时监控生产任务，有利于准确把握生产任务进度；物料/在制品管理需求：采集车间各工位制造数据，掌握当前制造工艺流程，有利于后续生产过程任务的安排，对产品质量进行追溯；设备的实时数据管理需求：采集制造过程设备的逆行状态，对这些数据进行实时储存、挖掘和分析，让车间的运行设备效率更高；产品质量管理需求：采集半成品信息，跟踪半成品质量，避免漏检、检验不及时等情况，保证产品生命周期质量；统计分析管理需求：通过对数据的采集-存储-处理-应用，可以对数据进行科学统计分析，并进行可视化图形报表显示，实现对整个生产过程的管控。

1. 数字车间智能管理技术构架

物联网技术在制造企业中的应用实现了车间互联互通、车间需要监控对象信息的实时自动采集，再结合互联网技术从而建立了制造企业的智能网络，对实时数据进行安全的传输和快速处理，并对制造过程的数控设备、生产计划、工艺流程、加工质量等制造数据进行管理，为企业管理层对车间的制造过程的管理提供决策。结合互联网技术和物联网技术对企业车间制造过程数据的全面感知、数据实时传输、应用，实现数据的集成以及与其他监控系统的共享应用，完成对产品整个生命周期的管控。

结合互联网技术和物联网技术在制造业中的应用模式和未来趋势，根据这些技术的构想，建立制造物联网体系构架，该构架分为三层：数据感知层、数据传输层和数据应用层，其结构如图 11-3 所示。

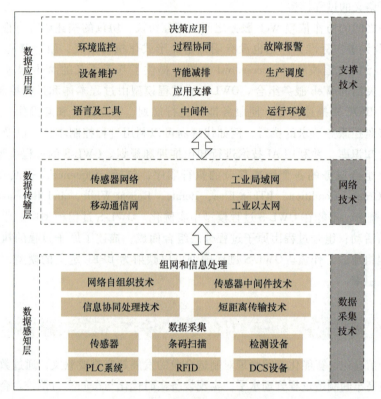

图 11-3　制造物联网体系结构

数据感知层为底层，对车间底层制造过程中的数控设备、零部件加工、制造环境等数据进行采集，而且能够接收上层传来的反馈信号，从而执行相应的命令。数据传输层为中间层，完成数据的网络推送，为制造车间底层数据提供可靠、实时的传输服务，而且还能够传达上层应用层的指令。该层定义了不同的通信协议，能够将不同通信协议的感知数据上传到数据库服务器中处理，实现异构网络的传输。数据应用层为上层，该层基于数据处理和可视化工具，为上层管理底层车间提供决策支持，为企业资源管理、可视化工厂、节能减排等应用领域提供服务。具体为这些应用领域提供可靠的基础数据，这些数据包括：人员、设备、物料、零件质量、产品生命周期、设备故障诊断等相关制造过程数据。

随着制造业信息化的不断发展，对车间级的制造过程智能管理系统提出了需求，结合互联网技术、物联网技术、数据感知技术、故障诊断技术等构建一套能够实时掌握从

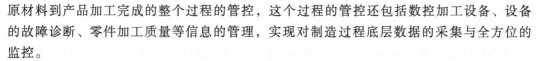

原材料到产品加工完成的整个过程的管控，这个过程的管控还包括数控加工设备、设备的故障诊断、零件加工质量等信息的管理，实现对制造过程底层数据的采集与全方位的监控。

针对制造过程的数控设备、物料、产品质量等数据的采集和集成应用，可实现企业对车间制造过程全方面智能管理，从而达到提高生产效率、提升企业竞争力的目的。根据制造物联网架构，提出面向数字车间制造过程智能管理技术架构，该架构包括车间层、数据存储与处理层和应用服务层。

车间层主要完成对车间制造过程的数控设备、其他设备、物料、环境、产品质量等实时信息的采集，为上层数据与处理层提供基础数据。将车间层基础数据推送给上层通信网络，包括：工业以太网、现场总线、无线网、串口等。车间层核心是完成各种异构数据的采集、再通过 DNS 服务器保障制造过程大数据集成管理与共享，数字化车间制造过程数据通过与DNS 服务器进行级联，构成数字车间层网络体系。

数据存储与处理层主要完成对车间层传输上来的异构数据进行储存和处理，为应用层或其他系统提供及时、可扩展、智能化的服务，该层完成的主要任务有：数据的冗余处理与抽取、多源制造过程数据的融合、数据挖掘分析、关联规则分析、标准化集成等。

应用服务层主要完成具体应用的实现服务，具体应用包括：数控设备的实时监控、设备的故障诊断、产品质量在线检测、生产调度规划等。

在数字车间制造过程智能管理技术架构下，数控设备、物料、产品等制造资源数据的实时性、统一性、可扩展性得到了保证，通过对数据价值的挖掘提供协同应用服务，为制造过程的智能管理、可视化工厂、节能减排提供技术支持。针对制造过程数据的采集及协同应用构建的数字车间智能管理技术架构打破了制造企业"信息孤岛"，能够促进制造资源、数据等集成共享。

2. 制造过程数据采集方式与集成

制造过程数据采集与集成的主要目标是将车间层制造资源和产品质量等异构信息实时传输给数据库服务器或其他应用系统，以提供可靠的基础数据，从而为企业管理层对车间管理提供决策支持，其本质是将多源异构数据集聚融合，通过大数据处理获得有价值的信息以提供给其他应用系统服务。数据采集方式根据接口不同可以分为两类：物理接口采集和软件接口采集。物理接口按硬件设备接口的异构分类，软件接口根据不同软件系统进行接口设计。

针对制造过程主要采集数据有人员信息、数控设备信息、零部件信息、环境信息、产品质量信息等。按其性质不同，采用不同的方法，数据采集方式有如下三类。

（1）数控设备数据采集

利用数控设备终端，例如 CNC 系统、PLC、DNC 等，提供的接口或添加外部采集装置对数控设备的数据进行读取；通过对数控设备增添外部传感器方式对数控设备终端不能提供的数据进行采集；基于 OPC 规范的方式进行设备采集，将具有 OPC 规范的接口设备与上位机进行连接，通过上位机读取设备信息。

（2）自动识别技术采集

对车间的环境（例如温度、湿度、电磁强度等）、加工过程和产品等信息的采集采用条码技术、射频识别技术（RFID）、图像识别技术等方式自动获取。

（3）人工录入

数据实时性要求不高而且很难通过自动获取的方式采集的特殊数据，可以通过人工录入方式进行数据采集。

制造过程数据软件接口方式的数据采集，其本质是将企业其他信息管理系统（例如ERP、PDM、MES、CAPP 等系统）设计数据访问与读取接口，能够实现企业实时数据的共享。

异构数据集成方式有如下四种。

（1）XML 文件集成

XML 语言能够实现制造过程数据网络化表达以及异构数据交互集成，异构应用系统将系统的数据写入 XML 文件按中，不同系统之间的集成是通过接口访问 XML 文件来完成的。

（2）Web Service 服务器集成

在应用系统软件的 Web Service 服务器提供外部访问接口权限，不同系统就可以通过HTTP 协议的方式访问系统服务器信息，从而实现不同系统之间的数据集成。

（3）数据库集成

在系统的数据库中设计一个数据库链接，这样就建立了数据库访问数据通道，跨平台的数据库访问就能实现。

（4）dll 和 com 集成

不同应用系统软件开发 dll 和 com 组件，通过与组件链接调用访问函数进行数据的访问以实现数据交互。

3. 数字车间数据管理及应用规范

（1）数字车间数据管理模型

制造过程采集的数据有三个特点：①数据量大，车间制造资源涉及的物理对象较多，而且采集数据的类型多，车间每天实时产生的数据量大；②多源异构性，制造过程数据的采集方式有多种，不同方式采集到的数据类型异构，例如 XML 文本、图片与视频、声音等数据，数据结构差异明显；③数据关联性，数据与数据之间具有一定的关联关系，需要对数据进行映射来发现这些关联关系。

通过智能设备、自动识别技术和通信技术实现车间制造过程人员信息、生产计划信息、数控设备信息、产品质量信息等数据的实时感知，并能够与其他管理系统共享，实现数据的协同应用，面向数字车间制造过程数据的特点和协同应用，建立数字车间制造过程数据管理模型。

基于智能设备及自动化识别装置的数据感知终端作为数据交互平台，实现对车间制造过程数据的及时采集、汇聚和共享。制造过程数据建模实现对多源海量数据类型的数据价值挖掘、处理，为上层管理系统提供可扩展、有价值的数据。数据管理层实现对制造过程实时数据和历史数据的管理。通过对数字车间数据的管理及应用，实现对生产过程设备运行状态的监控、故障诊断、产品质量分析等，为企业管理车间提供决策优化。

（2）制造过程数据应用规划

随着制造业信息化的不断发展，新型技术与制造业不断融合，提出了互联网+协同制造、制造物联网、云制造等新模式，实现生产制造物理设备的数据感知、智能传输与分析、远程监控与控制，促使智能制造新模式的发展。在新型制造模式的背景下，本书在面向数字车间层信息聚合的基础之上，建立制造过程数据应用规划架构。数据处理与推送层主要实现将海量数据结合智能算法进行数据价值挖掘并形成标准化封装知识库存储在数据资源管理仓库中，能够实时推送给应用层复用。数据应用层实现协同应用，为企业管理系统提供决策优化，为云平台提供服务。

第十二章
智能物流仓储系统规划与设计

信息技术和智能技术的发展给物流行业带来了新一轮的变革，智能物流系统建设已成为当下物流发展的主旋律。智能物流系统因其能实现物流快速运转、支持智能制造系统的高效运行而成为实现智能制造的核心技术之一。为更深入地了解智能物流及相关系统设计，本章在智能物流相关知识的基础上介绍了什么是智能物流仓储系统，智能物流规划的相关步骤，如何进行智能物流系统设计，以及智能物流系统评价。

第一节 智能物流仓储系统

1. 智能物流

随着第四次工业革命的到来，整个社会的产业结构也发生了变化。电子商务的发展促使物流行业从传统物流向现代物流体系，以及更适合当前社会发展的智能物流发生转变。那么，什么是智能物流呢？

智能物流是我国近几年大力发展的领域之一，关于智能物流的定义，不同的学者可能有不同的理解。何朝兴认为，智能物流就是实现物流的智能化，即通过一些集成智能化的技术来改进物流系统，使其变得智能化，能够模仿人的思维感知能力、学习能力、推理能力、逻辑判断能力和自行处理物流相关问题的能力。相比而言，文宗川等人有更深刻的理解，他们认为，智能物流是在物联网技术的基础上，利用先进智能技术，实现对物流整个过程的智能化改造，包括智能运输、智能仓储、智能配送、智能包装、智能装卸搬运、智能流通加工和信息处理等，以使整个物流管理体系更加系统化、智能化、柔性化，从而提升货物流通效率，降低成本，为企业获得更大效益。另外，他们还认为，智能物流的发展是由物流企业、政府、需求主体和技术服务中介4个主体共同驱动的。

除此之外，京东物流研发首席架构师者文明也对智能物流有独特的见解。他认为，智能物流中的"智"就是物流系统中的智慧部分，也称为"软"的部分，"能"则是物流系统中的智能装备，也称为"硬"的部分，如果将智能物流比作一个人，那么管理规划层就是人的中枢大脑，执行层就相当于四肢。相比传统物流而言，智能物流中智能设备的应用使我们不再依靠个人决策，而是依靠更科学的大数据、运筹学等计算方法来进行预测，使效率和质量更高，成本更低。

从上述观点来看，智能物流就是智慧型的物流系统，该系统下任何一个子系统都是智能化的，这样才能使整个系统更加数字化、系统化、柔性化、智能化。另外，我们也能得出，智能仓储是智能物流的一个重要组成部分，智能仓储系统的完成是实现智能物流的一个必不可少的条件。

2. 仓储管理的发展阶段

早期，仓储的含义是"仓库管理"，这是一种静态的管理模式。随着物流业的快速发展，储存物资品种多样化，智能化技术设备相继出现，仓储管理也不断发生变化。对仓储管理的发展阶段，不同学者有不同的分类方法，例如刘娜等人就将仓储的发展分为5个阶段，分别是人工仓储、机械化仓储、自动化仓储、集成自动化仓储和智能自动化仓储。本节按照仓储管理的货物数量、种类以及技术的复杂程度进行分类，将仓储管理分为简单仓储管理、复杂仓储管理和现代化仓储管理三个发展阶段，各发展阶段特点如表12-1所示。

表12-1　仓储管理各发展阶段的特点

发展阶段	特点
简单仓储管理	生产力水平较低，库存数量和种类较少，仓库结构简单，管理工作简单，仅包括产品出入库计量和简单的储存，且持续时间较长
复杂仓储管理	大型机械及各种技术设备被应用于仓储管理中，大机器生产代替手工生产，储存产品种类增多，物资商品复杂化，仓储职能多样化，包括对产品的分类、挑选、整理和包装等，仓储结构发生变化，仓储管理越来越复杂
现代化仓储管理	各种先进技术和智能设备被应用于仓储管理中，仓储管理趋向自动化和智能化，仓储也发展成为经济范围巨大的商品配送服务中心

现今的仓储管理不仅影响物资流通的效率，而且对物资流动的成本控制有着决定作用。新时代下，我们亟须建立以先进技术为基础，能够实时控制管理仓库物资的智能化仓储管理系统，以在满足物资流通需求的同时，尽可能提高物流效率，降低企业仓储成本，增加企业整体效益。计算机信息化技术和互联网的出现给物流行业带来了巨大的发展机遇，推动了仓储管理的发展，使智能物流逐步实现，智能化和自动化已成为物流以及仓储管理的趋势。总体来看，随着信息技术等的发展，物流仓储管理正向智能化方向快速发展，智能物流仓储系统逐步建立。

3. 智能物流仓储系统的定义与特点

仓储系统是物流的重要支柱，通常包括物资流通中的收货、存货、发货等环节。智能物流仓储系统是智能物流的重要组成部分，它是利用物联网等信息技术建立的智能化一体化网络，使仓储管理不是依靠简单的人力，而是利用一体智能化技术、射频技术、红外感应器、卫星导航系统等实现货物商品的智能的运输、储存和管理。

智能物流仓储系统的应用最大化降低了货物的存储量，减少了储存成本，提升了仓库的效益。其特点主要表现在以下几个方面。

1）智能物流仓储系统能够整合仓库信息资源，有效提高仓储任务分配执行效率，不仅节约了大量人力物力，降低了工作人员的劳动强度，还为管理者提供了有效的决策依据。

2）智能物流仓储系统中智能设备的使用加强了人与仓储设备之间的交互，能够有效减少人为操作错误，消除差错，提高工作效率、操作准确率及客户满意度。

3）智能物流仓储系统中智能控制技术的使用能够在满足供给需求的同时合理调配仓储设备和人力、物力，避免商品的损失和毁坏，有效降低资源消耗和储运损耗，节约成本，合理控制库存，减少物资的积压，提高储存效益。

4）智能物流仓储系统有效加强了物流仓储信息在供应链上游与下游之间的流通，使物流在各个环节的衔接更加畅通，有助于企业和物流的长远发展。

5）除上述几点外，智能物流仓储系统还具有节约用地，提升货仓货位利用率等优点。

总的来说，智能物流仓储系统能够实现仓库的自动化、精细化、智能化管理，有效帮助指导规范仓库人员的日常工作，提高物流效率，给企业和社会都带来了巨大的价值。

4. 智能物流仓储系统的关键技术

智能物流仓储系统的运行离不开先进的科学技术，随着信息技术的发展，越来越多的先进技术被应用于仓储系统的建设中。同样，智能物流仓储系统的建立也离不开这些先进技术。

（1）物联网技术

在仓储管理的发展过程中，技术资源和人力资源是限制其发展的一个重大因素，物联网的快速发展为智能物流仓储系统的建立提供了多项技术支持。其中，物联网技术在智能物流仓储系统中的优势主要体现在以下几个方面。

1）有助于整合仓储货物信息。智能物流仓储系统中对货物盘点的技术要求较高，特别是动态盘点，而物联网技术能够使这项活动变得更简单。物流中货物上附带的条码信息相当于"二代身份证"，通过物联网技术对这些信息进行识别，并创建物联网信息节点，能够为货物的入库、出库、管理等活动及信息确认提供相应的技术支持。

2）有助于提高仓储信息管理效率。物联网技术的核心之一是 RFID 技术。如今，RFID 手持机已被普遍应用到仓储管理中，仓库管理人员能够利用这些手持设备进行货物盘点，确认货物信息，这样能够有效避免出现货物信息偏差，也减少了工作人员的工作量，降低了出错率，提高了物流仓储运行效率。

3）有助于实现信息对接以及全程管理。无线传感器网络（WSN）也是物联网的另一关键技术。智能物流仓储系统在利用 RFID 技术快速识别货物信息之后，通过无线传感器网络进行信息核对，从而进行入库编码、相关数据信息采集，同时明确了货物的出库时间等信息。这有助于完成商品物资从入库到出库的信息对接，信息对接时效性明显得到了提升，也有助于智能物流仓储系统对仓库所有货物进行生命周期管理与全程管理。

物联网技术在智能物流仓储系统中的应用极大提高了仓储管理的可控性和时效性。但是，RFID 技术与 WSN 技术还有很多可以继续改进的地方。综合运用这些技术，促进物联网技术与智能物流仓储系统的深入融合，并真正实现精准快速出货是仓储系统发展的目标。

（2）人工智能技术

人工智能在近些年已经成为一个比较"热门"的词汇，它是指利用机器模拟人类智能的一门学科，主要通过神经网络、进化计算和粒度计算三种方法来实现。智能物流仓储系统甚至是物流系统中的多种智能设备，例如无人车、分拣机器人等均是人工智能技术发展下的产物。因此，人工智能技术必不可少。人工智能机器的应用不但最大限度地节约了人力，而且提高了这条流水线的效率，同时极大地降低了人工导致的出错率。

（3）区块链技术

区块链技术的本质是数据库，也是一系列使用特殊方法相关联的数据块。它能够存储数据、传输数据，是一种包含加密算法、共识机制等技术在内的新型应用模式。在智能物流仓储系统中，区块链技术能够通过数字记录事件和数据，以方便后续追踪信息，也能够在一定程度上保障交易的安全性。例如，在物联网区块链系统中，每件物品的移动踪迹都是可查的，这充分避免了伪造产品的出现。

（4）AR 技术和 VR 技术

在智能物流仓储系统的建立过程中，有时会用到 AR 技术和 VR 技术。AR 即增强现实Augmented Reality 技术，是一种利用技术手段将现实世界中有些难以体验到的信息通过计算机技术呈现出来，从而实现对现实世界"增强"的技术。VR 技术则是虚拟现实（Virtual Reality）技术，即利用计算机技术实现的模拟现实技术。在智能物流仓储系统中，工作人员会利用 AR 技术来实现对系统的诊断检测、故障排除等，并利用 VR 技术建立虚拟物流仓储系统。这不仅利于向客户进行展示，在生产设备正式投入使用前进行探索测试，还可以用来培训仓库管理人员，使其充分认识到仓储管理工作的要点并迅速掌握，以有效减少工作失误。从这些现象可以看出，AR 技术和 VR 技术对智能物流仓储系统的建立有所帮助。

除了以上相关技术外，智能算法、大数据、通信技术、自动控制技术、卫星导航技术等相关技术也被应用于智能物流仓储系统中，正是这些先进的技术保证了智能仓储的自动化、信息化、智能化水平。

第二节　智能物流规划

1. 智能物流规划的步骤

近些年我国的制造企业在硬件设备方面投入很多，甚至完全不亚于美国、德国等发达国家，然而其带来的实际效果却远比不上预期。同样，物流方面也是如此。通过研究德国的物流行业，我们发现德国非常重视对物流的规划，而且德国人在进行物流规划时，首先考虑的不是设备的更新，而是流程，是一种连接上下游，串联供应商、消费者，以及市场订单的流程，并且德国的物流规划有完整的流程，分别是数据分析、概念方案、技术细节设计和实施，以及最后的严格执行，同时四个步骤的执行时间也是有严格限制，否则方案就会被认定为不合格、不严谨。正是这种严谨的态度造就了德国物流业的领先地位。我们也亟须通过合理规范的智能物流规划，梳理优化流程来解决人员、库存等方面的问题，提高物流行业的水平。

由于物流规划设计范围较广，因此利用物流相关知识进行规划设计就要从点到面，一步步深入研究规划。本节将智能物流规划分为 7 个步骤，以帮助企业设计出合理、规范、智能化的智能物流，如图 12-1 所示。

明确问题 ➡ 精确定位 ➡ 搭建结构 ➡ 数据分析 ➡ 归纳推理 ➡ 数学建模 ➡ 解决方案

图 12-1　智能物流规划步骤

（1）明确问题

物流规划首先要解决的就是明确问题，这里的问题不仅是物流厂商经常考虑的经营或操作层面的表象问题，还应该是对问题的详细分类。我们遇到的问题常常是比较"大"的，一次性解决比较难。这时就要对问题进行拆分，将其拆分为可以采用不同方法解决的问题，或者是不同阶段需要解决的问题。也就是说，物流规划的第一步就是通过问题拆分或者流程细化来明确需要解决的问题。

（2）精确定位

明确问题就要对物流规划方案进行精确定位。这是因为物流是一个庞大的复杂的系统，在不同的行业以及不同的商业形态中功能不同。定位能够帮助我们明确物流规划在供应链环境中应该处于什么样的位置，在进行网络规划、仓储规划甚至是配送规划时需要达到什么样的目的。要做到精确定位不能仅靠经验断定，而应从战略层面、运营层面，以及核心要素等进行分类分析，以得到科学的、理性的规划定位。

（3）搭建结构

制定物流规划就要搭建出规划的整体结构。物流规划中常用的分类模型的结构是房子型的结构，主要包括顶层目标、中间结构和支持层。顶层目标是指需要解决的问题，中间结构是需要解决问题的分类或物流环节的分类，这个结构可以是一个层次或多个层次的，它体现的是系统结构。支持层是物流规划所需要的支持，例如所需要的设备、信息化或者标准化运作程序等，类似于支撑物流运行的技术、设备、数据、制度等。房子型结构简略示例图如图 12-2 所示。这样的整个房子就相当于整个规划方案的大致结构，既一目了然，又方便后续深入分析或者局部修改。

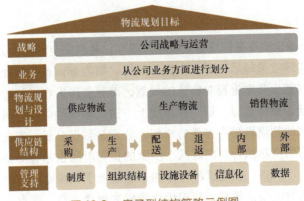

图 12-2　房子型结构简略示例图

（4）数据分析

进行智能物流规划，必不可少的一步就是数据分析。数据分析的目的是帮助我们寻找业务特征，以确定解决方案。在数据分析之前，需要先确定数据，也就是数据来源。这些数据一般可以从信息系统中获得，例如 ERP 系统、WMS 系统、TMS 系统等。但得到的数据大多格式凌乱，需要谨慎分析。分析过程主要包括将数据标准化，然后利用一些统计或仿真工具对数据进行拟合、可视化分析，得出数据特征以及业务层面的相关问题。这可以帮助我们确定具体的解决方案和之后的规划重点。除了从物流系统运作方面进行数据分析外，还可以从宏观角度进行分析，例如战略层面、物流园区规划层面等。另外，在数据分析过程中一定要严谨，以求得出的结果能够准确反映业务特征或发展趋势。

（5）归纳推理

归纳推理是数据分析之后的工作，也就是将数据分析得出的结果进行归纳整合，并利用专业知识和经验将其放入规划场景中，结合物流环节确定主次问题，以及解决问题的关键点，从而构建规划蓝图，进行合理规划。在归纳推理过程中，可以利用战略地图和供应链运作参考模型（Supply Chain Operations Reference-model，SCOR）来帮助我们推出实现目标所需要的条件并且从供应链流程出发进行决策。战略地图是指在财务、客户、内部、学习与增长四个层面目标的基础上绘制的动态的全面的企业战略因果关系图。SCOR 是国际供应链协会发布的适用于不同工业领域的供应链参考模型如图 12-3 所示。需要注意的是，这里的归纳推理不是一概而论的，而是要根据不同规划项目的目标、不同要素和逻辑，以及具体情况进行分析。总的来说，归纳推理是在以上步骤的基础上进行的信息整合归纳和蓝图设计。

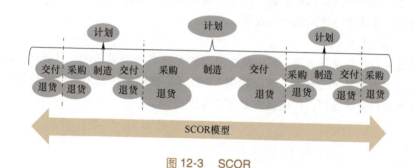

图 12-3　SCOR

（6）数学建模

构建数学模型是指在某些规划项目中需要通过数学模型来求解，例如选址、路径优化、资源配置等具体问题。数学建模能够帮助我们在解决这些问题的过程中得到较为精确的结果。构建数学模型需要专业知识，例如运筹学思想、一些规划工具的应用，还有算法设计等，甚至也可以用供应链物流数字化决策平台进行辅助。总的来说，数学建模能够帮助我们进行科学化的规划。

（7）解决方案

智能物流规划的目的就是确定出合理科学的解决方案。经过以上步骤的分析，我们可以确定出最终的方案，这个方案包括两个层次：概念方案和详细方案。概念方案就是远景规划，其中包括项目的目标、模块，以及各个模块计划达到的效果，还有之间的关系等。详细方案则是在这种规划蓝图下更为详细的方案设计策略，例如网络规划中库存如何分布，物流运输时车辆的路径安排，物流管理中每个作业的详细流程等。概念方案、详细方案都是智能物流规划的最终成果，不过需要注意的是，整个方案必须具有逻辑和系统性，不同的部分之间必须能够快速对接。这样才能算是一个完整的体系，做出的方案才能顺利推进，便于后续进行补充和调整。

2. 智能物流规划注意事项

以上是关于智能物流规划的步骤论述，但是智能物流规划是一项很复杂的工作，简简单单的几段话可能表达不出其复杂程度，因此还需要结合实际进行体验。另外，在智能物流规划过程中，有一些需要注意的事项。

（1）保证安全是基础

在设计方案的过程中，需要尽量避免可能产生的安全隐患，保证操作人员处于安全的工作环境中，降低危险概率。有时候，在必要情况下，也可以通过设计一些规则来保证安全、降低危险，例如设定厂区设备的运输方向等。

（2）绿色环保是追求

除了安全，也应该尽可能做到绿色环保，不仅要使用节能环保的智能设备，还应该做到减少甚至消灭资源浪费，例如设备利用不当、人员配备造成的浪费，还有运输资源浪费等。

（3）流程分析很重要

智能物流规划一定要建立在流程分析的基础上，在更新智能化设备之前要做好流程优化、再造工作，之后再根据需求选择设备。另外，选设备不一定选性能最好的，而是要确保所有设备组合最优，这样才能达到最好的效果。

（4）项目落地是目的

物流规划的目的是项目实施，所以最终得出的方案必须是灵活的，且能最终落地的。为了保证物流规划的方案可行有效，可以利用 VR 技术、虚拟漫游技术等根据规划结果设计虚拟物流系统并进行演练操作，以确保方案真正落地。

第三节　智能物流系统设计

智能物流系统设计与智能物流规划不同，智能物流规划可以深入地分析物流企业需要解决的问题、如何进行流程优化，以及构造出的方案等，而智能物流系统设计更像是将智能物流规划得到的产物进一步落到实处。在智能物流系统构建过程中，物流规划与系统设计都必不可少。本节讲的智能物流系统设计根据其系统的三个层次（网络规划层、智能管控层和智能设备层）展开叙述，并且最后以京东无人仓为例介绍智能物流仓储系统的工作流程。

1. 网络规划层

（1）网络规划层设计

在介绍智能物流的网络规划层之前，首先需要了解什么是物流网络。物流网络，顾名思义就是整个物流过程中各种路线和节点形成的完整的网络结构，或者说是一个整体的物流服务网络体系，主要由物流组织网络、物流基础设施网络和物流信息网络三者有机结合形成。物流网络规划就是进行网络体系的整体规划，这是一种需要用长远目光来考虑的中长期规划，一般要考虑比较长的周期，例如明年或者下个季度等。智能物流网络规划层主要解决的是仓网规划、物流选址、路由规划、库存布局的问题，规划方法一般是根据历史数据或者未来发展趋势进行相关预测，再结合预测结果对未来的物流网络进行合理规划。

1）仓网规划。仓网即仓储网络。仓网规划就是对仓库网络的整体规划。在进行仓网规划时，需要考虑的条件较多。

首先，要考虑仓储的分类，按不同的标准可以将其分为不同类别，例如按功能可以将其分为储存型仓储和加工型仓储，按职能可以将其分为中央配送中心 Central Distribution Center，CDC）、区域中心（Regional Distribution Center，RDC）、前端物流中心（Fromt Distribution Center，FDC）、全国配送中心（National Distribution Center，NDC），还有专门面向供应商进行物流服务的转运中心（Transfer Center，TC）等。

其次，仓网规划需要考虑仓网之间的联动，以应对必要的干线调动、库存调动、补货、数据交换等情况。另外，仓网规划还需要考虑订单的配送，考虑如何规划才能使订单的处理和配送更便捷。

最后，在进行仓网规划时，应该始终坚持以下理念：仓网规划规模化以降低运营成本，仓网规划智能化以提高配送效率，仓网功能全面化以实现仓配、调拨、集发三位一体。

2）物流选址。物流选址即在仓网规划方案的基础上确定各节点的位置。选址是一项很困难的工作，因为需要一个一个地分别进行确定，考虑条件也较多，例如交通便利性、购买地皮的成本、面积大小等。选址工作不仅需要运用运筹学的方法进行计算，还需要进行实地考察，认真确定位置。另外，在进行物流选址时需要坚持以下原则：所选地址不仅要方便货物运输、方便客户，还要节省资金。

3）路由规划。路由规划是企业物流管理的一个核心要素，其对物流企业的运营有着很重要的影响。简单来说，路由规划就是进行运筹性的规划，以达到成本、时效、服务之间的最优平衡。路由规划包括路由设计和线路规划。路由设计是指在现有的网络线路中找到一条最优的运输线路，而线路规划就是开发新的线路。路由规划的目的是能为任意一个订单找到合适的运输线路，保证可以点到点直达。此处的路由规划是一种偏宏观方面的规划，是能够确保货物在任意两个城市之间进行配送的规划，因此也是一种长期规划。

4）库存布局。库存布局，即规划确定仓库中各类产品的存储区域，以及仓库结构。传统物流的仓库结构多为平房仓，后来慢慢出现了楼层仓。智能物流时代仓库结构多为立体仓，这种仓储结构下仓储空间向高空发展，能在很大程度上节约用地面积，提高仓容利用率，并降低资源浪费。另外，库存中不同类别的产品储存布局不能随便确定，需要根据对存储产品的类别和客户订单进行预测，从而确定布局策略。

（2）网络规划的相关技术与方法

在网络规划层的规划设计中，为了能够更好地达到规划的效果，常常需要用到一些先进的技术与方法。上述规划中用到的相关技术与方法如下。

1）数据挖掘技术。网络规划层设计是一种中长期规划，它需要利用历史数据或未来发展趋势进行合理预测。因此，找到合适的数据非常重要，而数据挖掘技术正好能够满足这种需求。数据挖掘建立在数据仓库的基础上，数据仓库是一种有主题的、集成性的数据集合。数据挖掘可以从数据仓库中提取大量的可能不完全的实际应用数据，并从中挖掘出隐藏性的、具有潜在价值的内容，这将有助于在网络规划中进行决策。另外，数据挖掘可以分为描述型和预测型两种。描述型偏向于数据的汇总、聚类以及关联分析，而预测型则偏向于数据的分类、回归和时间序列分析。在网络规划中利用数据挖掘技术，可以对数据进行分析、归纳推理等，从中得出事件相关关系以及相应的启示，还可以预测未来发展趋势，为规划的制定提供依据。

2）运筹优化方法。在进行仓储规划以及路由规划时，常常需要运用线性规划等运筹学方法来进行方案设计。由此可见，在网络规划中运筹优化同样重要。

2. 智能管控层

（1）智能管控层设计

智能管控层即智能化的管理层。有一种说法是，如果将智能物流系统比作一个人，那么智能管控层就是他的大脑。由此可见，智能管控层的重要性。如果说网络规划层主要是关于物流网络的构建，那么智能管控层就是对网络中各项活动的调度。它主要解决的是物流活动中智能排产、路径优化以及多机器人智能调度优化等问题，就像是人的大脑一样随时安排人的各项日常活动。对于智能管控层设计，可以从物流活动的环节来进行描述。本节将智能管控层设计分为仓库生产环节、干线运输环节，以及"最后一公里"配送环节。

1）仓库生产环节。仓库生产环节主要是对产品货物的源头把控。这里的仓库可以是生产仓库，也就是在企业生产领域附近建立的仓库。例如，放置生产原料的仓库、放置半成品、在制品或者成品的仓库。企业在生产环节需要利用生产仓库来持续进行生产。仓库生产环节需要完成的项目有智能排产、智能线路规划等。智能排产主要是指企业在生产过程中，根据生产能力以及产品交货期合理安排产品的生产计划，企业内通常使用智能排产系统来进行智能排产活动。智能线路规划是指在产品生产过程中仓库物料的运输线路规划，也是指仓储环节产品从入库到出库的线路安排规划。产品生产完成后，通过智能存储将其存储在相应的仓库中。此时，智能仓储系统发挥作用进行仓库货物管理。最后，在订单出现时，货物需要通过智能包装、拣货等步骤并最终顺利出库，这就是整个仓库生产环节。

2）干线运输环节。干线运输是指整个物流网络中起骨干作用的线路运输，一般是指跨越省市的运输线路。例如，一个订单需要从杭州市发到西安市，则从杭州市到西安市的运输线路则为该订单的干线运输，与之对应的，市区内部的运输为支线运输。在干线运输环节，最主要的工作就是智能调度。这里的智能调度是干线运输的调度，即通过智能化算法或者客户需要确定干线运输方式以及线路。例如，是利用飞机运送货物，还是利用火车、高铁或者船只运送货物。再例如，线路如何设计。干线运输环节的目的是制定固定的运输调度方案，并根据订单需要灵活调度。

3）"最后一公里"配送环节。干线运输环节将订单货物运送至订单城市所在地的物流配送中心，之后"最后一公里"配送环节将货物从物流配送中心送至客户手中。在这个环节中，需要智能调度系统合理安排车辆以及路线进行智能化派单服务，同时为了持续配送，提高配送效率，还需要针对配送车辆或者配送员进行智能排班，以满足客户需求，提高客户满意度。

（2）智能管控相关技术

智能管控层相当于智能物流系统的"大脑"，主管控制以及灵活调度，因此需要用到很多先进技术，本节主要介绍以下几种。

1）自动识别技术。自动识别技术是目前物流领域普遍使用的一种数据采集技术，是指通过某些识别装置进行识别，以此获取被识别物体的相关信息的技术。最常见的自动识别技术为条码识别（例如二维码识别等），还有智能卡识别、射频识别、生物识别等。在整个物流过程中，每个货物都被赋予一个标签，类似于"身份证"，其中包括货物的相关信息，在仓

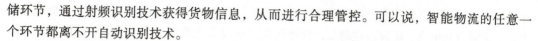

储环节，通过射频识别技术获得货物信息，从而进行合理管控。可以说，智能物流的任意一个环节都离不开自动识别技术。

2）GIS 技术。GIS 技术是智能物流建设过程中又一关键技术，其关键性在于可以将物流信息数据统一在一张图中进行管理，包括订单信息、网点信息、送货信息、车辆信息、客户信息等，这简直就是物流管理的"全能法宝"，似乎只要掌握了这张图，就可以做任何事情。根据 GIS 技术，可以智能地、合理地规划送货路线，也可以随时监管包裹，还可以据此来划分区域，调整网点布局。另外，使用 GIS 技术能帮助我们快速锁定派送区域，更好更迅速地进行"最后一公里"的配送。最重要的是，GIS 技术数据信息的全面化能帮助我们挖掘数据背后的信息，有助于进行物流决策。

除了上述技术外，要想实时获得物流配送中包裹的位置信息，就需要卫星导航系统，要想实现物流运输路线智能调度则需要智能算法相关知识，例如遗传算法、蚁群算法等。

3. 智能设备层

（1）智能设备层介绍

智能设备层即在智能物流系统中具体执行物流作业的物流设备，物流作业任务由智能管控层设计并传达，然后智能物流设备接收任务并执行。在智能物流系统中，常见的智能设备有无人机、自动导引运输车（AGV）、智能配送机器人、无人仓库的无人上架系统、智能手持设备、RFID 设备等。其中，AGV 是指装配了自动引导装置的无人运输车，它可以按照规定的路线行驶，并且具有移载和自动防避功能；智能配送机器人是可以智能化进行货物配送的机器人，多用在室内配送或者"最后一公里"配送中；无人上架系统主要是在仓储系统中，将货物紧密放置在不同高度的仓储空间中，多用于立体仓。当然，这些智能设备的应用离不开智能系统的管控。所以说，如果智能管控层是"大脑"，那么智能设备层则是"四肢"，而网络规划层则是将其连接起来的"血管"。

（2）智能设备技术的实现

同上面两层的设计一样，智能设备层的实现同样离不开先进技术。这些先进技术包括上文提到的自动识别技术、GIS 技术等。除此之外，传感技术、自动控制技术等都不可缺少。

1）传感技术。传感技术属于物联网的一部分，它是指通过特殊的感知获得信息并将这些信息通过模拟信号转化为数字信号，从而传给中央处理器的一种技术。智能物流系统中智能设备与控制系统的"交流"就是通过这种传感技术进行传递的。除此之外，红外技术也是传感技术的一种。智能设备中安装的传感器就是传感技术应用的体现。

2）自动控制技术。自动控制技术有时也被称为"智能控制"，就是通过特殊手段，控制系统或设备自动完成某项任务的技术。例如 AGV 就是自动控制技术下的产物，其可以自行按照路线进行货物运输，并且具有保护措施，可以自行躲避障碍，还具备自行充电的功能。智能物流系统中很多系统都具备自动控制技术。

从整个智能物流体系来看，任意一个环节的实现都需要很多先进技术。这些技术之间彼此融合、交叉、相互支持，甚至很多技术在三个层次中都会用到。正是这些先进技术的深入融合、彼此合作，才造就了智能化的物流体系。

4. 智能物流仓储系统流程设计

仓储工作主要包括入库、仓储区存储、接到订单后分拣、打包、出库等。在智能物流仓储系统中，每种商品都有自己的代码标签，且相关信息都记录在仓库管理系统中，系统可以据此来识别商品信息、跟踪监控商品，以确保做到全程安全管理。下面将以京东的无人仓为例，详细介绍智能仓储工作的流程。

从区域划分来看，京东的无人仓主要包括三个区域：仓储区域、入库+分拣+打包区域、出库区域。京东的无人仓储工作主要由这三个区域完成。京东无人仓工作流程如图 12-4 所示。

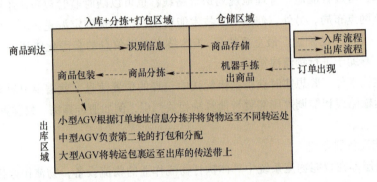

图 12-4   京东无人仓工作流程

如图 12-4 所示，当商品到达仓库时，先进入的是入库+分拣+打包区域，在该区域通过机器设备对商品进行识别并记录信息，之后传送带将商品运送至仓储区域。仓储区域主要是由立体紧密的集约箱、货柜组成，机器人在控制系统的控制下将商品从传送带放置于集约箱中进行存储，至此，入库工作完成。

当产生订单时，这些机器人或者机械手根据接到的任务信息，从集约箱中分拣出所需货物并放至传送带中，由传送带将货物再次运送至入库+分拣+打包区域，然后机器设备根据订单和货物信息在该区域进行自动整理、自动包装和自动粘贴订单信息等。这个过程完全由机器或智能设备完成，且商品的自动包装均是机器设备根据商品的实际大小进行包装的，这样在很大程度上减少了浪费。

之后进入出库区域，AGV 将发挥作用，小型 AGV 根据订单地址信息进行分拣并将其运送至不同转运处，中型 AGV 负责第二轮的打包和分配，而大型 AGV 则将转运包裹运至出库的传送带上以完成货物出库工作。至此，货物在仓储系统中完成了所有流程。

以上就是京东无人仓的整个工作流程。其中，涉及的系统包括自动化存储系统、自动化输送系统、自动化作业系统、自动化计算机系统等，涉及的智能设备有 RFID 设备、AGV、机器人和机器臂等，正是这些系统和设备共同组成了智能物流仓储系统。

第四节   智能物流系统评价

1. 智能物流系统价值

当前我国物流行业正向智能化方向发展，且已经有不少物流公司建立了智能物流系统。这些智能物流系统在耗费了巨大的资金成本的同时，确实给社会带来了很大的价值，本节主要从以下几个方面来论述智能物流体系的社会意义。

（1）降低社会物流成本

从成本层面来看，智能物流体系的建立在很大程度上减少了资源浪费，提高了资源利用率，降低了成本。首先，自动化立体仓库的使用使仓储区域立体化，这不仅减少了仓储的占地面积，还增加了仓储密度和仓容利用率，节约了成本；其次，智能化设备的应用取代了更多的人力，人工成本大幅度降低；再次，智能管控系统的运用减少了经营管理活动，管理费、业务费等经营管理成本也随之降低；最后，智能物流系统中的智能管控系统能够及时确定合理的、经济的运输路线方案，从而最大限度地降低运输成本。总的来说，智能物流系统的应用能够降低社会物流成本。

（2）提高物流效率

从效率层面来看，智能物流系统明显提高了物流的整体运行效率，货物能够更快、更准确地送到客户手中，不仅提高了客户满意度，还提高了物流整体效益。首先，自动化存储、分拣、搬运设备的应用不仅提高了货物分拣速度，还降低了分拣错误率；其次，智能物流管理系统优化了物流的装货、送货、卸货等环节，例如智能配送环节的优化使配送更快、效率更高；最后，智能物流系统优化了各个环节之间的对接过程，使环节之间连接更紧密，整个物流流程运行更顺畅，效率明显提高。总的来说，智能物流系统提高了物流效率。

（3）提高数字化程度

以前，与美国、德国等发达国家相比，我国的物流发展一直处于较低水平。在智能物流系统未发展起来时，我国在信息化、数字化、智能化方面一直技不如人，但是智能物流的发展推动了我国在数字化、智能化等方面的发展，智能物流系统的建立从根本上提高了我国的数字化水平。如今，在新的商业模式下，智能物流已经成为我国物流转型的驱动力，我国正在向着物流大国甚至是物流强国迈进。

目前，我国的物流市场还存在很多不足，物流成本与发达国家相比还是较高，物流效率还需要继续提高。物流行业对于智能物流的需求与日俱增，智能物流市场还存在着巨大的潜力。相信未来，智能物流会为我们带来一个高质量的物流时代。

2. 智能物流系统现状研究

如今，我国智能物流体系虽然发展迅速，但还处于前期发展阶段，与发达国家相比，还是存在很多不足的地方。这主要是因为我国目前的智能物流体系化建设不是很完善，而且智能化程度还有待提高。经过研究，我们发现在我国目前的智能物流系统建设中，还存在以下不足。

（1）物流产业分散，智能物流难以开展

我国物流行业中的物流运输资源相对比较分散，带来了严重的浪费现象。例如，我国道路货物运输运营主体众多，且大多为中小型企业，但其占据的市场份额却很大，再加上其经营模式大多较为单一、不够智能化，因此会形成很多资源浪费，这是阻碍智能物流系统建设的重要因素。又如，我国目前运营或规划设计中的物流园区有1600个以上，但是各园区之间联系较少，没有统一规划管理，于是就出现了布局不合理、重复建设等问题。总的来说，物流行业产业较为分散、协同化程度不高，因此难以进行智能物流体系的建设。

（2）技术之间融合程度不高，智能化水平较为落后

智能物流系统中应用的先进技术种类繁多，但技术之间的融合程度不高，各环节之间的

对接还不够流畅、连接还不够紧密，需要进一步提升。另外，5G 技术还待普及，智能物流一体化程度较低，数字化程度也较低，有望通过先进技术的深入融合来充分发挥先进技术的核心优势，提高智能物流系统的智能化程度。

（3）道路资源限制影响智能物流系统建设

电子商务的发展、物流行业的壮大，使地面货运量明显增加，严重影响了城市交通运行情况，这带来的直接后果就是智能规划系统无法加快货物的运送速度。虽然空间物流给其带来了相应的解决方案，但地下物流系统的实现需要一定的技术支撑，这是智能物流体系建设的另一大技术难点。

总的来说，智能物流系统建设存在的问题主要有：物流行业建设缺乏统一规划，物流先进技术缺乏深入融合发展，5G 技术普及程度不够，地下物流系统建设目前难以实现。

3. 智能物流系统未来发展趋势

如今我国智能物流正在快速发展，智能物流系统的建立也初有成效。但是和那些发达国家相比，我国的物流行业还存在不足。在我国广阔的物流市场背景下，智能物流仍然具备巨大潜力。分析我国社会现状，我们认为当前智能物流系统正在向着以下趋势发展。

（1）信息化、智能化趋势必不可少

纵观物流发展的历史进程，我们发现，在从传统物流到智能物流的转变中，信息网络技术功不可没。如今，物流信息化依然是物流企业和智能物流系统的重要组成部分。其中，公共信息物流平台是国际物流企业竞相追求的目标，物流信息安全技术越来越被重视，信息网络的逐步优化与强大更是智能物流系统发展中亟须突破的点，智能物流信息化趋势更加明显。同信息化趋势一样，智能化趋势也是智能物流发展的一个必要途径。虽然目前的智能物流技术已经较为普及，但这还远远不够，更智能化、更人性化、更高效率、更低成本、更高服务水平的物流系统依然被需要，而这些都需要智能化物流系统的进一步发展。

（2）智能物流环保化是另一热点

随着智能物流的发展，另一种物流形式渐渐引起人们重视，即绿色物流。物流在发展的同时不可避免地会给环境带来一些危害。例如，物流包装产生的大量垃圾，物流配送过程引起的资源消耗，二氧化碳大量排放等。因此，为了保护环境，实现满足经济消费的同时抑制物流对环境的危害，健康发展智能物流，绿色物流兴起了。我国是一个重视环境保护的国家，绿色物流也渐渐深入人心。在智能化物流发展趋势下，"绿色"运输方式、"绿色"包装、"绿色"流通加工逐渐被应用，以实现物流的可持续发展。由此可见，智能物流环保化是智能物流系统的另一发展趋势。

（3）物流企业趋向全球化和国际化

随着经济全球化的日趋深化，越来越多的外国企业进入我国，越来越多的国内物流企业走向国际，全球购、网易考拉、洋码头、亚马逊等平台的订单越来越多。这些都推动着物流产业向国际化发展，物流国际化势在必行。

（4）物流行业越来越强调服务优质化

在智能物流背景下，物流企业追求的不仅是物流成本和物流效率，还包括新环境下社会和客户更高的物流服务要求，而更高的服务质量能帮助企业更容易获得客户的信赖与支持。随着社会产业转型，物流也在向服务经济发展，这说明高质量的物流服务是物流行业发展的另一个趋势。

（5）物流发展趋向产业协同化

物流并不是一项完全独立的产业，它是与上游产业、下游产业紧密相连的。物流全球化的时代，物流行业竞争，已经不再是企业内部的竞争，而是全球供应链之间的竞争。物流规模的扩大使整个供应链向协同化趋势发展，物流资源逐步整合实现一体化，并向着企业协同合作共同运营的趋势发展。

（6）5G助力智能物流发展

5G即第五代移动通信技术，是4G、3G和2G的延伸技术，也是一种速度更快、性能更强，能将人与人、人与物、物与物进行紧密连接的技术。5G技术的应用能够助力多个行业的发展，物流同样如此。2019年7月，京东物流发布了首个5G行业应用白皮书，描绘了5G时代下物流行业的应用场景，如表12-2所示。

表 12-2　5G 时代下物流行业的应用场景

5G+先进技术	优势
5G+物联网	能够更好实现智能物流系统的完美协同，进一步加强各环节的协同运作，以及设备与系统之间的紧密联系
5G+AI	能够提高智能物流系统的准确性、灵敏性和智能化水平
5G+区块链	能够进一步加强物流系统的安全性
5G+AR/VR	能够进一步加强拓宽虚拟现实和增强现实技术在智能物流体系中的应用
5G+云技术	能够更好地实现供应链整体的一体化运作

表12-2描述了5G与先进技术的融合会对物流行业带来的优势分析。从中可以看出，5G技术的普及，将推动物流各环节的数字化运行，实现程度更高的降本增效，提高物流管理能力，也就是说，智能物流将向着5G技术应用的全新模式发展。

总的来说，我国智能物流行业前景广阔、潜力巨大，不可小觑。

第十三章
智能制造人力资源管理

第一节　制造业劳动力结构变革历程

随着制造技术以及制造管理方式的不断进步，制造业在过去的 200 多年时间里发生了巨大的变化。可以说，制造业的变革改变了人们的生活方式并重塑了社会。世界工业已经历了以机械化、电气化以及自动化为特征的三次工业革命，带来了制造业劳动力结构的深刻变化。

1. 第一次工业革命

以能源的利用为主要推手的第一次工业革命发生于 18 世纪末 19 世纪初，"工业 1.0"使制造由传统的手工作坊向大型机械化方向发展，极大地提高了生产效率。随着机械化的不断发展，人的工作由直接生产转为对机械的操作，这种变革对员工所需的知识与技能产生了巨大影响。越来越多的员工开始协作进行生产，为了有效管理员工的工作任务，工作规范在这个阶段开始出现，并且极大地提高了制造业对员工的管理水平。

2. 第二次工业革命

电力以及流水线的应用是"工业 2.0"的主要特征。亨利·福特发明的流水线极大地减少了产品加工所需的搬运时间，因此进一步提升了企业的生产效率。同时，交通运输条件的改良使大批量生产成为可能，企业可以方便地将大量的货物交到客户手上。在这个阶段，员工的工作开始出现分工，生产环节的知识以文件的方式记录下来以提供给员工跨学科的专业知识，特定的员工只需要接受特定的培训，生产任务由不同的工作站员工共同完成。

3. 第三次工业革命

微处理器（Microcontroller）的发展使工厂的数字化成为可能，制造业进入第三次大变革时期。随着自动化技术以及控制技术不断与制造业融合，"工业 3.0"的目标是追求自动化生产。在这个阶段，工厂员工所必要的知识以及技能均发生了巨大转变。由于自动化设备的普及，员工不需要对制造流程有太深刻的了解，但是对数字化和信息化技能的需求较高。例如，编程以及计算机操作知识的了解。第三次工业革命的一个特点就是制造管理出现了很大水平的提高，6-sigama 以及精益生产均在这个阶段被提出，其目的在于对生产过程进行优化，减少浪费，这也影响了企业员工的发展。

4. 第四次工业革命

现在，新一代信息技术（移动互联网、大数据以及人工智能等）向制造业领域快速渗透，以信息化和数字化为主要特征的第四次工业革命正在悄然发生。"工业 4.0"使用安装在车间中的传感器，可以实时获取并分析生产运营的相关数据，数据分析结果可以指导员工进行更加"聪明"的决策。智能工厂是"工业 4.0"的主题，智能制造关键技术将会在很大程度上改变企业现有的工作方式。一方面，智能工厂的目标是实现生产车间的少人化甚至是无人化生产，因此传统生产车间内的单一重复性工作将会被机器人以及智能设备所取代；另一方面，大数据分析、工业软件开发以及系统集成等智能制造关键技术的岗位需求将会增加。

第二节　智能工厂工作组织与设计方法

1. 智能工厂的十大应用场景

科技进步为"工业 4.0"奠定了基础，同时工厂中的工作场景也将发生重大转变。它会创造就业机会，还是摧毁工作岗位？职位要求将如何发展变化？哪些工作技能将备受青睐？波士顿咨询公司总结了在智能工厂中最具影响力的十大应用场景，本节将以此为基础进行介绍。

（1）大数据驱动下的质量管理

生产过程中的质量监控主要包括两个方面：一是产品质量监控，二是过程质量监控。产品质量监控是指运用产品历史数据及实时数据，识别产品质量问题及其产生的根本原因，并准确地找到方法减少次品；过程质量监控是指使用统计分析算法，及时识别异常波动及根本因素，并及时施加控制，维持制程的稳定性。将大数据技术应用于质量管理，会减少生产线上专门从事质量管理的人员数量，同时也会增加对大数据科学家的需求。

（2）机器人辅助生产

随着机器人技术的不断发展，机器可以通过内置的传感器以及摄像头等与周围的环境进行互动，并且与人类相比，以程序控制为基础的机械手臂等更容易接受新的任务。因此，以机器人和机器手臂为代表的自动化技术将大幅减少生产环节中的人工岗位，例如组装和包装等，但同时对于人机协同相关岗位的需求将增加。

（3）自动物料搬运

自动搬运 AGV、立体仓库的不断发展，提高了物料搬运以及使用的透明性，独立运作的物流系统减少了对物流人员的需求。

（4）生产线模拟仿真

在安装生产线之前，对生产线进行模拟。搭建适用于制造工厂环境的建模、仿真及计算平台；开发出具有通用数据库和编程语言的可交互软件；建立行业内认可的体系结构标准和数据交换标准；在平台中应用现代可视化技术，并将企业运营与制造过程两个方面的关键绩效指标同时考虑。该技术的应用将会增加对工业工程师以及仿真专家的需求。

（5）智能供应网络

制造企业不仅包含制造过程和生产的产品，还包含跨越制造工厂、企业、行业的商业和管理职能。因此，跨越整个供应链的制造运营和业务功能的集成是未来智能制造企业的核心和优势。建立全面的、智能化的供应链网络将提高对供应链协调岗位的需求，同时减少从事运营规划的岗位数量。

（6）预测性维护

对设备实施远程实时状态监控以及健康诊断服务，诊断服务系统可以及时对设备异常做出预警，使维护机构可以在故障发生之前对设备进行维护。这将提高企业对系统设计、数据科学相关职位的需求，并且催生拥有数字化辅助手段的现场服务工程师职位，降低对传统技工的需求。

（7）机器即服务

客户享受的是产品带来的服务，而非产品本身。因此，未来的商业模式将会从销售产品转向销售服务。企业为客户设计、安装、维护以及升级产品，这种模式不但有利于增加生产和服务类工作岗位，也要求企业进一步提升自己的销售团队。

（8）自适应生产

单件小批量生产是应对客户个性化需求的解决方式，但是这种制造模式需要较高的生产成本。自适应生产可以使生产线具备"思维"能力，能依据订单的变化自适应调整，以应对不同订单的需求。这种技术会减少对生产规划人员的需求，同时提高对数据建模和分析专家的需求。

（9）增材制造

3D打印技术的发展可以令制造商一站式打造复杂零件，消除对零件进行组装以及设置库存的需要。在研发中心与工程学领域，与3D打印相关的计算机辅助设计以及建模的新工作岗位正在出现，而从事零件组装的工作岗位将不断减少。

（10）增强现实技术

VR眼镜的使用可以远程、实时地了解生产线及设备的运行状态，并可以远程辅助基本的维护业务。采用增强现实技术大大提高了维修技术人员的工作效率，同时提升了企业在研发、IT和辅助系统等领域的能力。

2. 智能工厂员工关键能力分析

连接实体空间与信息空间的信息物理系统（CPS）是智能制造的核心。因此，智能制造员工能力需求分析也将围绕CPS展开，基本可以从物理空间、信息空间，以及交互界面三个方面建立智能制造员工能力需求模型。以CPS为基础的智能IT员工能力规划模型如图13-1所示。

美国机械工程协会（American Society of Mechanical Engineers，ASME）建立了"MuShCo"模型，分析了智能工厂员工技能及个人素质需求，将员工技能、个人素质分成"Must（必须掌握）""Should（应该掌握）"以及"Can（可能掌握）"三个方面，其分析结果如表13-1所示。这种方法用于将元素分配给三个优先级"必须""应该"和"可能"，其中"必须"具有最高优先级，"可能"具有最低优先级。此外，所识别的技术人员能力需求分为两类：员工技能和个人素质需求。

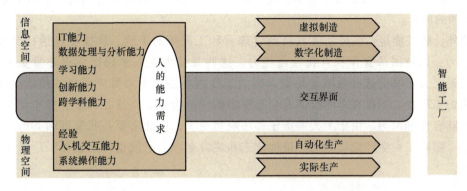

图 13-1　以 CPS 为基础的智能 IT 员工能力规划模型

表 13-1　智能工厂员工技能及个人素质需求

指标		Must（必须掌握）	Should（应该掌握）	Can（可能掌握）
员工技能		IT 知识和能力	关于技术和组织的跨学科通用知识	计算机编程或编码能力
		信息、数据加工与分析能力	制造活动和流程的专业知识	专业技术知识
		统计知识	IT 安全和数据保护意识	人因工程知识
		组织和流程理解能力		法务常识
		使用人-机交互界面的能力		
个人素质		自我管理能力	对技术变革持开放态度	
		对异常情况反应能力	不断学习提高的能力	
		团队合作能力		
		社交能力		
		沟通能力		

根据表 13-1 可以看出，智能工厂对员工技能以及个人素质提出了不同程度的要求。

在技能方面，特别是在 IT 知识和能力，信息、数据加工与分析能力，组织和流程理解能力，以及使用人-机交互界面的能力，对智能工厂员工提出了较高的要求。由于信息和数据的无处不在以及不同业务流程的整合，工作人员需要获得知识管理能力以及关于技术和组织的跨学科通用知识。此外，IT 安全和数据保护意识也是必要的。有些技能肯定是有用的，但不一定是必需的，例如计算机编程或编码能力以及专业技术知识。未来工厂的工人将更多的是通才，而不是专家。

在个人素质方面，社交能力、沟通能力、团队合作能力以及自我管理能力等成为智能工厂对员工个人素质要求的重点。这些能力都是智能工厂中的管理人员以及工程师需要接受的培训。目前，传统工厂中的工人并不喜欢类似的培训，因为基础的工作内容通常不需要这些个人素质的加成。

此外，软技能是熟练劳动者发展到管理者和工程师的关键。软技能包括社交能力、沟通能力，以及团队合作和自我管理能力。这些对技术工人来说也变得非常重要。目前，普通工人不享受这些领域的培训，因为工作内容通常不需要应用这些技能。然而，在未来的工厂中，不仅在车间层面上会有更多的团队合作，而且在日常业务中也会有更多的团队合作和沟通。由于工人的责任和影响力更大，因此需要自我管理和其他一般管理技能。随着工业生产更动态化，持续改进和终身学习的态度也将是智能工厂员工的重要素质。

3. 智能工厂的工作设计模型

智能工厂的工作组织形式与传统工厂将存在很大差别。智能工厂的工作设计模型主要包括三个层次，下层级为上层级的基础，如图 13-2 所示。

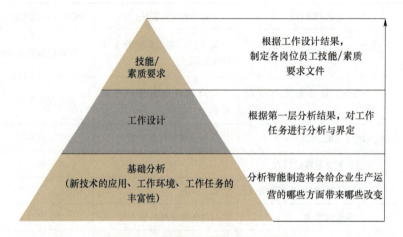

图 13-2　智能工厂的工作设计模型

（1）基础分析

企业进行工作设计的第一步就是根据企业的生产工艺以及业务重点分析推行智能制造将会给企业生产运营的哪些方面带来哪些改变。在这个层级中，不同行业的关注重点不同，本节从新技术的应用、工作环境以及工作任务的丰富性三个方面分析智能工厂对工作组织的影响。

新技术的应用会使企业现有的工作体制产生巨大改变。一方面，智能制造的目标之一是实现车间少量人甚至无人化生产。因此，单一重复性的工作会被先进的生产设备以及工业机器人所取代，员工只需要使用移动通信设备便可以实现对生产流程的远程操控。同时，具有良好的人-机交互界面的生产辅助系统使员工即使面对异常复杂的生产系统，也能做出及时、正确的决策。另一方面，智能制造关键技术对生产运营人员的知识水平与能力提出了较高的要求，大数据分析、生产系统建模与仿真、工业系统集成以及二次开发等岗位需求将会急剧增多。

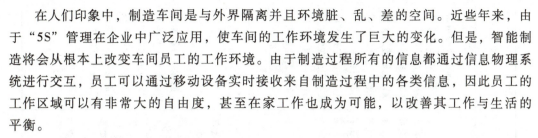

在人们印象中，制造车间是与外界隔离并且环境脏、乱、差的空间。近些年来，由于"5S"管理在企业中广泛应用，使车间的工作环境发生了巨大的变化。但是，智能制造将会从根本上改变车间员工的工作环境。由于制造过程所有的信息都通过信息物理系统进行交互，员工可以通过移动设备实时接收来自制造过程中的各类信息，因此员工的工作区域可以有非常大的自由度，甚至在家工作也成为可能，以改善其工作与生活的平衡。

传统生产方式中各员工均有固定的工作区域以及工作内容，员工只需要按照规范进行操作即可，但是这种生产方式员工只考虑自身利益，往往会造成在制品积压、产品质量缺陷难以及时发现等问题，降低了企业各生产绩效指标水平。智能制造生产模式要求员工掌握多项技能，极大地丰富了员工的工作内容，使员工以企业的整体利益为考量标准。以车间生产人员为例，员工不仅需要掌握与智能设备、机器人的信息交互方式，还应可以从智能设备、机器人传输的数据中及时识别故障因素，进行智能设备、机器人的日常维护以及紧急维修任务。

（2）工作设计

工作设计的目的在于将智能制造带来的变化以工作任务的形式表现出来，并界定其权限范围。智能工厂的工作特点是员工具有较强的自主性，因此工作设计在考虑员工核心工作职责的情况下，应当给予员工一定的自主权以最大化员工的潜力。智能工厂的岗位职责应从三个方面进行设计规划：核心工作、自主创新和界限。核心工作是指员工在智能工厂中需要完成的主要任务，即企业成功进行生产运营员工必须履行的职责；自主创新是智能制造工作设计与传统制造业工作任务的区别所在，其目的在于发掘员工的潜能以最大化员工价值；界限是指员工工作的权限范围，智能制造鼓励员工在自身核心工作外进行创新，但是必须在一定权限范围内以防止造成正常生产运营的不稳定。

（3）技能/素质要求

依据第二层工作设计结果，企业可以界定智能工厂中各岗位的职责范围。与传统工厂不同，这种界限是模糊的。因此，跨学科人才将会得到重用。以各岗位的职责为基础，企业可以制定员工岗位能力/素质要求文件。

第三节 智能工厂人员能力测评指标体系

人员测评方法的选择对测评结果起着至关重要的作用，测评方法的选择应遵循匹配性原则、灵活性原则、有效性原则、公平性原则、经济性原则，同时还应考虑测评的客观条件，综合各种因素甄选出恰当的测评方法。本节选取自陈量表法对上述评价指标的测评方法进行介绍，针对不同层级的人员设计调查问卷，由员工依据自身情况进行评估。在现有相关文献及国外相关课程资源的基础上，我们总结出了知识类指标（9项）的测评尺度，共分为5个等级，所有知识类问卷题目均应当围绕这9项指标及对应的等级进行设计。智能制造人员能力测评量表如表13-2所示。

表13-2 智能制造人员能力测评量表

测评维度	测评分项	分项定义	一级	二级	三级	四级	五级
知识（9项）	智能制造概念与相关概念与框架	不同国家对智能制造的定义不同，我国《国家智能制造标准体系建设指南》将智能制造定义为：基于新一代信息通信技术，如物联网、大数据、云计算等，贯穿于设计、生产、管理、服务等制造活动的各个环节，具有信息深度自感知、智慧优化自决策、精准控制自执行等功能的先进制造过程、系统与模式的总称	听说过智能制造，对其概念、特性等基础知识并不了解	了解智能制造概念的内涵、特征及功能等基础知识	系统地了解智能制造，接受过智能制造相关的内外部培训或讲座，对公司智能制造规划及目标有着充分的认知	深入了解智能制造内涵，对关键技术，如工业云计算、人工智能与机器学习技术、数字可视化技术等多项或者多项有一定程度的掌握	全面型智能制造人才，接受过智能制造系统性教育培训，精通至少一项智能制造的关键技术；国家级带头人或制造项目牵头人或此类项目或主持业智能制造协会议做过报告，属于行业智能制造协会中的核心成员
	智能制造与工具系统知识	智能制造系统包括六个模块：主数据管理模块、制造执行系统模块、设备自动化模块、过程控制模块、生产调度/指派模块，以及报告分析模块。智能制造与工具系统知识包括这六个模块之间的逻辑关系，以及系统之间的逻辑关系知识	仅知道所在岗位使用系统和工具的简单操作步骤，不明白系统背后的逻辑关系，也不具备处理异常问题的知识	熟悉本部门业务流程以及相应生产系统（如ERP、MES、SPC、APC等）的运作机制，熟悉本部门业务的运行逻辑，熟练掌握运用系统解决具体问题的方法	掌握自身所在部门智能制造系统运行的机理，精通部门所用系统与其他部门互联互通系统之间互联互通的规范	深刻理解智能制造关键模块，如主数据管理模块、制造执行系统模块、设备自动化模块、过程控制模块、生产调度/指派模块、报告分析模块之间的逻辑关系，掌握系统集成规划知识	能够把握智能制造系统发展水平和未来趋势；全面掌握智能制造系统与相应供商的技术与能力

（续）

测评维度	测评分项	分项定义	一级	二级	三级	四级	五级
知识（9项）	统计知识	通过搜索、整理、分析、描述数据等手段，以达到预断所测对象的本质，甚至预测对象的未来。涵盖统计学基础知识、统计业务知识、统计法基础知识等	非统计专业背景，不具备专业的统计相关知识，缺乏相关的实习和工作经历	统计等相关专业背景，或者接受过统计知识的专业培训并取得合格成绩	拥有统计类职业资格证书（如统计师资格证书等），具备对本部门各类进行统计、加工和分析的相关知识和经验	具备各类统计工具（如大数据分析、数据挖掘等）知识，熟练掌握对公司或行业的各类统计进行统计分析，发现问题并解决问题的方法	可以使用统计类软件并熟练处理遇到的异常情况，精通基于统计数据进行预测分析主动预测的工具
	生产运行管理知识	生产运行管理知识是指为实现企业经营目标，有效利用生产类资源（人、机、料、法、环等），对企业生产与运作运行计划、组织、指挥、协调与控制，进而生产、运作出满足社会需要、市场需要的产品或服务的管理活动知识	不具备的知识运行相关的产线运作，对公司产品制程知识和产品制程知识甚少	具备封装专业基础知识、过程控制知识、生产周期管理知识及实施经验，掌握质量管理知识及常用分析工具，具有一定工作经验，熟悉工序设备的性能、工艺过程及工艺要求等	熟练掌握封装专业知识、过程模式及失效分析知识，质量管理知识及分析IC封装工具，过程，熟悉各工序过程、掌握质量判断标准及要求，了解相关设备维护、工艺设备维护，新品开发、组装工艺状况，具备多年相关工作经验	完全掌握公司生产运行管理的内在逻辑及原理，清楚如何利用系统协调公司产品制程中的人、机、料、环等维度的资源，实现生产目标的方法	精通公司相关的生产运行管理知识，了解公司产品制程中的人、机、料、法、环等多个维度的运转机理，并给出改善与优化的方案并实施的相关的原理、方法与工具

（续）

测评维度	测评分项	分项定义	一级	二级	三级	四级	五级
知识 （9项）	人因工程知识	基于对人和机器、技术的深入研究，发现并利用人的行为方式、工作特点、限制等特点，通过对工具、机器、系统、任务和环境进行合理设计，以提高生产率、安全性、舒适性和有效性。包括：①研究人的生理特性和心理特性；②人机系统设计和心理界面设计和改善；③人机界面设计；④工作场景设计和改善；⑤研究作业方法及其改善；⑥研究系统的安全性和可靠性；⑦研究组织与管理的效率	不了解人因工程是什么	了解人因工程的基本概念，致力于研究人、机器之间的相互关系和影响，并能够识别出作业中人因工程相关的问题	可以利用人因工程知识对人-机交互界面以及自己的工作方法进行改进	能够使用人因工程方法全面提高作业环境、作业安全性和作业可靠性	精通人因工程理论，综合运用人因工程知识达到人-机器-环境的协同，提高组织和管理的效率
	工艺知识	劳动者利用的各类生产工具（如集机械工程技术、电子技术、自动化技术、信息技术等多种技术为一体所产生的技术、设备和系统）对各种原材料、半成品进行划去片、装片、键合、塑封、打印、切筋和成型、电镀、外观检查、成品测试，最终使之成为成品并包装出货的方法与过程，主要包括：计算机辅助设计、计算机辅助制造、集成制造系统等	仅具备工艺相关的基础知识，但完全不了解此相关的计算机辅助设计、计算机辅助制造、集成制造系统相关的知识	不仅具备工艺相关的基础知识，还具备与本工序相关的先进的工艺知识	熟练掌握本部门工艺技能和技术，在对新的工艺知识进行持续的受训和学习	在实际工作中经常进行关于新工艺及先进制造的经验总结，并且在同事之间进行深度交流和经验分享	参与过公司组织的外出学习全球的行业最先进的工艺流程，并持续进行相应的培训提升

测评维度	测评分项	分项定义	一级	二级	三级	四级	五级
知识（9项）	专业技术知识	专业技术知识是指沟通者对专业技术掌握的权威程度，主要表现在专业化和前沿性两个方面。专业化是指拥有扎实的专业技术方面的知识，对本专业领域的发展动态非常敏感，有较强的专业领悟力和驾驭力，能做本专业的"专家"。前沿性是指能够密切关注理论与实践前沿，追踪追综与行业所在组织本组织和行业发展的热点	对业界动态漠不关心，不了解行业动态和竞争者信息，专业技能和知识不够娴熟，对专业领域前沿领悟力不够。对新方法很少主动去学习，对本领域敏感度不够	比较关注业界动态，对专业知识有较好的领悟力，拥有较丰富的知识，经常化地追踪前沿专业技术，能做自己独到的想法与其他部门的衔接。对行业新技术、新方法比较熟悉，愿意追踪行业新的发展	关注业界动态，乐于通过杂志社讨论会等保持与专业前沿的接触，经常发表令人耳目一新的想法与观点；了解其他人的想法与思考如何与其配合，能够了解和衔接；能做到对自己已有技术、不断钻研，做到竞争对手，在打造企业优势方面起到关键作用；提倡理论与实践相结合，关注技术前沿	积极主动地追踪行业前沿，努力提高企业的技术竞争力，全面了解、分析行业各竞争对手的信息，为本组织在行业流上的优势提供信息流，在本人所在的领域有学术研究和技术创新	某一领域的权威人物，引领该领域的发展；拥有丰富的专业知识与娴熟的专业技能；对该领域的心态，可以对公司重要岗位和人员进行培训，且自身能够横向精通其他专业；熟知本专业先进的新技术，并了解同行业最先进的知识
	跨学科知识	跨学科课程重在培养相关人员的基本技能、批判性思维能力、解决问题的能力、利用图书馆和信息的能力、创造性思维及艺术表现能力。使相关人员分学会不同的学习，理解跨学科课程的综合学习方法。其中通过对比较相关课程的学习，学会使用对比方法阐明一个或一系列问题，学会促进相关人员成为一个中心目的是综合的知识结构和知识体系的整合，使相关人员的知识体系成为一个紧密联系的整体，形成整体的知识观和生活观，以全面认识世界和解决问题	基本了解自己工作范围内的专业知识，专业知识通程度有限	精通自己的专业知识，围内相关的专业知识，缺乏相关的跨学科知识储备	不仅具备本部门相关的专业知识储备，还掌握至少一门其他工程技术，例如工程技术、销售知识、管理知识、生产知识、财务知识等	不仅具备本部门相关的专业知识储备，而且具备多门工程技术，例如人工智能、管理知识、销售知识、生产知识、财务知识等	具备创新意识，具备以封装测试为核心、工业智能技术，包括大数据、云计算、人工智能、智能科学与技术等相关的新知识，精通公司各部门之间所用跨学科知识的学习思维和方法

（续）

测评维度	测评分项	分项定义	一级	二级	三级	四级	五级
知识（9项）	公司客户信息	公司外部客户信息是指与公司合作的客户或潜在的客户的相关信息，包括公司客户的类型、发展现状、主要客户的定制要求、与公司的合作情况、未来发展趋势等	不清楚公司的客户，未了解公司的客户类型和分布	基本了解公司的客户类型，简单地描述公司的客户群的大致分类、客户群的发展状况	了解公司的客户群分布，能够向他人介绍公司客户群的分类、主要客户的发展现状及与公司的合作历程	清楚公司客户群的分类、发展状况，与公司的定制需求和公司客户的简要分析公司主要合作客户的维护现状，并给出部分合理化建议	熟知公司客户群的分类、发展状况，与公司的合作需求，与潜在客户需求等，能分析出合作客户的情况，给出客户关系管理方面的建议和意见
能力（9项）	先进制造的数字化领导能力	能够基于公司在智能制造方面的战略布局和业务构成，组织和协调公司、部门或自身内部的各种资源，领导公司的智能制造变革，并持续推进智能制造的落地实施	不进行团队管理，不领导他人开展工作	能够协调自身职责范围内的团队，正确协助团队成员工作和成长，并采取内部的相关集体活动和会议等来整合资源，理顺关系，最终完成智能制造工作中的分支性、阶段性的规划目标	能够组织协调公司一个领域内的团队，善于通过言行让团队成员感受到对他们的器重和赏识，并能够通过组织级各种手段理顺团队内的各部门关系，最终达成智能制造工作中的关键、复杂的规划目标	能够领导和管理跨领域的团队，能够运用批评、表扬等多种手段来创造团队内部的学习型组织氛围、部门级组织，能够针对具体工作问题和团队融合现状来建立章立制，最终确保完成智能制造工作中的系统性的、长期的规划目标	拥有坚强的意志和持久的决心，能够运用和管理公司全局性的资源，懂得运用分级授权、有效支持等手段来激活公司各类相关资源，并通过公司整体层面的管理和经营举措来确保完成智能制造工作中的重大的、远期的规划目标

（续）

测评维度	测评分项	分项定义	一级	二级	三级	四级	五级
能力（9项）	战略思考能力	从公司的使命和愿景出发，深刻理解公司战略思想和布局，根据本公司实际将智能制造落实到实处，并采取相应的措施保证智能制造战略规划的实现	不清楚公司目前在智能制造方面将遇到的机遇与挑战、优势与劣势。对公司将智能制造的战略执行力差，并且对战略没有反馈	了解公司的智能制造战略制定的背景和推进原则，对公司推进智能制造将面临的机会与挑战有较清晰的认识，能够总结出战略实施成败的一部分公司战略成败的经验	能够理解和接受公司的智能制造战略规划，总结智能制造战略实施的经验与教训，并在主导或协助公司智能制造战略落地过程中运用这些经验和教训	对公司规划与战略规划的战略深刻，具备将智能制造目标落实为具体行动规划的能力，能够总结智能制造推进的成败经验，促进向上做出反馈，进而推动智能制造方案的不断调整与优化，对公司智能制造过程中所面临的机遇与挑战着清晰透彻的认识	对全球经济形势及行业发展动态深刻理解，对公司智能制造战略规划深刻，能深入设计战略顶层设计能力，拥有卓越的战略执行力，能够根据实际将战略落到实处，同时采取各种方法使智能制造战略的有效实施得以实现
	人际理解与沟通社交能力	能够理解和领悟信息，对人或事情能够准确把握，并在此基础上与他人进行高效的信息交互，具有建立或维持友善、和谐关系的重要能力	对外界的信息理解和认识较浅，能够回应他人发出的沟通信息，并能够尝试在生产线中的工作、生产线中建立与同事、作伙伴建立和谐的沟通关系	能够基本把握外界信息的主旨，并且能比较完整地表达自己的意见和想法，使对方能够理解，能够将沟通交流视为构建人际关系的重要工具	能够较全面客观地分析思考外界复杂的信息，能够对外界信息给予积极的信息反馈，能够积极把握他人的性格特点，并积极运用交流沟通能力在公司内部构建与自身相适应的人际关系	对外界较为复杂的信息能够较好地掌握，能够巧妙地运用口头和肢体语言等来表达自己的观点，增强语言情感的渲染力，并运用自身的人际理解沟通能力在行业内建立起较融洽的关系	能够全面深刻地掌握信息的各个层面，能够预见他人的需求和关注点，并在不同的情景中针对不同沟通对象采取来积极灵活地与公司外部的产业联盟、合作伙伴、客户资源、政府机构等建立较好和谐的和谐关系

（续）

测评维度	测评分项	分项定义	一级	二级	三级	四级	五级
能力（9项）	智能制造改善软件能力	程序设计是给出解决特定问题程序的过程。是软件结构造活动中的重要组成部分。程序设计往往以某种程序设计语言为工具，给出这种语言下的程序。程序设计过程应当包括分析、设计、编码、测试、排查等不同阶段	既不了解计算机知识，又不具备计算机编程能力	具备计算机知识，接受过设计计算机编程相关的专业培训和深度学习	具备计算机知识和编程能力，熟知和使用当前公司当前使用的各类软件的使用效率、出现的问题及维护情况	能够结合现有需求，将要出现的或在现有基础上对公司类软件进行某个模块的优化完善或软件的二次开发	获得计算机编程软件著作权或相关软件著作权的专家称号
	数据处理能力	数据处理和信息加工两个方面的内容。数据分析是指用适当的大量统计分析方法来收集信息，提取有用信息和形成结论而对数据加以详细研究和概括总结的过程。信息加工是对收集到的原始信息进行去伪存真、去粗取精、由此及彼的加工过程。它是在原始信息的基础上，生产出具有新价值的信息的二次加工，方便用户利用的过程。这一过程将使信息增值。只有在对适当处理的基础上，才能产生新的、有效信息或知识的活动过程，用以指导决策	平时不重视信息的收集，不善于使用信息搜索工具，没有能力对零散资料进行加工，认为信息流可有可无	能应用一些基础的信息搜索工具，明白信息的重要性，平时会积累一部分信息资源，能对零散的信息进行加工，从而提炼出自己的观点	能熟练地掌握和使用信息搜索工具，认视信息为资源，为"掌握了信息就是掌握了工作主动"，能经常性地利用大量的信息证明自己的观点，能够对高度分散的资料进行整合，提炼出精华，与同行业对比并进行简单分析	卓越的信息收集能力，精通各种工具，能快速地将零散、零乱的资料整理归纳；有卓越的综合分析能力，能够通过信息整合，提出系统性、指导性的观点和建议，可以对数据进行独立的分析、评价，并形成客观有效的数据分析及评价报告	能够对数据提取、分析、评价等流程进行持续完善，并通过数据的使用不断提升数据挖掘效能，能够深度挖掘公司的异常信息，分析出的根本原因，辅助公司的战略决策，并能够接触前沿的信息挖掘和加工技术并取得相关鉴定证书

（续）

测评维度	测评分项	分项定义	一级	二级	三级	四级	五级
能力（9项）	团队合作能力	作为团队的一员，在团队中主动征求他人意见，互相鼓励，具备以团队整体利益为考量，为了团队共同的目标与任务通力合作完成任务的能力	仅仅在团队中进行日常工作，对团队目标关注度不足，与团队成员协作程度一般，偶尔与其他成员产生冲突或摩擦	能够在自身所在的工作团队中积极工作，清楚自己所在团队的工作目标和自己对实现团队工作目标的重要作用。能够较好地与团队成员进行沟通和协作，在日常工作中与其他成员几乎无冲突	能够很好地融入部门内部的工作团队，能够设定自己职责范围内的工作目标，并根据部门工作目标做出相应调整。能够通过沟通自身的勤于奉献、勤于沟通和乐于互助来保障工作目标的最终实现	能够有效地协同公司内部跨部门组建的工作团队，能够促使各部门在工作目标上达成一致，并在该团队中与各成员积极合作，最终达成工作目标	能够协同公司内外部联合组建的团队，为该团队设立科学合理的奋斗愿景，并有效激励该团队，促使该团队成员形成共创、共担、共享的良好机制和氛围
	冲突管理能力	冲突管理是指采用一定的干预手段改变冲突的形式，以最大限度地发挥其益处而抑制其害处。在组织情境中，确定适当选择合适的冲突管理策略，包括情绪管理等内容	不能按照事情的轻重缓急对工作内容进行安排和协调，容易出错；在与他人合作开展工作时，自愿参与和支持团队的决定，但很少与他人共同交流并分享有用的信息和资源	能够根据工作任务规划时间，并记录每天的实际时间耗用的工作事项；尊重他人的意见和专业知识，愿意向他人学习，在做决策时，诚恳地征求团队中他人的意见	能够分析工作时间的流向，确定标准事件、突发事件、琐碎事件及浪费的时间占比，分析与计划产生差异的原因，并进行反思、总结和改进；尊重对他人，能够对他人的能力和贡献给予公开赞赏和鼓励，在危机时刻愿意站出来帮助他人解决难题	能够减少非增值活动的时间耗用，优化工作任务与时间的匹配程度，并结合智能制造理论和方法对工作流程和方法进行持续优化；能够建立具有饱满士气、统一行为标准和价值观的团队，以及健康回归的团队，提升团队凝聚力	能够通过统筹安排，并行处理多个项目，并且结合市场及客户需求，利用智能制造理论和工具有效分配公司的人、财、物资源，不会隐藏和回避团队中的冲突，开诚布公地处理团队内部矛盾，以调整体利益为主

（续）

测评维度	测评分项	分项定义	一级	二级	三级	四级	五级
能力（9项）	创新性问题解决与决策能力	不受陈规和以往经验的束缚，不断改进工作，学习方法，以适应新观念、新形势发展的要求。利用TRIZ等技术创新工具以及系统管理方法，对工作中出现的问题，提出创造性的解决方案，并付诸实施	因循守旧，对任何新事物都抱着敌对的态度；对日常各项工作内容，教条、死板地执行；遇到各种问题，习惯用经验来解决，反对创新	对新事物抱有无所谓的态度；在解决问题时愿意尝试新的方法；对各项工作，会从自己的角度出发，灵活地完成；不反对创新	对智能设备、技术、工艺等具有良好的接受性；能够作为公司创新的倡导者；创造性地完成各项工作；在决策时，稳健而不保守，敢于创新但不冒失；提倡创新	热衷于创造性地解决问题；对智能设备、技术、工艺等有强烈的创新精神，积极倡导新思维，例如大数据、云计算、人工智能、区块链等；智能、区块链等决策时比较大胆激进	行业内创新的先驱，敢于打破固有工作，模式、新办法创新原路，采用新思维有大数据、云计算、人工智能、区块链等技术和管理上的创新工具对公司进行有计划和稳步的智能化管理和生产工作；在行业领域拥有专利、发明创造、软件著作权、国家级或省级奖项
	智能制造系统集成能力	信息系统集成规划是指消除各类信息系统（如操作系统、物料系统以及过程控制系统等）的边界，通过数据标准化等手段，实现数据流在所有信息系统的无缝传输。信息系统集成主要包括三个维度：企业内部集成、企业纵向集成、企业之间信息系统横向集成、产品端到端的数字化集成	只了解自己部门运营所需的信息系统，没有系统性思维	参与过信息系统规划相关培训，对数据标准化、数据等信息系统集成基础知识有一定的了解	对公司的信息系统整体构架有着较为清晰的认知，可以依据自身产经营的理解，提出对企业全系统集成规划的需求与建议	精通数据库以及信息数据标准化、数据系统集成知识，能够以团队协作的方式对企业内部各部门信息系统进行集成规划与开发	可以从智能制造视角，规划并实现信息数据在企业内部系统的纵向集成，供应链企业之间信息系统的横向集成以及产品端到端的数字化集成，形成一个全面覆盖的智能化网络

（续）

测评维度	测评分项	分项定义	一级	二级	三级	四级	五级
	信任新技术	对新出现的技术持有开放的心态，勇于尝试，并乐于与人分享	知识结构单一，排斥新技术，也不愿意改变，不愿意与他人一起交流探讨工作经验与心得；沉浸在原有技术或工作方式中，固守己见	知识结构完整，比较愿意与他人交流，分享结果与实践过程，但是对新技术保持谨慎，被动接受新知识，不主动探索学习	具备跨学科知识结构，善于与他人一起进行钻研探讨，分享结果和实践过程；勇于接受新知识，工作思路开阔，利用多种途径采纳新信息，并使之很快融入自己的工作，把自己的经验与大家分享	非常乐意与他人一起分享自己的经验心得，甚至毫无保留；极其渴望获取新鲜信息、知识，知识结构非常广，知识结构多样化	对创新技术有渴求心理，愿意率先发现新技术、新技能，锻炼出一种动态的、科学的思维方式和判断能力
素质（5项）	网络安全及数据保护意识	数据信息安全是指数据信息的硬件、软件及数据受到保护，不因偶然的或者恶意的原因而遭到破坏、更改、泄露，系统连续、可靠、正常地运行，信息服务不中断。它涉及计算机科学、网络技术、通信技术、密码技术、信息安全技术、应用数学、数论、信息论等多种学科的综合性学科。数据信息安全包括的范围很广，大到国家军事、政治等机密安全，小到如防范商业企业机密泄露、防范青少年对不良信息的浏览、个人信息的泄露等	基本知晓公司信息安全及数据保护相关文件及关于信息安全的相关法律法规	能够持续接受内外部信息安全培训且通过自学等途径完善自己的信息，保护知识和技能，可以使用常用的加密技术，例如计算机加密、数据加密等日常操作	拥有良好的信息安全和数据保护工作习惯，能够在日常工作中熟练运用加密技术并进行数据传输	熟知网络安全及数据保护知识，并能够协助、指导他人进行网络保护和数据加密	能够站在公司的高度，具备比较高端的信息安全意识，时刻保护公司信息数据和网络传输的安全

（续）

测评维度	测评分项	分项定义	一级	二级	三级	四级	五级
素质（5项）	KPI导向的智能制造运营思维	提升KPI水平是企业智能制造管理的核心任务，KPI导向是指员工在经营管理过程中，时刻将自身的行动与企业KPI关联，以提升KPI指标为经营管理的目标	不了解公司经营管理的具体KPI内涵和要求	了解公司经营管理的具体KPI内涵和要求，但是并不了解哪些数据或者信息与KPI相关	在经营管理过程中，有时刻关注公司经营管理KPI的意识和变异管理意识，能及时发现并控制KPI的异常波动	从企业全局视角，清楚各数据源与企业各KPI的对应关系，能够从根源上确定引发KPI异常的因素，并制定KPI偏差管理对策	从企业经营管理与生产运营视角，按照数据驱动的管理决策实现主动预测、变异管理，具备持续改善的系统思维
	预测性维护意识	预测性维护是通过对设备状况实施周期性或持续监测，基于机器学习算法和模型来分析评估设备健康状况的一种方法，以便预测下一次故障发生的时间以及应当进行维护的具体时间。预测性维护是以设备、装备的状态监测和故障诊断是基础，状态预测是重点，维修决策得出最终的维修活动要求	缺乏主动性维护意识，对设备异常通常采用事后维修的方式	有一定的预防性维护意识，能够周期性地对设备运行状态进行例行检查	接受过预测性维护相关的培训，能够实时对设备运行的指标值作为依据，判断设备的运行状态并做出是否需要停机维护的决策	深入了解预测性维护的理念，能够通过数据分析的方式判断设备故障时间节点及故障类型，在故障发生前便可以将其正确处理	掌握人工智能、大数据等预测技术，能够通过实时数据分析，及时主动地发现生产设备与系统中的异常，实现主动预测、精准维护的目标

（续）

测评维度	测评分项	分项定义	一级	二级	三级	四级	五级
素质（5项）	全局观念与系统思维	从公司整体和长期的角度进行考虑决策，开展工作，促使智能制造在公司的积极落地和推进，保证公司基业长青	工作思路混乱，不分轻重缓急，系统思维缺失；对公司的战略目标理解不够明确，对公司推进智能制造的战略理解不到位，仅为自己或部门的利益考虑	工作思路清晰，重点不够突出，在思考和执行中系统思维不足；能按照公司规章制度办事，对公司的战略目标理解的比较明确，能够积极支持公司的智能制造工作，并以此为基础将公司看成一个整体	能够理解公司的战略规划和业务布局，工作思路清晰，重点突出，有一定的系统思考逻辑，严格按照公司制度办事，对公司有准确的战略目标理解，并以此为出发点安排各项工作	工作思路中能够将公司作为出发点，并基于此来安排自己及部门内部的工作，能够明确自身发展与智能制造工作、公司整体能够之间的支撑关系，能将公司看作一个整体，决策时能够做到通盘考虑和系统思考	按照公司愿景和使命考虑，从公司战略层面出发，对公司的智能制造战略了然于胸，有具有符合产业发展逻辑的系统思维，有能够落地的实施步骤与推进路径，并有效协同组织内外部各类资源，实现智能制造战略目标

第四节　智能制造人力资源评估方法

从以上分析中所得的智能工厂员工知识、能力、素质需求中，可以得出两个重要的结论：第一，为了企业在工业 4.0 中获取成功，成熟且适用的劳动力及组织结构十分重要。第二，员工所需的知识、能力以及素质发生了重大改变。这些事实对不同方面的劳动力发展构成了挑战。一方面，需要采取措施来发展和培训现有的劳动力；另一方面，整个教育系统必须适应当前和未来的挑战。

1. 人力资源配置层级

成功推行智能制造需要全公司人员的一致努力，正因如此，对现有员工智能制造能力进行测评，识别出各层员工与智能工厂员工的差距才能指定合适的、有针对性的培训方案。

本章将企业员工从智能制造的角度大致划分为智能制造战略层、智能制造战术层及智能制造执行层三个方面。其中，战略层以高层管理者为主，主要包括公司董事长、总经理、副总经理等。战术层以中层管理者为主，主要包括总监级、部级（职能部门）干部。执行层主要以基层管理人员（科级、主管级）、管理技术人员（工程师、工长）以及生产线员工为主，具体细节企业之间可能存在一些不同。智能制造人力资源结构见表 13-3。

表 13-3　智能制造人力资源结构

	层级划分	任务	定位	主要人员构成
智能制造人力资源结构	战略层	负责制定企业智能制造转型战略、成立智能制造推进小组并指定目标	高层管理者	董事长、总经理、副总经理
	战术层	执行企业高层指定的智能制造转型战略，负责制定企业智能制造转型的具体路径及方案	中层管理者	总监级、部级
	执行层	依照智能制造推进小组制定的智能制造实施方案及路径，完成具体工作	基层管理人员	科级、主管级干部
			管理技术人员	工程师、工长
			生产线员工	生产线操作工

本章第三节已经对智能工厂员工所需知识、能力以及素质需求做了详细介绍。依据我们在工厂中实际调研的结果，确定了各层级人员智能制造能力分层分布预设表，即智能制造对不同岗位员工的能力需求如表 13-4 所示。

注意表 13-4 的预设值并未区别不同职能部门，在企业实际测评过程中，不同职能部门在智能制造中对于各指标的需求（预设值）或许存在差别。我们应以表 13-4 为基础，结合企业生产运营特点，对各不同职能部门进行界定。

2. 智能制造人员智能制造能力测评方法

（1）智能制造人员测评方法选择

与其他测评不同，人员能力测评结果受周围环境及人员本身素质的影响较大。总体来说，人员测评主要包括以下方法，如表 13-5 所示。

表 13-4　智能制造对不同岗位员工的能力需求

测评维度	知识										能力								素质				
	智能制造相关概念与框架	智能制造系统与工具知识	统计知识	生产运行管理知识	人因工程知识	工艺知识	专业技术知识	跨学科知识	公司客户信息	先进制造的数字化领导能力	战略思考能力	人际理解与沟通社交能力	智能制造软件改善能力	数据处理能力	团队合作能力	冲突管理能力	创新性问题解决与决策能力	智能制造系统集成能力	信任新技术	网络安全及数据保护意识	KPI导向的智能制造运营思维	预测性维护意识	全局观念与系统思维
高层战略（高层管理/技术/业务人员）	3	3	3	3	3	3.8	5	4	5	5	5	5	3	3	5	5	5	3	5	4	5	3	5
中层战术（中层管理/技术/业务人员）	3.8	3.8	3.8	3.8	3.5	4	4.8	4.8	4	4	4	4	3.5	4.3	5	5	4	3.5	4	5	5	3.8	4
基层管理-战术执行（基层管理/技术/业务人员）	3	3	3.8	3.5	3.5	3.3	4	3	3	3	2	3	2.8	4	3	2	2	2.8	4	4.3	3.8	3	3
管理技术人员-执行（管理人员、技术人员，不含后勤辅助人员）	2	2.3	2.8	2.3	2.3	2.8	3	3	3	—	—	2.5	2.3	3.3	3	2	—	2.5	3	3.3	3	2.5	2
执行人员-执行（OP-100 人）	1	1	1	2	2	2	1	—	—	—	—	1	—	—	2	—	—	—	2	3	—	2	1

表 13-5　人员测评方法

人员测评一般方法		方法描述	适用人员	优点	缺点
履历分析法		根据履历或档案中记载的事实，了解一个人的成长历程和工作业绩，从而对其人格背景有一定的了解	广泛适用	较为客观，成本低	预测效度随时间推进会越来越低
面试法		通过测试者与被试者双方面对面观察、交谈，收集有关信息，从而了解被试者的素质情况、能力特征	广泛适用	灵活，获得信息丰富、完整和深入	主观性强、成本高、效率低
纸笔考试法		组织人员实施现场测试，测试人员的基本知识、专业知识、管理知识，以及综合分析能力、文字能力等	广泛适用	效度较高，成本低	开发试卷难度大、效率低
评价中心技术法		被试者组成一个小组，由一组测试人员对其进行包括心理测验、面试、多项情景模拟测验在内的一系列测评	高级管理人员	较高的信度和效度	时间较长、操作难度大
情景模拟法	文件筐作业	将实际工作中涉及的各类信件、便笺、指令等放入一个文件筐，要求被试者在一定时间内处理这些文件并做出决定、撰写回信和报告、制订计划、组织和安排工作	管理人员和某些专业人员	能够获得关于被试者更加全面的信息，对将来的工作表现有更好的预测效果	对于被试者的观察和评价比较困难，耗费时间
	无领导小组讨论	安排一组互不相识的被试者组成临时任务小组，不指定任务负责人，被试者就给定任务进行自由讨论并拿出小组决策意见			
	角色扮演	测试者设置一系列尖锐的人际矛盾和人际冲突，要求被试者扮演某一角色，模拟实际工作情境去处理各种问题和矛盾			
心理测验法	自陈量表法	根据所测量的人格特质，编制客观问题，要求被试者根据自己的实际情况或感受去逐一回答，根据被试者答案，衡量被试者在这种人格特质上表现的程度	广泛适用	调查表形式方便快捷，适用于团体测试	受被试者的诚实性影响
	投射测验	被试者对一些模糊不清、结构不明确的刺激做出描述或反应，通过对这些反应的分析来推断被试者的内在心理特点	广泛适用	能够表达出被试者不愿表现出的个性特征和态度	计分和解释上相对缺乏客观标准，无法单独使用

人员测评方法的选择对测评结果起着至关重要的作用，应遵循匹配性原则、灵活性原则、有效性原则、公平性原则、经济性原则，同时还应考虑测评的客观条件，综合各种因素甄选出恰当的测评方法。从智能制造能力测评的人员规模、测试周期、操作实践性等客观情况，以及得到测评结果的信度和效度分析方面，我们认为自陈量表法是合适的方法。

　　（2）问卷设计

　　问卷的合理性是自陈量表法成功实施的关键，应当针对知识类、能力类、素质类各测评维度具体指标的特点、习得方式、表现形式等内容，同时结合企业生产实际情况、业务特点等对各类题目进行特别设计。

　　1）知识类题目。

　　① 知识类指标测评尺度。在现有相关文献及国外相关课程资源的基础上，我们总结出了知识类指标（9 项）的测评尺度，共分为 5 个等级，所有知识类问卷题目均应当围绕这 9 项指标及对应的等级进行设计。

　　② 知识类题目设计。对于一些简单易理解的指标，可以直接将测评量表中的相关内容转换成为问卷题目；而对于较为复杂的知识项，则应当将其进行拆分，分解成为数个易于了解的选项，从不同方面进行题目设计。

　　2）能力类题目。

　　① 能力类量表简述。在现有相关文献及国外相关课程资源的基础上，我们总结出了能力类指标（9 项）的测评尺度，共分为 5 个等级，所有能力类问卷题目均应当围绕这 9 项指标及对应的等级进行设计。

　　② 能力类题目设计。针对能力类量表的 1~5 级，结合能力辞典、专业文献，以及对于智能制造的了解，对每一项能力指标都应从多个维度对其能力进行测试。例如，能力对应的知识、表现形式、创新性和继续学习等。

　　3）素质类题目。

　　① 素质类量表简述。在现有相关文献及国外相关课程资源的基础上，我们总结出了素质类指标（9 项）的测评尺度，共分为 5 个等级，所有素质类问卷题目均应当围绕这 9 项指标及对应的等级进行设计。

　　② 能力类题目设计。针对能力类量表的 1~5 级，结合能力辞典、专业文献，以及对于智能制造的了解，从多个维度对其能力进行测试。例如，日常工作、主观意愿、潜意识等。

　　在问卷设计完成之后，应当对其进行信度分析。信度分析用于研究定量数据的回答可靠准确性。信度值 α 系数：如果此值高于 0.8，则说明信度高；如果此值在 0.7~0.8 之间，则说明信度较好；如果此值在 0.6~0.7 之间，则说明信度可接受，如果此值小于 0.6，说明信度不佳。

3. 智能制造人力资源评估案例

　　通过问卷调查，可以得到不同层级员工的智能制造能力，将测评结果与预设值进行一一比较，可以得出不同层级员工在各指标中存在的不足，并可以以此为基础，进行人员智能制造培训内容设计。本文以案例为基础，对该部分内容进行介绍。

案例

某半导体企业在公司范围内推行智能制造，但是由于受员工知识、能力等因素的困扰，公司高层制定的智能制造战略难以落地实施，导致智能制造转型工作停滞不前。因此，该公司领导决定对公司各层级人员进行智能制造能力评估，分析不同层级员工的智能制造能力现状，并以测评结果为基础，进行有针对性的智能制造培训，以尽快落地实施公司智能制造转型战略。

（1）不同层级员工能力测评结果

公司依据企业生产运营特点等，对不同层级的员工进行了不同的问卷设计，最终得到了如下测评结果（由于生产线员工数量众多，暂时未进行测评）。

1）高层管理者测评结果（实际值/预设值）。

① 先进制造的数字化领导能力（4.1/5）。

② 战略思考能力（3.6/5）。

③ 人际理解与沟通社交能力（4.1/5）。

④ 团队合作能力（4.1/5）。

⑤ 冲突管理能力（4.0/5）。

⑥ 创新性问题解决与决策能力（4.0/5）。

⑦ KPI 导向的智能制造运营思维（4.2/5）。

⑧ 预测性维护意识（2.5/3）。

⑨ 全局观念与系统思维（4.1/5）。

2）中层管理者测评结果（实际值/预设值）。

① 智能制造相关概念与框架（2.8/3.8）。

② 智能制造系统与工具知识（2.8/3.8）。

③ 专业技术知识（3.0/4.8）。

④ 跨学科知识（3.5/4.8）。

⑤ 智能制造软件改善能力（3.3/3.5）。

⑥ 数据处理能力（3.2/4.3）。

⑦ 团队合作能力（3.7/5）。

⑧ 冲突管理能力（3.5/5）。

⑨ 创新性问题解决与决策能力（3.1/4.0）。

⑩ 智能制造系统集成能力（2.4/3.5）。

⑪ 信任新技术（3.3/4）。

⑫ KPI 导向的智能制造运营思维（3.6/5）。

⑬ 预测性维护意识（3.5/3.8）。

⑭ 全局观念与系统思维（3.3/4）。

3）基层管理者测评结果（实际值/预设值）。

① 智能制造系统与工具知识（2.5/3）。

② 专业技术知识（2.4/4）。

③ 智能制造软件改善能力（2.2/2.8）。

④ 数据处理能力（2.5/4）。

⑤ 创新性问题解决与决策能力（1.6/2）。

⑥ 智能系统集成能力（2.2/2.8）。

⑦ 信任新技术（3.0/4）。

⑧ 网络安全及数据保护意识（2.6/4）。

⑨ KPI 导向的智能制造运营思维（2.9/3.8）。

⑩ 预测性维护意识（2.3/2.5）。

⑪ 全局观念与系统思维（2.5/3）。

4）管技人员测评结果（实际值/预设值）。

① 智能制造相关概念与框架（1.5/2.0）。

② 智能制造系统与工具知识（1.7/2.3）。

③ 专业技术知识（2.2/3）。

④ 跨学科知识（2.3/3）。

⑤ 智能制造软件改善能力（2.1/2.3）。

⑥ 数据处理能力（2.4/3.3）。

⑦ 智能制造系统集成能力（1.9/2.5）。

⑧ 信任新技术（2.7/3.0）。

⑨ 网络安全及数据保护意识（2.4/3.3）。

⑩ 预测性维护意识（1.8/2）。

⑪ 全局观念与系统思维（1.5/2）。

（2）测评结果分析

与预设值进行一一比较，公司各层级人员测评结果如表 13-6 所示。表 13-6 中将能力有所欠缺的方面用×进行了标记。

经过对测评问卷的数据进行整理、归集、对比分析：

1）人员整体上在智能制造相关概念与框架、智能制造系统与工具知识、专业技术知识、智能制造软件改善能力、数据处理能力、创新性问题解决与决策能力、智能制造系统集成能力、信任新技术、KPI 导向的智能制造运营思维、全局观念与系统思维等 10 个方面比较欠缺。

2）战略层欠缺的智能制造能力主要集中在能力方面。

3）战术层和执行层在知识、能力、素质方面均有欠缺。

公司对人员比较欠缺的 10 个方面的智能制造知识、能力、素质分析，横向按照专业程度，纵向按照习得、改善的时间长短，将其分为通用型短期知识能力素质、通用型长期知识能力素质、专业型短期知识能力素质和专业型长期知识能力素质，如图 13-3 所示。

表 13-6 公司各层级人员测评结果

功能定位	人员层级	知识									能力									素质				
		智能制造相关概念与框架	智能制造系统工具知识	统计知识	生产运行管理知识	人因工程知识	工艺知识	专业技术知识	跨学科知识	公司客户信息	先进制造的数字化领导能力	战略思考能力	人际理解与沟通社交能力	智能制造软件改善能力	数据处理能力	团队合作能力	冲突管理能力	创新性问题解决与决策能力	智能制造系统集成能力	信任新技术	网络安全及数据保护意识	KPI导向的智能制造运营思维	预测性维护意识	全局观念与系统思维
战略层	高层管理者	×									×	×	×			×	×	×				×		×
战术层	中层管理者		×					×	×	×				×	×	×	×	×	×	×		×		×
执行层	基层管理者		×					×	×	×				×	×			×	×	×	×	×		×
执行层	管理技术人员	×	×					×						×	×				×	×	×			×

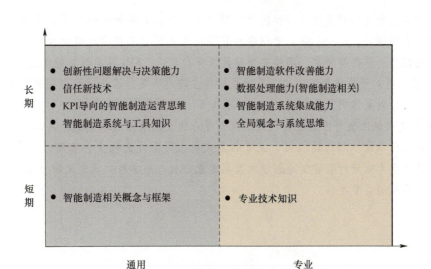

图 13-3　智能制造知识、能力、素质分类

（3）培训计划的制订

1）高层管理者。从测评结果数值上来看，高层管理者在智能制造基础知识方面较为成熟。战略思考能力、冲突管理能力、创新性问题解决与决策能力这三项上差距最大，公司后续应在此三项上加大对高层管理者的培训提升力度。

基于该测评结果，公司为高层管理者制订了如下智能制造能力提升培训计划。

① 进行战略管理、创新决策等方面的专业课程学习与训练。

② 组建智能制造实施项目团队，逐渐培养创新性问题解决与决策能力。

③ 组织高层管理者到智能制造示范项目企业进行参观学习，从智能制造转型战略的高度进行重新认知与思考。

2）中层管理者。中层管理者（战术层）的智能制造能力欠缺项主要分布在知识、能力和素质，主要集中在与业务运作强相关的知识和能力上，例如智能制造相关概念与框架、智能制造系统与工具知识、专业技术知识、智能制造软件改善能力、智能制造系统集成能力等。

基于该测评结果，公司为高层管理者制订了如下智能制造能力提升培训计划。

① 对于相关知识欠缺，对中层管理者进行专业课程培训，例如智能制造概念、智能工厂构架、智能制造系统搭建等。

② 对于专业技术知识，要求中层管理者对其专业知识进行系统性梳理，并定期进行考察。

③ 智能制造系统集成能力、智能制造软件改善能力是需要在长时间的实践中积累获得的，因此在短期内先对中层管理者进行智能制造系统集成及智能制造软件改善相关基础知识的培训，并组织参观学习示范企业智能制造系统集成框架，从长期角度对相关能力进行提升。

3）基层管理者、管理技术人员。基层管理者、管理技术人员（执行层）的智能制造能力欠缺项主要分布在知识、能力和素质层面，主要集中在与智能制造相关的知识和能力，以及各项素质项上。基层管理者和管理技术人员在智能制造系统与工具知识、智能制造软件改善能力等与智能制造强相关的知识和能力方面比较欠缺，需要针对此两类人员进行以智能制造为主题的专项培训。此外，基层管理者和管理技术人员在素质项也有欠缺，涵盖了预设五项素质中的四项：信任新技术、网络安全及数据保护意识、KPI 导向的智能制造运营思维。

① 基层人员对于具体智能制造工具的认知存在较大不足，因此应组织相应的学习、实操等培训内容，针对具体岗位员工进行相关工具知识、应用能力的提升。

② 素质类欠缺的提升方法主要通过文化、观念的长期灌输逐渐养成。具体方法包括两个方面：一是文化养成，即通过培训、宣贯的方式自上而下地进行文化熏陶；二是专家讲座，可定期聘请外部专家进行智能制造新技术发展前景分析与跨学科知识交叉融合运用系列讲座，逐步养成智能制造运营思维。

第十四章
人工智能与智能制造

第一节　人工智能及其进展

1. 人工智能简介

提到人工智能，很多人就会想到 AlphaGo、无人驾驶、人脸识别、深度学习等一系列名词，但是对于人工智能的具体内涵可能并不清楚。对此，学术界也是众说纷纭，主要分为三个流派。第一个是早期的符号主义，认为人工智能的研究方法应是功能模拟，分析人类认知系统具备的功能和机理，然后用计算机模拟；第二个是之后的联结主义，认为人工智能应着重于结构模拟，即模拟人的生理神经网络机构，并认为功能与结构密切相关；第三种是行为主义，认为人工智能的研究方法应该采用行为模拟方法，认为功能结构和智能行为密不可分，且不同的行为需要不同的控制结构并表现出不同的功能。

目前一般认为，人工智能是研究、开发用于模拟、延伸和扩展人的智能的理论、方法、技术及应用系统的一门新的技术科学。人工智能是一种机器智能，是由机器来仿真或者来模拟人智能的系统或者学科。人工智能的主要研究内容包括认知建模、知识表示、推理及应用、机器感知、机器思维、机器学习、机器行为和智能系统等，其发展历程主要划分为以下四个阶段。

第一阶段：人工智能的诞生（1943—1956 年）。1956 年夏，麦卡锡、明斯基等科学家在美国达特茅斯学院开会研讨"如何用机器模拟人的智能"，首次提出人工智能这一概念，将人工智能定义为，"人工智能就是要让机器的行为看起来就像是人所表现出的智能行为一样"，这标志着人工智能学科的诞生。

第二阶段：人工智能的第一次热潮（1956—1970 年）。在这期间，罗森布拉特（Rosenblatt）于 1958 年提出感知机模型，这个模型能够完成一些简单视觉任务，这种模拟人脑的算法一时间变得十分流行，但是随着明斯基（Minsky）等人于 1969 年证实感知机无法解决基本逻辑问题中的异或问题，人工智能的发展进入了第一次低迷期。

第三阶段：人工智能的第二次热潮（1980—2000 年）。这一阶段的主要产物包括 Hopfield 网络、波兹曼机、支持向量机等传统机器学习方法，这些方法的运用需要以特征工程为基础，且算法的绩效严重依赖提取的特征。

第四阶段：人工智能的第三次热潮（2006年至今）。辛顿（Hinton）等人于2006年正式提出深度学习的概念，掀起人工智能的第三次热潮。随着传感器技术和物联网技术的发展，各种场景中的数据被捕获存储形成大数据集合，常规的软件工具无法进行管理和处理，这推动了深度学习这一新处理模式的诞生，利用大数据的深度学习算法具有更强的决策力、洞察力、发现力和流程优化能力。目前，深度学习被应用到计算机视觉、语音技术、自然语言处理，以及规划决策系统等方面。

2. 人工智能的发展路径

（1）弱人工智能

弱人工智能是指通过模仿人脑的感知、记忆、学习和决策等基本功能以实现单方面的人工智能。例如，AlphaGo虽然能够战胜世界围棋冠军，但是其只会下围棋，无法下象棋或者跳棋。

（2）强人工智能

强人工智能是指能够结合情感进行认知和推理，实现人类级别的高阶智能。伦达·高特福瑞森（Lunda Gottfrefson）教授将其定义为，"具有宽泛的心理能力，能够进行思考、计划、解决问题、抽象思维、推理复杂理念、快速学习和从经验中学习等操作"。强人工智能需要具备以下几种能力：自主推理决策能力、知识表示能力、自主学习能力、自主规划能力、使用自然语言进行交流沟通的能力。

（3）超级人工智能

超级人工智能是指在各方面的能力都能够比人类强，且可以不断进化与自我学习的智能。牛津哲学家尼克·博斯特罗姆（Nick Bostrom）将其定义为，"在几乎所有领域都比最聪明的人类大脑都聪明很多，包括科学创新、通识和社交技能"。

3. 人工智能的关键技术体系

从技术角度看，中国工程院院士谭建荣认为人工智能关键技术体系包含以下八大技术：深度学习算法、增强学习算法、模式识别算法、机器视觉算法、知识工程方法、自然语言理解、类脑交互决策以及数据搜索方法等，如图14-1所示。

4. 人工智能的进展

人工智能技术是智能制造的技术核心。经过几十年的不断研究，人工智能技术不断取得突破，其思想和技术已经在包括制造业在内的许多领域获得应用。从人工智能的研究领域来看，其进展主要分为专家系统、搜索技术、模式识别以及分布式人工智能等领域。

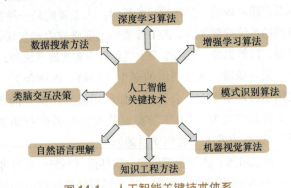

图14-1　人工智能关键技术体系

1）专家系统（Expert Systems）也叫基于知识的系统，是一个含有大量的某个领域专家水平的知识与经验智能计算机程序系统，能够利用人类专家的知识和解决问题的方法来处理该领域的问题。专家系统通常包含两个主要的功能元素：知识库和推理机。知识库中包含的专业领域知识通常可以包括对事实的陈述、"If-Then"规则以及对象或程序的组合；推理机通过推理机制可以对获知的信息进行推理验算，并选择最优的规则。

2）搜索技术。搜索技术是根据问题的实际情况不断寻找可利用的知识，从而构造一条代价较小的推理路线。搜索分为盲目搜索和启发式搜索。盲目搜索是按预定的控制策略进行搜索，在搜索过程中获得的中间信息不用来改进控制策略。启发式搜索是在搜索过程中加入与问题有关的启发性信息，用于指导搜索朝着最有希望的方向前进，加速问题的求解过程，并找到最优解。演化算法是一类模拟自然界遗传进化规律的仿生学搜索算法，它可以处理传统方法难以解决的高度复杂非线性问题。

3）模式识别。模式识别是借助数学模型和计算机手段，研究和模拟人类识别语音、图形、文字、符号等能力的一门学科。其过程主要包括：利用各种传感器把被研究对象的各种信息，转换为机器可以识别的数值或者符号集合；消除采集到的数据信息中的无用信息，仅提取与关键特征有关的数据信息；从过滤后的数据中衍生、分析出有效信息，得到更加直接的特征参数值；模式分类或模型匹配，可以依据已知分类或描述的模式集合进行有监督学习，也可以基于模式的统计规律或模式相似性学习判断模式的类别，从而进行无监督学习，最终输出对象所属类型或模式编号。常见的模式识别的方法主要包括统计模式识别、句法结构模式识别、模糊模式识别、模板匹配模式识别、支持向量机模式识别、人工神经网络模式识别等。

4）分布式人工智能。分布式人工智能（Distribution Artificial Intelligent，DAI）是人工智能与分布式计算结合的产物，其目的主要是完成多任务系统和求解各种具有明确目标的问题。多智能体系统（Multiple Agent System，MAS）是分布式人工智能最重要的研究领域之一，系统内多个智能体（Agent）具有感知、通信、协作、推理、判断、学习、反馈等功能属性，同时每个智能体具有其本身的目标和意愿。通常复杂系统的多目标求解问题被逐层划分为复杂程度相对较低的子问题，再由不同智能体经过沟通协作和自主决策完成。分布式人工智能由于克服单个智能机器资源和能力缺乏以及功能单一等局限性，具备并行、开放、容错等优势，已获得越来越广泛的关注。

综上而言，人工智能已经在很多领域取得进展，而未来的人工智能将以深度学习算法研究为重点。结合深度学习算法的特点，人工智能未来的研究方向主要包括以下三个。一是从大数据到小数据，由于深度学习的训练需要大量人工标注数据。这对于工业应用场景而言会耗费很多的资源，同时受实际生产情形限制，很多数据存在难以收集标注，数据类别存在极大不平衡，因此如何在数据缺失条件下进行训练，从无标注的数据里进行学习，或者自动模拟生成数据进行训练，都是未来的热门研究方向。目前，生成对抗网络（Generative Adversarial Networks，GAN）作为一种数据生成模型，已经被应用的部分领域实现突破。二是从大模型到小模型，当前深度学习的模型都很大，模型基本能够在 PC 端实现运算，但是要在移动设备使用很麻烦。因此，如何精简模型的大小，通过直接压缩或是更精巧的模型设计，通过移动终端的低功耗计算与云计算之间的结合，使在小模型上也能得到大模型的效果。三是从感知认知到理解决策，当前深度学习在感知和认知方面已经做得足够好，但是所完成的任务基本都是静态的，即在给定输入的情况下，输出结果是一定的，对于动态任务等不完全信息决策型问题，需要持续与环境进行交互、收集反馈、优化策略，这是人工智能的另一重要方向。

第二节 智能制造中的人工智能

1. 新一代人工智能技术引领智能制造

在过去的一个世纪里，制造模式不断转变，从福特装配线到丰田生产系统，再到柔性制造、可重构制造、基于代理的再制造、云制造等。随着物联网以及人工智能等新一代信息技术的不断发展与突破，制造业逐步向网络化、信息化和智能化转变升级，从而真正迈进智能制造。智能制造是一个工业工程体系，不仅融合了传统制造技术、自动化技术、数字化技术及网络技术等，而且能够通过人工智能技术，使企业具备在生产经营过程中采集数据、分析数据、自我学习、自主判断、优化配置、升级能力等智能行为。智能制造是一种新的制造范式，在该范式下，所有机器都通过无线网络实现互联，通过传感器技术实现监测，通过计算智能技术实现控制，从而提高产品质量，提高系统生成率和可持续性，降低成本。图 14-2 展示了人工智能在智能制造中的角色，新一代人工智能技术从层次上可分为基础设施层、算法层以及技术层和应用层等，基础设施层的大数据、云计算以及互联网等结合算法层的机器学习和深度学习等算法共同驱动智能制造的发展，为智能制造提供先进的数据分析技术和设施保障，从而为制造型企业带来巨大的效益。从技术角度而言，人工智能是信息领域的技术，工业智能是工业领域的技术，在推进智能制造过程中两者需要相互借鉴、相互融合。总体而言，工业智能是智能制造的基础技术，是未来智能制造赖以发展的根本；而人工智能则是智能制造的核心技术，引领未来智能制造的发展。

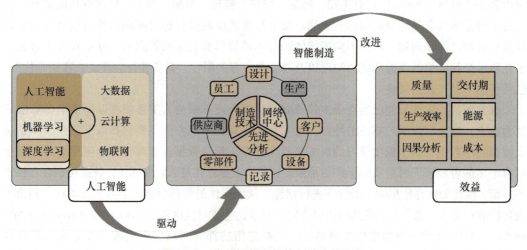

图 14-2 人工智能在智能制造中的角色

新一代人工智能技术的发展驱动了制造业的智能化转型升级。人工智能技术对制造业发展、对智能制造的推进，朱森第将其影响大致以制造的五个环节进行具体阐述。一是设计研发，通过更好更准确捕捉用户和消费者的信息，研发针对性更强、周期更短；二是生产环节，主要是能根据个性化的要求，实施网络化制造、构建 CPS、建设数字化车间或智能工厂，能够迅速、自主地组织生产；三是流通环节，通过物流智能化，减少物流迟滞，实现精准配送；

四是营销和交易环节，能够做到精准营销、增强客户黏性，从而提高营销效率；五是制造业最终的产出环节，人工智能将普遍应用于产品和服务中，使产品成为智能产品，使服务成高效、称心的服务。

2. 智能制造中的人工智能应用指南

为了更好地在智能制造领域应用人工智能技术，李瑞琪等综合考虑相关应用在产品生命周期所处位置，以及对产品全面质量管理关键要素的影响，提出了人工智能在智能制造中的典型应用矩阵，然而仅回答了人工智能可应用的问题，而忽略了解决问题所需要的具体数据资源。因此，本节结合制造数据生命周期以及产品生命周期提出智能制造中的人工智能应用指南，从数据生命周期的起源——数据收集展开分析在制造系统中能够从人、机、料、法、环等角度可收集的数据，围绕这些数据资源从产品生命周期的角度分析数据的应用。图 14-3 展示了智能制造中的人工智能应用指南。

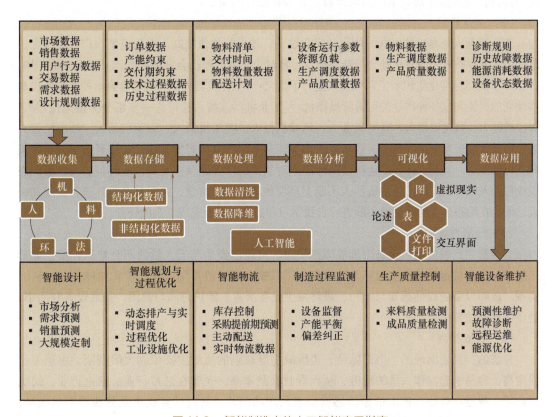

图 14-3　智能制造中的人工智能应用指南

根据图 14-3 可知，人工智能技术能够应用到智能制造的各个环节，包括设计、生产、物流、销售和服务等整个流程。相关应用不仅需要人工智能技术，还需要集成计算机视觉技术、优化技术、自动化技术、制造技术等才能成功应用。图 14-3 中的应用主要分为预测、优化和检测三大类，能够为企业管理者提供决策支持，从而提高决策的科学性与合理性。

3. 基于人工智能的智能制造技术主要应用场景

人工智能在智能制造中的典型应用包括：智能设计、工业机器人、预测性维护、智能检测与智能调度等。

（1）智能设计

随着虚拟现实（VR）、增强现实（AR）等新技术的快速发展，传统设计将得到升级并进入"智能时代"。设计软件如计算机辅助设计（Computer Aided Design，CAD）和计算机辅助制造（Computer Aided Manufacturing，CAM）等受集成 CPS 与 AR 技术的 3D 打印技术驱动，能够与物理智能原型系统实时交互。另外，随着人工智能在产品设计领域的应用，使传统的连续变量设计与混合离散变量设计模式向随机变量与模糊变量优化设计模式转变。利用模糊数学等理论，可以将机械设计中不精确的经验数据与海量实测数据进行简化，同时利用启发式算法、遗传算法、蚁群算法等技术可实现产品在设计阶段的性能模拟、运动分析、功能仿真与评价，最大限度地满足产品设计自动化和智能化的要求。

（2）工业机器人

工业机器人是典型的机电一体化数字化装备，技术附加值很高，应用范围很广。作为先进制造业的支撑技术和信息化社会的新兴产业，将对未来生产和社会发展起着越来越重要的作用。1987 年，国际标准化组织对工业机器人进行了定义："工业机器人是一种具有自动控制的操作和移动功能，能完成各种作业的可编程操作机。"工业机器人按用途可进一步细分为搬运机器人、焊接机器人、装配机器人、真空机器人、码垛机器人、喷漆机器人、切割机器人、洁净机器人等。在现代制造系统中，每个工业机器人都应该是一个独立的智能系统，需要具有感知、决策和执行的能力。只有这样，工业机器人才能应对复杂的任务以及多变的作业环境。人工智能在工业机器人领域的应用可帮助机器人不断对环境的改变进行解读，并对自身动作进行规划和决策，使其在动态多变的环境中不断进行自我学习和提高，从而完成复杂的任务。

（3）预测性维护

当传统生产线的生产设备出现故障报警时，可能已经生产了大量的不合格品，给企业带来损失。预测性维护依据实时采集的设备运行数据，通过机器学习算法辨识故障信号，从而实现对故障设备的提前感知与维护，最终减少设备所需的维护时间与费用，提高设备利用率，避免因设备故障引起损失。

（4）智能检测

传统的产品表面缺陷、内部隐裂、边缘缺损等缺陷的检测主要依靠人眼判断。由于工作强度高，容易引起操作人员的疲劳，从而导致次品率高，尤其在芯片行业、家电行业、纺织行业等。智能在线检测技术依据传感器采集的产品照片，通过计算机视觉算法检测残次品，从而提高产品检测速度及质量，避免因漏检、错检所引起的损失。以芯片企业为例，该项应用的实施可以大幅降低次品率，通过分析次品原因还可以降低产品的报废率，并优化产品设计与生产工艺，达到进一步降低测试成本的目的。

（5）智能调度

制造系统的生产调度一般具有多目标性、不确定性和高度复杂性等特点。车间级调度优化问题属于典型的 NP-Hard 问题，即利用传统的手段无法在可接受的时间内找到问题的最优解。借助人工智能的优化方法，或人工智能与运筹学结合的优化方法，可以较好地解决这类问题。

第三节　机器视觉检测

1. 机器视觉检测简介

机器视觉检测（Machine Vision Inspection）是指使用机器视觉代替人类视觉，并使用现代图像处理、模式识别、人工智能、信号处理等技术模拟视觉功能，实现工业检测和管控的过程。传统制造过程中的许多环节，例如装配、测量或质检等很多仍然依赖人类视觉检测完成操作。然而人工检测有以下三个问题：①具有抽检率低、准确性不高、实时性差、效率低，以及稳定性差等特点；②人工检测由于劳动强度大，从而造成检测员工频繁更换，检测成本昂贵；③人工检测无法适应一些特殊的工业场景，例如快速检测、细微特征检测、大面积检测、二维码检测等。相比之下，机器视觉检测具有适应广、效率高、成本低等优势，能克服人工检测的缺点。因此，亟须机器视觉检测来代替人工检测，从而实现制造业智能化升级。

如图 14-4 所示，机器视觉检测系统组成部分包括光源相机镜头、输入接口、检测主机、输出接口、互联互通接口、用户界面、检测过程记录、数据库等。生产线上的检测对象作为成像对象，与该系统相关联的利益相关方包括第三方认证机构、系统运维机构，以及设备/系统解决方案供应商，与该系统互联的工厂内其他系统包括信息化系统、自动化系统，以及质量分析系统等。

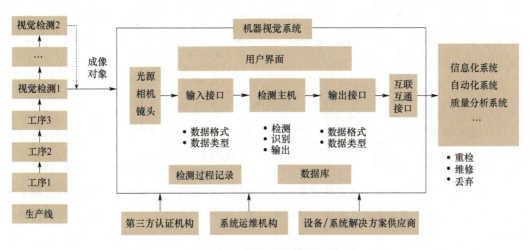

图 14-4　机器视觉检测系统

从整个制造系统宏观角度来看，机器视觉检测系统要想真正提高企业效率，需要与制造系统中的众多实体发生交互行为，具体包括自动化生产线、第三方认证机构、系统运维机构、设备/系统解决方案供应商、人、制造执行系统、偏差决策管理模块、过程控制模块等实体。以机器视觉系统为中心的实体检测协作关系如图 14-5 所示，各个实体在业务流程中发生的对应事件见表 14-1。

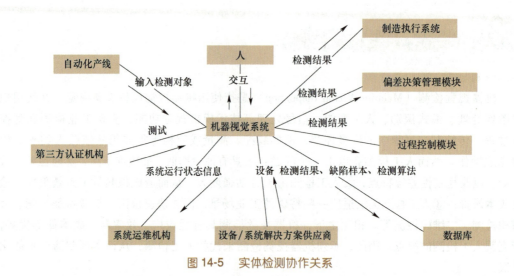

图 14-5　实体检测协作关系

表 14-1　各个实体在业务流程中发生的对应事件

实体名称	实体协作对应事件
自动化产线	输入检测对象
机器视觉系统	对检测对象的特征信息处理分析，并输出检测结果
第三方认证机构	测试系统性能
系统运维机构	根据系统运行状态进行运维管理
设备/系统解决方案供应商	供应设备并提供解决方案
人	对机器视觉系统进行操作和控制
制造执行系统	根据检测结果对检测完成的产品进行相关操作
过程控制模块	根据检测结果进行质量分析
偏差决策管理模块	根据检测结果调整系统偏差

　　从单个机器视觉检测系统微观角度来看，为完成机器视觉检测任务，机器视觉检测系统内部可分为三大基本功能模块：采集、处理和输出，如图 14-6 所示。各个模块的功能具体介绍如下：

　　1）输入模块包括图像采集设备以及光源等，目的是采集和存储图像。

　　2）处理模块通常包括图像预处理、特征抽取和判别分析。

　　① 图像预处理是指实现对系统图像信息输入的初步检测，并使用不同算法改善对检测有影响的图像指标，例如图像对比度、角度和亮度等。图像预处理可包括数字化、几何变换、归一化、平滑、修复和增强中的一个或多个步骤。

　　② 特征抽取是指量化图像的关键特征，将数据传输至控制程序。抽取的主要特征可包括：区域特征、灰度值特征、轮廓特征和纹理特征。常用的特征抽取方法可包括傅立叶变换

图 14-6　机器视觉检测系统组成

法、窗口傅里叶变换、小波变换法、最小二乘法、边缘方向直方图法等。

③ 判别分析是指基于控制程序接收的特征数据进行分析并得出结论。判别分析可包括定性分析、定量分析和特征识别。判别方法一般可包括模板匹配法、图像描述和特征匹配法、机器学习法、图像分割法和形状特征法等。当选择合适的判别分析方法时，应考虑到检测对象的成像特征、检测任务，以及检测对象样本的数量。

3）输出模块将检测结果存储于数据库或用户指定位置，并根据检测结果控制机械部件执行相应操作。该功能模块实现输出数据的传输与存储。输出文件通常包括文件设置相关信息、设备信息、样本信息、检测过程信息和结果报告等。输出数据的传输可选择有线传输（如串行接口、以太网、现场总线等）或无线传输（如无线局域网、蓝牙）。输出数据的存储应支持本地存储和远程存储。

如何衡量机器视觉检测算法的性能？在制造业应用中，管理者通常关注三大核心指标：漏检率、误报率、处理速度。对于给定的视觉检测任务，定义检测样本总数为 n，其中合格样本为负样本、缺陷样本为正样本，经过视觉检测分类后，得到结果混淆矩阵见表 14-2。结合表 14-2，漏检率、误报率的具体含义及计算公式如下：

漏检率（False Negative Rate，FNR）是指机器视觉检测系统未检出的不合格品数量占据该检验批次总数量的百分比，计算公式为

$$FNR = \frac{FN}{TP+FP+TN+FN}$$

误报率（False Positive Rate，FPR）是指实际为合格品，但被机器视觉检测系统检为不合格品的数量占据该检验批次检出的不合格品数量的百分比，计算公式为

$$FPR = \frac{FP}{TP+FN}$$

表 14-2　机器视觉检测结果混淆矩阵

决策	合格产品	缺陷产品
接受	TN（True Negative）：合格产品经检测判定为合格	FN（False Negative）：缺陷产品经检测判定为合格，属于第二类错误
拒绝	FP（False Positive）：合格产品经检测判定为缺陷，属于第一类错误	TP（True Positive）：缺陷产品经检测判定为缺陷

2. 机器视觉检测典型应用场景案例

产品质量是企业赖以生存的根本，不仅需要严格的成品检测，更需要生产全过程的严格

监控和检查。生产线产品的过程检测与下线检测一方面能够及时发现缺陷半成品防止不合格品流入下道工序，另一方面能够及时调整各工序出现状态偏差的设备。为了严格控制产品质量，实现客户交付零缺陷，生产线在整个生产过程中诸多环节需要检测，检测任务繁重，传统的人工检测难以满足要求。因此，机器视觉检测被广泛应用到整个生产流程的各个环节，其典型应用场景如图 14-7 所示。

图 14-7　机器视觉检测典型应用场景

（1）上料场景：变速箱物料检测

变速箱一般包括传动轴以及齿轮等重要零部件，在进行装配前的上料环节，需要确保齿轮的齿数以及传动轴的规格均符合要求，因此在上料环节需要对响应的物料进行检测，从而保证变速箱的质量。图 14-8 是一个上料场景的物料检测系统组成。首先，系统进行初始化；然后，相机拍照识别物体的位置信息，并传输至控制系统；然后，控制系统驱动机器人到达指定位置进行工件抓取；最后，相机对齿轮或传动轴等物料进行拍照，并检测质量，实现来料检测。

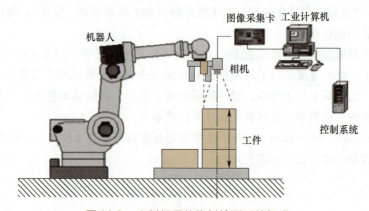

图 14-8　上料场景的物料检测系统组成

（2）装配场景：齿轮装配检测

完整的变速箱装配会涉及诸多齿轮的安装，因此保证所有齿轮都正确安装是变速箱能够正常工作的前提。在齿轮的装配过程中，进行齿轮安装正反检测十分重要。图 14-9 是齿轮正反检测示意图。

（3）质检场景：半导体芯片质量检测

对半导体芯片而言，其内部键合线作为信号传输的载体，其质量的好坏直接影响电子产品的可靠性。因此，科学的键合线质量检测十分关键，传统的检测方法通过测量键合后的电学参数与力学参数仅能检测部分缺陷，内部的键合线形貌缺陷无法识别。同时，

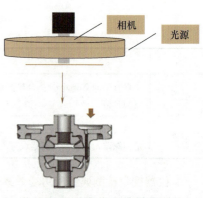

图 14-9　齿轮正反检测示意图

由于半导体芯片在后续封装过程中会出现新的缺陷，因此利用机器视觉检测技术对封装后芯片内部键合线进行质量检测十分必要。图 14-10 是封装芯片卷盘的质量检测，包括芯片的扫描成像、芯片质量识别以及缺陷芯片的定位标定等。

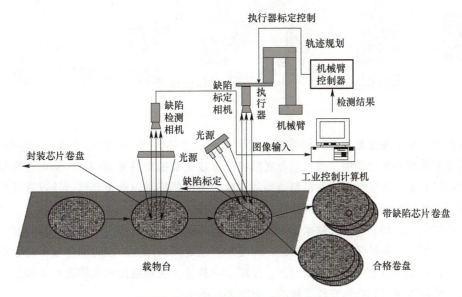

图 14-10   封装芯片卷盘的质量检测

（4）下线场景：变速箱下线外观检查。

变速箱外观缺陷检测直接影响产品质量，例如表面裂缝会影响变速箱外壳的强度，从而导致变速箱在工作中出现薄弱环节，加速变速箱内部其他零部件的失效。因此，在变速箱装配完成后，利用机器视觉系统引导成品下线并进行外观检测，能够保证最终下线产品的质量。汽车变速箱下线外观检测如图 14-11 所示。

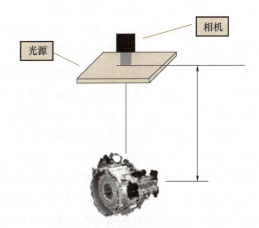

图 14-11   汽车变速箱下线外观检测

3. 深度学习及应用

深度学习（Deep Learning）由机器学习算法中的神经网络发展而来，是一种基于对数据进行表征学习的方法，能够模拟人脑的神经结构。深度学习又叫深度神经网络，是指具有两层以上的神经网络，它可以通过增加层数或者增加每层的单元数来存储更多的参数，从而构建更精密的模型。深度学习的概念是由辛顿（Hinton）等人于 2006 年提出的，从此引发了深度学习的浪潮。由杨立昆（Lecun）等人提出的卷积神经网络是第一个真正的多层结构学习算法，它利用空间相对关系减少参数数目以提高训练目的，提出的卷积神经网络结构如图 14-12 所示，主要包括输入层、卷积层、全连接层和输出层等。

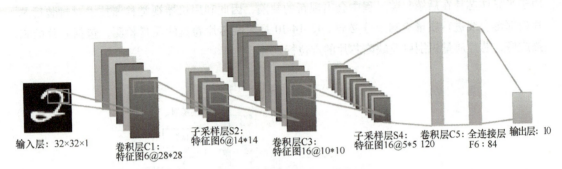

输入层：32×32×1

卷积层C1：
特征图6@28*28

子采样层S2：
特征图6@14*14

卷积层C3：
特征图16@10*10

子采样层S4：
特征图16@5*5

卷积层C5：
120

全连接层
F6：84

输出层：10

图 14-12　卷积神经网络

　　深度学习中的深度是指神经网络的层数，是从一个输入到一个输出的最长的路径长度。深度神经网络包括多个隐层，通过组合底层特征形成更加抽象的高层特征，从而表现数据的分布式特征表示。深度学习强调模型结构的深度，突出特征学习的重要性，通过逐层特征变换，将样本的原始特征变换到新的特征空间，从而使分类或预测任务变得更加容易。与传统人工构造特征相比较，利用大数据学习特征，能够刻画数据丰富的内在信息，同时能够克服人为设计特征不完备的缺点。尽管如此，深度学习也有其局限性。因为深度学习对数据的依赖性极高，在数据量有限的应用情形下，深度学习算法无法对数据的规律进行无偏估计。因此，为了使深度学习算法达到较高精度，需要大数据支持。

　　针对不同的问题和应用领域，深度学习具有许多不同的表现形式。例如，卷积神经网络、深度置信网络、受限波兹曼机、递归自动编码器、深度表达、生成对抗网络等。目前，深度学习已成功应用于计算机视觉、语音识别、记忆网络、自然语言处理等领域。

4. 人工智能背景下的机器视觉检测

　　传统的机器视觉检测过分依赖图像处理技术，例如图像分割、形态学运算等，且采用基于统计分析方法或先验知识库的缺陷识别方案。这容易受知识库的局限，同时对于设置规则的参数既需要进行大量数值的实验来确定合适的主观阈值，又需要耗费额外资源完成烦琐的计算实验，且识别算法不够稳定。随着互联网的兴起和新一代人工智能技术的发展，以大数据及云计算等资源支撑、数据驱动的机器视觉检测开始兴起，并被广泛研究。

　　数据驱动的机器视觉检测是指利用大数据，以人工智能技术为核心，结合图像处理、模式识别、信号处理等技术的视觉检测。根据其发展历程，数据驱动的机器视觉检测主要可以分为两个阶段：第一阶段是基于传统机器学习的视觉检测，需要同时结合人工特征和机器学习方法实现分类；第二阶段是基于深度学习的视觉检测，只需要依靠深度神经网络实现端到端的预测分类。数据驱动的机器视觉检测对比如图 14-13 所示。

　　基于上述检测流程，两个阶段的不同点主要表现在以下几个方面。

　　1）从检测流程上看，基于深度学习的视觉检测能够避免图像预处理、对象分割以及特征提取等烦琐环节，整个检测流程实时便捷。另外，由于在现实工业场景中，获取的图像很多情形下具有低分辨率、高噪声、光照不均匀的特点，而产品的缺陷类型也千变万化，难以区分。因此，对于执行基于传统机器学习的视觉检测而言，图像分割以及人工特征提取都很复杂和困难，对专家知识以及检测条件要求都很高。

图 14-13　数据驱动的机器视觉检测对比

2）从检测算法性能上看，由于基于传统机器学习的视觉检测采用的是浅层网络模型，对于不同批次的产品可能不适用，但是深度学习由于其深层结构能够学习高层次特征，其检测性能更加鲁棒。

此外，随着深度学习不断发展，对抗生成网络（Generative Adversarial Networks，GAN）当前在研究领域十分火热。GAN 是一种数据生成模型，主要包括两个部分：一个是生成器，另一个是判别器。GAN 通过生成器与判别器之间的博弈行为，不断训练优化模型参数，最终实现数据生成的目的。该模型的诞生使基于深度学习的视觉检测又前进了一步。目前，已有学者利用对抗生成网络来实现数据扩充。因为在实际应用中，数据集可能存在不平衡状态，利用深度学习学习数据量少的一类可以扩充数据集。同时，已有学者在医疗领域运用对抗生成网络实现医疗影响疾病信号的异常检测。未来，在制造领域运用对抗生成网络实现视觉检测同样十分具有前景。

基于对抗生成网络的视觉检测能够通过学习合格样本的数据分布，使生成模型可以生成伪造的合格样本，从而在测试过程中，可以生成缺陷样本对应的合格样本，最终通过对比测试样本与生成的对应合格样本实现缺陷检测。利用该方案一方面能够避免烦琐的人工标注数据环节，另一方面能够解决实现无缺陷样本的缺陷检测，可以克服现实工业场景中样本极不均衡的情形，还能够实现非预期缺陷的识别。

第四节　机器学习与深度学习

1. 机器学习及应用

机器学习是借助算法使机器能从样本、数据和经验中学习规律，从而对新的样本做出识别或对未来做出预测。简而言之，机器学习是一种能够从数据中学习的算法。这里的"学习"应当如何理解？米切尔（Mitchell）（1997）将其定义为"对于某类任务 T 和性能度量 P，一个计算机程序被认为可以从经验 E 中学习，是指通过经验 E 改进后，它在任务 T 上由性能度量 P 衡量的性能有所提升"。本节主要从机器学习算法涉及的这三个要素任务 T、性能度量 P 和经验 E 等进行解释，关于机器学习中各种算法的具体内容请参考周志华编写的《机器学习》。

（1）任务 T

任务是指机器学习系统应该如何处理样本。样本是我们从某些希望机器学习系统处理的对象或事件中收集到的已经量化特征的集合。机器学习能够解决各种类型的任务，一些典型的机器学习任务如表 14-3 所示。

表 14-3　典型的机器学习任务

机器学习任务	具体内容及应用
分类	指定某些输入属于 K 类中的哪一类。例如产品缺陷分类、产品等级分类等
预测	对给定输入预测数值。例如预测市场需求、预测交付期、预测设备或零部件剩余寿命等
转录	观测一些相对非结构化表示的数据，并转录信息为离散的文本形式。例如光学字符识别
机器翻译	将输入的语言符号序列转化成另一种语言的符号序列。例如翻译
结构化输出	任务是输出向量或者包含其他多个值的数据结构，并且构成输出的这些不同元素之间具有重要关系。例如目标检测、图像分割等
异常检测	在一组事件中或对象中筛选，并标记不正常或非典型的个体。例如缺陷检测、过程检测等
合成和采样	生成和训练与数据相似的新样本。例如语音合成、图像生成等
缺失值填补	补充新样本最终的缺陷元素。例如缺失数据恢复、图像修复等
去噪	根据未知的损坏的样本预测干净的样本。例如图像去噪、时间序列去噪等

（2）性能度量 P

性能度量是为评价机器学习算法能力而制定的量化指标。对于常规的分类任务，可采用准确率来度量模型的好坏。准确率是指该模型输出正确结果的样本比例。通过错误率也能得到相同的信息。错误率是指该模型输出错误结果的样本比率。

（3）经验 E

根据学习过程中的不同经验，机器学习算法可以大致分为无监督（Unsupervised）学习算法、监督（Supervised）学习算法和强化学习算法。无监督学习算法训练含有很多特征的数据集，然后学习出这个数据集上有用的结构性质。监督学习算法训练含有很多特征的数据集，不过数据集中的样本都有一个标签（Label）或目标（Target）。强化学习算法的输入是历史状态、动作和对应奖励，输出当前状态下选择的动作以最大化长期奖励。机器学习中三种不同算法的对比如表 14-4 所示。

表 14-4　机器学习中三种不同算法的对比

算法类型	算法目的	输入	输出	应用
无监督学习	从给定数据中发现信息	历史数据，无维度标签	数据聚类结构	聚类问题
监督学习	给定数据预测这些数据的标签	历史数据，有维度标签	模型预测结果	预测问题
强化学习	给定数据，选择动作以最大化长期奖励	历史状态、动作和对应奖励	当前状态下的最佳动作	策略问题

2. 传统机器学习与深度学习对比

深度学习是机器学习中神经网络算法的拓展，是机器学习发展的高级阶段。传统机器学习采用的是浅层结构，无法适应特征维度过高的情形，且实际数据的多样性也给特征提取带来困难。深度学习作为人工智能发展的重要方向，通过深层神经网络不断抽象数据表达，提取高层次特征，从而弥补传统机器学习的不足。图 14-14 是传统机器学习与深度学习流程对比图。

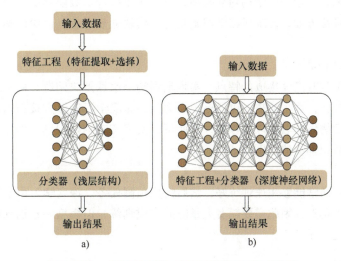

图 14-14　传统机器学习与深度学习流程对比图

a）传统机器学习流程图　b）深度学习流程图

传统机器学习与深度学习的区别主要体现在以下几个方面。

（1）数据依赖

传统机器学习和深度学习都依赖数据，是数据驱动的人工智能，但是数据量对两者性能的影响有较大不同，如图 14-15 所示。传统机器学习的性能在一定程度上依赖数据量，但当数据量增加到一定程度时，其算法性能几乎不再随着数据量的增加而提高。然而深度学习的性能始终依赖数据量，因此深度学习更适合大数据应用，而传统机器学习更适合数据量较小的情形。

（2）硬件依赖

深度学习由于需要处理大量数据，涉及很多矩阵运算，计算量很大，因此依赖高性能计算设备，通常需要显卡（GPU）参与运算。传统机器学习一般使用普通计算机就能够完成学习任务。

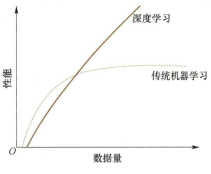

图 14-15　数据量对传统机器学习和深度学习性能的影响

（3）特征工程

传统机器学习模型利用专家知识提取特征，属于显式特征；而深度学习模型利用深度神经网络从原始数据转化而成的抽象表达中学习高层次特征，属于隐式特征。基于不同的特征形式，传统机器学习模型的性能严重依赖所提取特征的好坏，且对于大量多样化的数据集而言，提取有区分性的特征有挑战性。相反，深度学习依赖深度神经网络，具有很强的特征抽象能力，能够适应多样化的数据，因此多样化的数据类型或来源对于深度学习的分析结果无严重影响。

（4）模型构建与训练

传统机器学习通常以提取的特征作为输入，使用浅层结构来建立模型，而深度学习则以原始数据作为输入，采用深层结构建立模型，通过使用组合函数能够更好地对非线性关系进行建模。在模型训练方面，传统机器学习则是每个模块逐步训练，而深度学习的模型参数则是同时训练。

（5）解决问题模式

深度学习模型具有高度集成的特点，实现端到端一次性解决问题，而传统机器学习则将问题分解成若干步骤，逐个解决。以目标识别为例，深度学习能够直接识别测试图像是否有目标物体，并标定物体的名称以及位置，从而可以实现实时物体识别，而传统机器学习需要先发现物体，然后识别物体类别。

（6）效率

传统机器学习通常能够快速训练好，然后完成预测任务。深度学习由于其深层结构导致大量参数需要学习调整，因此需要耗费大量时间完成训练，但模型一旦训练好，在测试时通常可以较快速地完成任务。

（7）可解释性

深度学习的模型结构复杂，深度神经网络的每一层都表示隐含的特征。由于层次太多，每层特征的具体含义难以被理解和解释，这也是深度学习在现实应用中受阻碍的根本原因。传统机器学习的可解释性更强，一方面其输入的特征是基于专家知识提取的，另一方面部分深度学习模型（如决策树）能够可视化推理规则。

第十五章
网络协同制造管理

第一节　网络协同制造发展模式及运行机制

随着我国经济、工业、科技以及商业的发展，成熟的网络平台、商业盈利模式、行业生态，以及新一代信息技术正在高速更新迭代，并且对制造业产生持续且巨大的影响。各制造强国纷纷提出了一系列国家层面的先进制造战略或计划，使本国在新一轮工业革命中抢占先机。

美国：先进制造伙伴（Advanced Manufacturing Partnership）。

德国：工业4.0（Industrie 4.0）。

英国：英国工业2050（UK Industry 2050）。

法国：新工业法国（New Industrial France Program）。

日本：社会5.0（Society 5.0）。

韩国：制造业创新3.0（Manufacturing Innovation 3.0 Program）。

在此背景下，我国适时提出《中国制造2025》行动纲领、《"互联网+"行动指导意见》等相关政策，明确以智能制造为主要方向，大力推动信息技术与制造技术深度融合，实现生产系统和制造服务网络化，制造组织和产品生命周期协同化，从而推动制造业转型升级与向高端化发展。

从20世纪70年代开始，信息与通信技术的进步，以及用户需求端不断地推动制造业向着数字化、网络化、协同化、智能化转变，以实现生产制造行为的敏捷化、环保化、高质量以及稳健性。目前，文献中出现的先进制造系统、先进制造理念以及先进制造模式已达数十种，典型的包括计算机集成制造（Computer Aided Manufacturing）、虚拟企业（Virtual Enterprise）、并行制造（Concurrent Engineering）、敏捷制造（Agile Manufacturing）、精益生产（Lean Production）、网络化制造（Networked Manufacturing）、全球制造（Global Manufacturing）、协作网络（Collaborative Network）、制造网格（Manufacturing Grid）、工业产品服务系统（Industrial Product Service System）、泛在制造（Ubiquitous Manufacturing）、云制造（Cloud Manufacturing）、社群化制造（Social Manufacturing）等。

在当前新一代信息技术，例如物联网、大数据、云计算、人工智能、第五代移动通信技术等的助力下，生产系统和产品全生命周期满足了基本的网络协同条件：实现了设备与系统的泛在连接，巨量制造数据的感知、收集、传递、交互与存储，以及海量异构数据的高效处理和分析。同时，各类制造资源/服务的虚拟化，产品高度个性化，产用高度融合以及制造服务化，也促使制造相关方通过网络平台进行高效协同，从而推动制造业转型升级。这些趋势对传统的生产方式造成了巨大的冲击，推动现代生产方式向着网络化、社会化、协同化、服务化、智能化和环保化等6大模式发展。

（1）网络化

在高度集成的网络交易平台上，制造企业、个人、组织提供的制造相关服务，针对全产品生命周期各环节通过互联网云平台进行发布；不同的企业可以自由交互，动态地组建最优的生产联盟，并利用平台进行任务分包和协同，可以快速响应个性化的产品和服务要求。

同时，在工厂内部，生产制造各环节中大量采用了互联网（Internet）、企业内网（Intranet）、物联网（Internet of Things）、移动互联网等网络技术，实现生产系统全要素动态感知和泛在互联。实时获取制造过程中的数据，从而实现生产系统及生产过程的透明化。采集的海量异构数据通过云端服务器（或者利用边缘计算设备）进行处理，从而为生产系统的动态调度、参数优化、产品质量管理、设备可靠性管理，以及实时无缝监控提供便利，从而实现生产制造过程的精确化控制。其中，物理信息系统作为一种新型网络协同方式，集感知、计算、通信与控制于一体。CPS 的作用域分为物理空间和数字空间：在物理空间，物理实体通过物联网、移动网络和传感器网络将全要素状态映射到数字空间内；而在数字空间里，通过数字孪生（Digital Twin）技术，针对物理空间中的物理实体构建数字模型来高度仿真物理世界，并进行优化、分析和调度。这种利用 CPS 和数字孪生的网络协同方式主要针对工厂内部生产活动的网络协同。

目前，虽然物联网、传感器网络、移动通信等在一定程度上实现了制造设备的网络化互联互通，但距离生产系统全连接的目标还有较大差距；从系统中采集的数据有限，物理实体和数字镜像分离，未能实现生产全要素的全面感知与互联。另外，制造异构数据、设备之间的全面互联与融合理论、技术、协议与接口装置尚待进一步地研究。

（2）社会化

当前，靠单个企业独立完成高度个性化产品的全生命周期的活动已不可能。同样，为了快速响应用户高度定制化的需求，也为了专注核心竞争力的培养和成本的降低，所以通过社会网络与供应商和客户的高效协作成为不可避免的趋势。

现在，基于云平台和移动互联技术，把各种制造资源/能力虚拟化，发布在平台上进行集中管理，并通过移动互联对社会化用户开放共享，用户可以方便地按需使用各种制造资源，包括设计、采购、仿真、计算、加工、装配、物流、运营、维护、数据分析、金融、法规、网络安全等全面的资源，通过市场机制和交易规则进行优化配置。

小微化的制造服务环境、共享经济与新兴科学/管理技术成为推动制造企业社会化网络协同的动力源。分散的、专一的中小型、微型工厂，以及分布在社会中提供制造相关服务的独立专家、个人，可以提供高度柔性化、专业化的生产解决方案；通过共享平台、开源协议以及社交网络等开放的社会资源形成的共享生态可以提供海量易获得的制造能力；增材制造、

CPS、5G、数据挖掘等先进技术可以提供高效的制造、网络协同、产品运维等方法。今后制造业的网络协同要实现物理空间、数字空间和社会空间的联系与协同，进一步推进制造业的社会化。

（3）协同化

制造企业基于制造资源/能力共享，由原来企业之间的网络协作，向企业、个人、设计院所、机构等组织的深度协作，向不同行业不同专业的跨领域协作，以及面向全球制造伙伴的广泛协作进行发展。现在，通过工业互联网云平台、开源平台、共享平台，以及社交网络等手段，可以开展大规模社会化的网络协作，调动广域分布、专业化、深度产用融合的社会制造资源，从而满足海量的不确定的社会化需求。同样，在工厂内部，智能装备的高效计算、精准执行、适应复杂工况的能力，以及人的随机应变、追根溯源与宏观决策能力实现优势互补，实现人机协同，从而使企业更加敏捷、有效地生产，同样是协同化的体现。

然而，制造相关方在进行网络协同制造的过程中依然面临困难，例如，协作相关方统属关系不明、个人/集体成果利益分配不清、协作模式高度动态化、协作联盟成员准入/退出机制不明等问题，对制造服务协作的效率和质量产生不利影响。因此，需要对制造服务网络协同拓扑模型、网络协同制造平台机理、探讨网络协同制造干系人利益分配机制等进行相关研究。

（4）服务化

服务的概念大大拓宽，由单纯的产品附属品，到现在资源、能力等涵盖广泛的概念。由于单纯产品的附加值低，当前制造业已经由单纯的产品制造/交付，逐渐向"产品+服务""制造即服务"或者"服务导向的制造"的方式转变（服务化），通过产品与服务的搭配交付（甚至能力的交付）扩展企业的盈利能力。

在"制造服务化"的趋势下，制造企业需要一个能够协同工作的平台环境，而制造行业需要一个能够自由交互的社会生态。在基于云计算、大数据、人工智能、物联网和移动通信网络的制造平台上，各种制造资源/能力被虚拟化为服务，经过发布后进行统一、集中管理。这样既实现了资源/能力的集成，又能将分布广泛、数据异构的复杂物理设备屏蔽，还能实现制造服务的动态调动和调整，使用户能够方便、快捷、低价、高效地享受制造服务。

然而，随着制造服务逐渐小微化、分散化、社会化、融合化，服务交易中也出现了各种各样的问题。制造云平台上海量的服务提供商、用户、平台运营方，面对不同的利益诉求产生矛盾。制造服务的动态供需匹配也有待优化。因此，研究制造服务中的利益分配机制和供需匹配机制对最大化服务价值具有重要意义。

（5）智能化

未来，生产系统将会因为本身的复杂性，和外界条件的动态性与不确定性，使传统的生产管理方式举步维艰。上至企业层的战略，下至操作层的工作，都需要精准的检验、预测和分析。同时，生产线上的工作人员对制造中的新知识、新情况、新问题难以快速学习、适应。所以在动态复杂的生产系统中，智能化的决策，以及生产系统自主学习能力成为智能化发展的两大方向。

智能化的网络协同制造更加关注利用数据，尤其强调对数据实时广泛采集，并利用人工智能手段挖掘海量异构数据中的知识，不仅可以为人类决策/判断提供依据，还可以为生产系统本身"赋能"。收集的数据将形成知识，利用人工智能技术手段在多源异构数据中发现高度复杂和非线性的模式，提取后应用于检测、分类和预测，并进行数据重构后可助力生产系统自判断、自适应、自比较、自调节、自学习、自决策以及自组织，最终部分或完全取代人类执行生产。通过先进的信息通信技术和云平台的优势，无处不在的智能流能够大大提高生产系统的生产效率、稳健性和产品质量，同时大幅降低生产成本和排放。

（6）环保化

由原先高能耗、高污染的粗放型制造，通过深度网络协同降低排放，从而向低能耗的可持续型制造发展。应当大力推动制造企业与社会之间的网络协同，利用高效的云平台、社交媒体和网络设备，从而调动专业化的社会资源和闲置的制造资源发挥作用，并利用技术优势优化制造过程，直接或间接促进制造节能减排，减轻制造过程对环境的影响。

对于网络协同制造的环保化，除了需要从产品能耗评价、清洁能源的使用、环保材料的研发等外在方面进行研究，更要从网络协同制造本身，例如，基于CPS的设备参数优化、远程运维、制造工艺过程优化、制造平台数据库管理、项目运营管理、制造主体利益分配机制等问题进行进一步的探索。

第二节 网络协同平台及其架构

1. 网络协同平台的发展趋势

（1）广域互联

未来的网络协同制造平台早已突破传统的供应链上下游企业之间，或企业内部基于网络通信设备的局限，而是在网络协同的深度、广度和频率上有质的突破。具体而言，网络协同平台的深度体现在依靠信息物理系统，将物理空间和数字空间紧密联系、无缝对接，达到上至跨国企业联盟，下至生产线的单个人员/设备的生产制造过程全流程、全要素任何细节/行为的发现、分析和处理，以便于生产过程的优化、产品质量的控制和机器设备的维护；网络协同平台的广度是指平台广泛覆盖，涵盖制造中的一切对象（人员、物料、工艺、零部件、生产体系、资金、服务提供商、客户、企业平台、制造社群、专业机构等），一切流程（研发、仿真、加工、物流、检验、运维、回收等），实现跨企业内部要素、跨企业供应链、跨产品生命周期的链接；网络协同平台将会接受巨量的社会化的制造服务资源，从而导致频繁的实时制造交易，以及服务之间频繁的协同与合作。

（2）社会制造

传统的制造组织在组织内部进行制造资源的调配，当前的制造组织依靠公共平台进行制造资源的调配。这些集中式的资源分配方式已经不能适应制造服务化、协作社会化、资源异构化的制造服务要求。

随着社交网络/媒体、互联网平台、行业趋势（网络化、社会化、协同化、服务化、智能化、绿色化等）和新兴商业模式（共享经济、开源平台）等的发展，中小型制造服务提供商通过上述条件自主形成自治的、专业化的服务群体。服务能力社会化、分散化的转移使终端用户强化了对社会制造群体的依赖，也影响了大型制造服务提供商工作外包的决策。凭借强大的网络协同平台，供应链网络将能够高效支撑制造服务组合的协同。

（3）数据智能

随着网络协同平台向覆盖广度、感知深度和协同频率深入发展，平台将存储海量异构的复杂工业大数据，而这些数据是网络协同平台进一步发展的重中之重，需要经过清洗、处理、挖掘和存储。从这些数据中，平台可以充分挖掘出客户、产品、设备、行业、模式等知识，并利用这些知识来调度、预测、优化、控制、集成生产制造系统和生产过程，实现网络协同平台自感知、自组织、自学习、自优化、自适应的高度智能化。

2. 网络协同平台及架构

当前，先进的制造模式有许多，但其中主要强调"网络化""协同化"或"网络协同制造"概念的制造模式相对较少。除去一些一经提出就没有后续跟进的"昙花一现"的制造模式，在剩下的模式中，又有一些模式随着信息技术的进步而逐渐被取代，成为新一代网络协同制造模式的构建基石，如制造网格等；另一些模式虽然没有被取代，但是与目前主流的网络协同制造模式互相融合。例如，敏捷制造、网络化制造、基于信息物理系统（CPS）的制造、应用服务提供商、泛在制造等。

当前，具有代表性，且有较广泛应用的先进制造模式有：以社会化媒体/工业云平台为支撑的社群化制造，以及以云计算为使能技术的云制造。

（1）社群化制造

社群化制造（Social Manufacturing，SM）是指"专业化服务外包模式驱动的、构建在社会化服务资源自组织配置与共享基础上"的一种新型网络化制造模式，由西安交通大学江平宇教授团队提出。社群化制造基于云计算、物联网、大数据、人工智能、移动通信等新一代信息技术，利用社交网络平台环境，针对社会制造资源进行产品全生命周期、制造服务全流程、供应链社会化的信息共享、服务规划与管控。社群化制造可以高效快捷地满足客户高度定制化的波动需求，为制造企业增值，激发制造业活力和全社会的创造力。

图 15-1 展示了社群化制造中制造服务社群的协同框架，包括个性化制造空间、社群化制造社区、制造服务发现/匹配三个模块。其中，个性化制造空间为制造服务提供商提供了一个独立的空间来配置他们的制造资源。分散在不同地区的个性化制造空间可以构成多样化的社群化制造社区，例如基于主制造商的社区、基于供应链的社区、基于专业技术的社区等，一般通过多种社交网络平台与客户、供应商进行联系。社群化制造社区中的制造资源通常进行了合理的分类，并将服务提供商的生产能力和客户订单需求进行搜索和匹配，并基于智能算法和博弈论进行交易的确认。

图 15-2 展示的是，在利用信息物理系统（CPS）和传感器网络创建社群化制造节点后，将各节点构建联系而成的系统构架，即在现实中将不同企业的制造能力相互连接起来，实现制造的网络协同。该系统构架分为三层：物理层、网络层（虚拟层）、社会层，对应于物理空间、网络空间、社交空间。

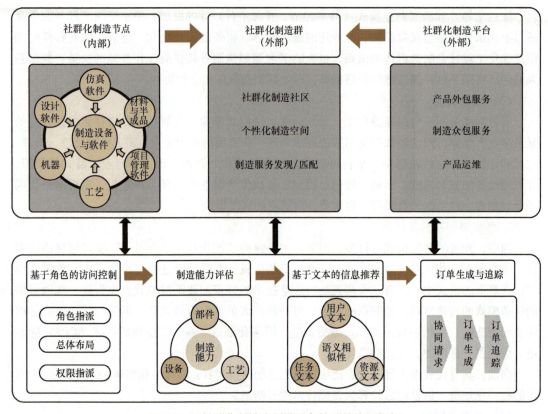

图 15-1 社群化制造中制造服务社群的协同框架

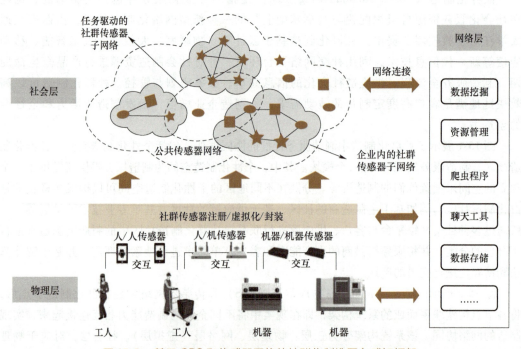

图 15-2 基于 CPS 和传感器网络的社群化制造平台感知框架

物理层中是各个制造企业，被抽象为各个社群化制造节点。节点可以通过网络交互。有公共网关可以授予社群化制造节点权限，可以允许外部供应商访问，并在新制造节点接入时进行认证。虚拟层则将所有的制造节点连接起来，形成一个广域的社群化制造网络。在网络中，一些制造节点会形成不同的制造社区，虚拟层为这些社区的生产操作提供了诸如资源配置、订单管理、生产计划、数据分析等程序。社会层通过开放的社交媒体、平台，方便制造社区与供应商、用户、其他服务提供者通过多种方式交互。

图 15-3 展示的是社群化制造工厂与外界进行网络协同的运行逻辑。在社群化制造工厂内部，所有的制造装备和硬件通过各种网络通信设备连接，并虚拟化成社群化制造节点。工厂接收来自社会的订单后，会将订单分解、转换、调度为实际操作过程。客户可以追踪实时的生产信息，并且及时予以督导和反馈。

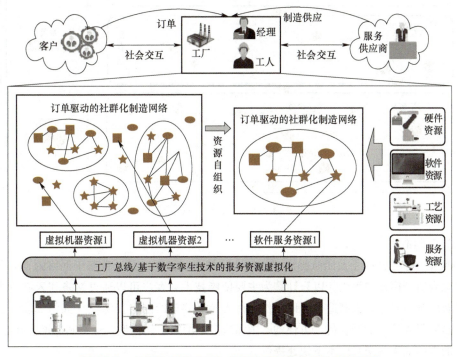

图 15-3 社群化制造工厂与外界进行网络协同的运行逻辑

除了客户、服务供应商和社群化制造工厂/组织之间的网络协同外，社群化制造工厂/组织内部的人员和机器设备之间同样也有网络协同。基于人机传感器、移动通信、模式识别、自然语言处理、图像识别等先进技术将会助力人机协同达到新的高度。

图 15-4 是社群化制造产品服务系统功能平台架构。面向社群化制造的产品服务系统是个功能平台，从下到上依次是资源层、社区层、组织层和运行层。

在资源层，属于不同产品服务提供商的大量服务资源被封装后虚拟化，发布至平台。然后，相似的服务资源被聚类到同一个服务社区中，组成社区层。因此，根据订单和具体的客户需求，服务社区可以进一步组合成组织层的服务社区网络，产品服务提供商对服务社区网络有着不同的服务策略。在运行层，客户从具有服务资源的产品服务提供商处获取服务，并需要基于事件的操作来改变流程的状态。该平台集成了深度学习算法、进化智能算法、群智能算法、运筹算法或博弈模型等对资源进行选择、分配。

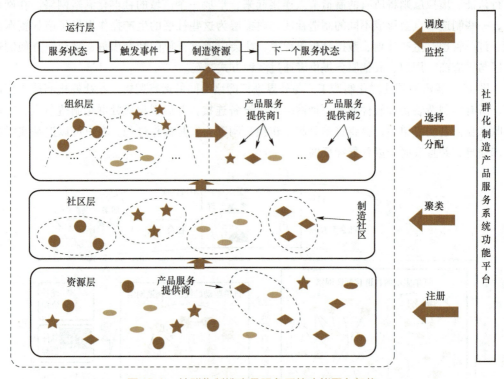

图 15-4　社群化制造产品服务系统功能平台架构

（2）云制造

2009 年，李伯虎院士及团队提出"云制造"概念。云制造是一种基于网络的、面向服务的智慧化制造新模式和手段，以云计算为主要使能技术。客户可以通过网络和云制造服务平台按需获取制造服务。云制造也可以看作一种支持对共享的制造资源池（如仿真软件、制造设备、制造服务等）的泛在的、方便的、随需应变的网络访问模型。这些制造资源/能力可以在最低的管理成本或交互成本下快速提供。

在云制造的运行过程中，涉及主要制造企业之间的网络协同、企业与上下游分包供应商的网络协同、企业与客户的网络协同、客户与行业社群的网络协同，甚至工厂内车间、生产线、设备和工人之间也存在网络协同。云制造系统中有三种用户：提供制造资源/能力的服务提供商、云制造平台的运营商和按需使用并支付的消费者。云制造网络协同平台的运行规则如下：首先，云平台利用互联网、物联网和接入设备，对物理制造资源/能力进行感知和接入；然后，将接入的物理制造资源/服务进行虚拟化、封装和储存。在整合与规范后，将封装好的虚拟服务发布到云平台的资源池中；然后，当用户发布需求时，云平台可以根据搜索算法、匹配机制和优化模型对制造资源/能力与用户需求进行搜索、匹配、优化服务组合和调用；最后，通过算法和订单管理工具监督整个制造服务的执行、调度和安排，并进行服务评价和结算等善后工作。

图 15-5 展示的是基于云计算和物联网的云制造网络协同平台架构。物联网用来实现物理设备的泛在感知和连接，云计算用来整合、管理、优化制造服务，使之能被按需使用。该架构由以下三层组成，包含七个子层。

1）物联网层利用物联网技术，负责制造资源/能力的感知、连接和获取，包括资源层和感知层两个子层。

2）服务层负责制造资源/能力聚合、管理，并基于云计算进行优化分配，以及 Web 服务技术，包括资源虚拟化层、云服务层、应用系统层 3 个子层。

3）应用层负责制造全生命周期中制造资源/能力的按需使用，其中包括门户层和企业合作应用层。

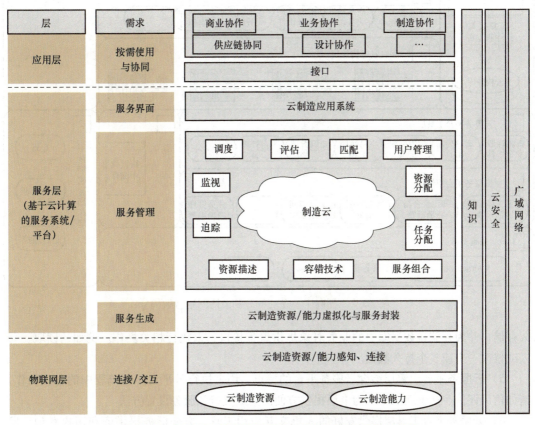

图 15-5　基于云计算和物联网的云制造网络协同平台架构

面向中小企业的云制造协同平台架构可以分为 12 层如图 15-6 所示。

1）制造资源层拥有统一的注册和发布工具来构建云组件。这些组件具有标准接口，可以满足不同需求者调用不同类型的服务（包括物理资源和软件资源）。

2）平台集成运行环境层拥有用于监视和管理服务平台集成操作环境的工具包。

3）基础支撑层面向中小企业的云平台必须有基本的运行支持环境，采用设施为服务（Infrastructure-as-a-Service，IaaS）的设备管理模式。

4）持久服务层用来实现数据的持久服务。利用持久化中间件实现数据、服务和逻辑的持

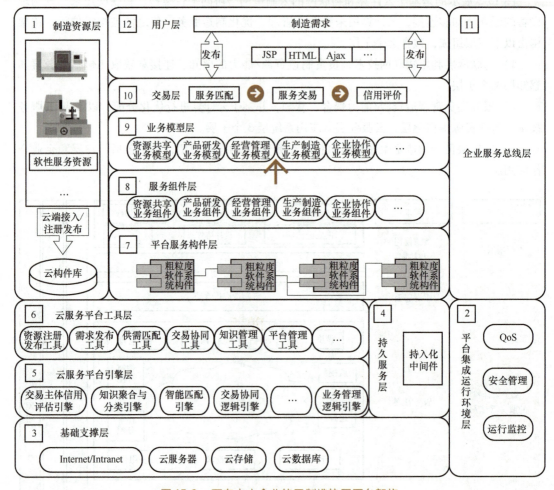

图 15-6　面向中小企业的云制造协同平台架构

久存储，并为存储在数据库中的业务对象提供编程接口，以执行相关操作。例如，读取、写入或修改一个或多个持久数据。

5）云服务平台引擎层结合云服务平台的特点，用来执行云平台运行流程中的各项操作，诸如信用评价、知识获取等，为上层提供方便的集成支持和服务设置方法。

6）云服务平台工具层提供友好的人机交互应用工具，方便服务提供商和用户登记、发布、搜索和匹配、交易和商业管理、知识社区的创建等事项。

7）平台服务构件层拥有制造资源层提供的粗粒度云组件库，通过软件为服务（Software-as-a-Service，SaaS）的软件操作模式，对服务模块层的服务组件进行存储和管理。

8）服务组件层容纳了众多具有独立功能的服务组件。

9）业务模型层是面向客户业务需求的业务流程定义层，客户可以调用不同的业务模型来响应不同的业务需求。

10）交易层支持云平台的服务匹配、服务交易、信用评估等业务。

11）企业服务总线层（Enterprise Service Bus，ESB）引入了一系列可靠的功能来集成服务，包括标准适配器、协议中介，以及其他转换策略等。

12）用户层提供用户访问的交互界面，以及有关用户的注册、发布服务。

面向集团企业的云制造网络平台概念架构包含 3 层：资源层（面向制造资源）、制造服务平台层和服务应用层（面向客户）。制造服务平台层包括感知与接入层（面向平台）、虚拟资源层（面向平台）、核心功能层（面向平台）以及用户界面层（面向平台），如图 15-7 所示。安全体系、知识管理和通信部分贯穿整个云制造平台架构。

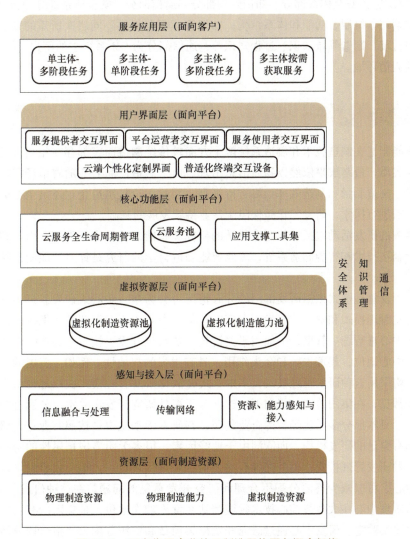

图 15-7　面向集团企业的云制造网络平台概念架构

1）资源层（面向制造资源）包括产品生命周期设计的各类制造资源和能力。

2）感知与接入层（面向平台）实现对制造资源、能力感知与接入、传输网络，以及信息融合与处理。

3）虚拟资源层（面向平台）封装各类制造资源和能力，形成资源池和能力池。

4）核心功能层（面向平台）包括云服务池、云服务全生命周期管理和应用支撑工具集，负责云服务的各项变更、调配、管理和维护。

5）用户界面层（面向平台）包括普适化终端交互设备、云端个性化定制界面和平台运营者交互界面等几部分，实现用户和云平台的高效交互。

6）服务应用层（面向客户）可以对专用的制造系统进行集成，即制造、协同供应链、协同设计、仿真、ERP 等。用户可以浏览和访问这些不同的应用程序系统，进行手动/自动服务配置。制造服务提供商可以让用户从预先确定的尺寸、材料、公差等进行选择。

7）支撑层分为安全体系部分、知识管理部分和通信部分。安全体系部分为云制造系统的安全性提供策略、机制、功能和体系结构；知识管理部分提供不同层次所需的知识，例如资源虚拟化和封装、制造领域知识、过程知识等；通信部分为 CM 系统中的用户、操作、资源、服务等提供通信环境。

第三节　客户需求拉动的多主体联合协同研发模式

尽管智能制造在制造技术和制造系统两个方面较传统制造而言都存在相当大的突破和革新，但究其实质，最终成果依然以物质形态出现。由于制造产品需要随着市场需求的变化不断更新换代，制造质量和制造效率始终有待提高，因此无论是制造企业还是全社会都需要在制造领域不断进行探索，研发工作是保障制造业持续发展的基础。

智能制造的研发活动包括智能制造科学的研究和智能制造技术的发现。由于智能制造主要包含智能制造技术和智能制造系统，因此智能制造科学的研究是针对智能制造系统的系统科学研究。

传统的研发管理模式依据研发部门的分布情况可分为单一中心式研发管理模式、多中心式分散化研发管理模式和轴心式研发管理模式。单一中心式研发管理模式把研发活动集中在总部的技术中心进行统一管理，一般用于关键技术的研究开发。技术中心在企业集团研究开发网络中居中心地位，起着主导和牵头作用，具有很强的权威性。例如，美国的可口可乐和耐克公司，均采用这种研发管理模式。多中心式分散化研发管理模式在以地区市场为导向的企业中比较常见，在集团的统一规划下，建立若干海外研究开发实验室，分别进行相关技术的研究工作。日本部分多元化经营的企业集团，其研发活动主要是按照行业进行管理，每一个事业部都有自己的研发机构，而欧洲由于地缘因素，很多无明显国籍属性的跨国企业集团也采用了这种研发管理模式，荷兰壳牌石油公司就是其代表之一。轴心式研发管理模式有严格的控制中心，可以减少资源分配不合理和研究开发重复的问题。在这种研发管理模式中，集团总部的研发中心在大多数核心技术领域都站在世界领先地位，是集团所有研究和高级开发活动的主要实验室。研发中心通过研究开发框架项目和资源分配，严格协调分散化的研究开发活动。轴心式研发管理模式现在被很多国际化企业集团采用。例如，富士通、松下、西门子、索尼、夏普等。

随着近年来智能制造领域的发展，在航空航天、汽车等领域，探索形成了以供应链优化为核心的网络协同制造模式。该制造模式的主要做法是建设跨企业制造资源协同平台，实现企业之间研发、管理和服务系统的集成和对接，为接入企业提供研发设计、运营管理、数据分析、知识管理、信息安全等服务，开展制造服务和资源的动态分析和柔性配置等。

然而目前，制造企业要想真正建立网络协同研发平台，还需要解决一系列问题。一个首要的问题就是系统交互和数据异构。现代制造的研发技术，其一大特征就是计算机辅助设计（Computer Aided Design，CAD）技术在趋同，而计算机辅助工程（Computer Aided Engineering，CAE）技术则在求异。设计工具可以通过整个企业选择同一种 CAD 系统而达到统一。但对仿真来说，没有一种仿真系统可以包打天下，每种工具都有其无法替代的价值。因此，在解决异构和协同问题的时候，无一例外，供应商们开发的协同技术都围绕仿真技术展开，同时兼顾设计技术和仿真技术的互动性。事实上，仿真技术只代表众多技术层面协同的一个主要问题，应用软件在平台上的集成度，对这些应用之间的数据管理和相互关联关系，同时各个应用之间的信息（数据、模型）的快速转化和管理也都是企业所要面对的问题。此外，由于各个企业使用不同类型的硬件，其物理上的连接有时需要耗费相当大的投入，这些都是导致硬件协同和管理的一个难点，并且在没有找到良好的合作模式的情况下，由于存在企业之间安全互相认证的问题，企业的核心数据不能展现给对方，因而企业之间的协同往往从一开始就无法成立，但依靠电话、邮件和会议的形式确实已经无法满足效率、管理和质量控制的要求。在企业内部，由于没有一个很好的项目管理平台来解决企业资源合理分配问题，导致多个项目在同时进行时常常会出现项目延期的情况。最后，一个普遍存在的问题就是人与人之间的协同，这一难点在于企业的管理水平不高和职工各个方面的素质不足。再好的平台也是由人来操作和使用的，企业的多方面能力提升是保障人与人之间协同的关键，这可以通过企业文化的建设来加强。

　　网络协同制造模式对研发活动提出了新的要求。首先是数字化协同研发能力。随着企业国际化、精益化发展步伐的加快，研发规模加大，分工协作越来越精细，需要设计人员具备利用数字化平台开展协同设计的能力。一般包括：①在统一的数字化平台（如 PDM 或 PLM）上进行研发数据和流程的管理，实现产品从需求、规划、设计、生产、销售、运行、使用、维修保养，直到回收处置的信息与过程全生命周期管理，这需要技术人员理解数据和流程的管理机制，掌握相关系统的操作；②进行产品生命周期上的协同，例如工艺和设计的协同、制造和设计的协同、服务和设计的协同等，这需要设计人员掌握一系列 DFX（面向制造、服务等的设计）的知识。

　　其次是协同性知识管理能力。在协同研发联盟或者知识联盟中，每个主体在各自的主要知识领域内有不同的知识存量，研发联盟组织之间转移的知识为互补性知识，每个联盟主体知识基础的不同导致主体之间存在知识差，互补性知识的转移需要有效的协同性知识管理，对知识的需求与响应、知识的扩散性、知识的迭代性是重要影响因素。

　　现有较为成熟的网络协同研发研究是关于关键共性技术的网络协同研发模式。1992 年，美国经济学家乔治·泰奇（Gregory Tassey）等最早提出"共性技术"的概念，他们认为共性技术研究是技术研发的首要阶段，进行共性技术研发的主要目标是为技术的进一步研发降低风险。迈克尔（Michael）等认为，共性技术的协同研发会加快企业的创新活动。当创新技术刚开始溢出时，独立开展创新技术研发工作的企业不能有效使其创新对手的正外部性内在化，但是如果进行协同研发就可以部分矫正这种外部性；随着现代高技术产业的发展，其研发的投入越来越高，协同研发共性技术就可以将研发成本分摊至各个协同研发个体，减少研发成本，加速创新过程，降低研发风险。为此，哈米德·阿里普尔·尼玛（Hamid Valipour Nima）

等提出了一个三阶段的博弈模型。第一阶段便是共性技术的研发阶段。在这个阶段，协同研发的企业将各自的资源聚集到一起共同进行关键共性技术的研发，为后面的过渡阶段和产品市场竞争阶段做好充分的准备工作。

事实上，关键共性技术不仅具有一般技术的历史延续性、关系稳定性等作用机制，而且具有优势产业特征，代表了产业未来发展的方向。优势产业关键共性技术发挥作用受制于其技术范式及技术轨道，它们同时又是关键共性技术发挥作用的内在驱动力。

合作的稳定性、实现优势互补是优势产业关键共性技术研发合作体系建设的重点，为此要引进战略风险资金，完善成果共享机制，促进研发成果的市场转化。促进从事关键共性技术研发的内部成员之间增强合作意识，建立信任机制，建立起利益共享与风险共担的风险防范与监督机制，提高合作的稳定性。政府方面，可以成立领导小组引导优势产业关键共性技术研发，主要履行两大职责：一方面负责制定方针、政策用于有效推进优势产业关键共性技术；另一方面成立常设机构——优势产业关键共性技术研发管理委员会，负责日常的监管活动，包括监督研发经费使用、组建技术咨询委员会等，对研发方向进行专业规划，实现管理与技术的全面管理，从战略和可行性的角度进行优势产业关键共性技术的研发规划、分析与预测，确定总体发展方向。企业方面，同一行业的企业可形成关键共性技术联合研发团体。随着经济的深入发展，特别是多种所有制经济的迅速发展，优势产业内的企业之间更应加强共性技术的研发合作。研究方面，建立相关的研究院所，确保优势产业关键共性技术的研发能够有效地开展，研究对象定位于优势产业关键共性技术，目标设立为推进优势产业的先进科学技术研发成果产业转化，以及产业结构升级。对此可采用两种模式进行重组或构建研究院所：一是独立的优势产业关键共性技术研究院（建议采用运行经费由国家承担的事业费制），主要的研究内容是关键共性技术的基础研究，实现研究成果在产业内共享。二是成立专门从事产业共性技术研发的研究院，主要从事优势产业关键共性技术的研究与应用，并促进研究成果转化与共享（建议运行费用由其母体和国家共同负担）。采用非营利组织模式，运用企业管理的方式运行，由主体部分对其所属各地区的优势产业关键共性技术研究院所进行盘活；地方政府要充分结合本地区特点对有关资源进行整合，通过产业集群的方式，对区域优势产业的关键技术研发加大扶持力度。此外，还可以对现有重点优势产业的关键共性技术研发机构进行整顿，建立从中央到地方的优势产业关键共性技术协同研发的网络结构，共同构成我国优势产业关键共性技术的研究主体。一方面选择有代表性的企业（具备关键共性技术研发应用条件）作为试点，进行优势产业关键共性技术协同研发的应用与成果扩散；另一方面从需求角度看，企业及时有效地反馈有关关键共性技术研发的需求信息对促进优势产业关键共性技术研发具有重要的参考价值。此外，充分调动并发挥一切社会组织机构在优势产业关键共性技术研发中的作用。

随着市场供给日益丰富，消费者的个性化需求成为企业新的竞争焦点，企业研发的成功越来越与对消费者需求的精准分析和预测紧密相连。现有研究认为，消费者是企业研发的重要来源，能为企业研发提供有价值的信息和创意设计。然而，有别于特殊消费者，普通消费者被认为难以参与企业研发。普通消费者通常不具备研发所需要的专业知识和能力，其非专业性会对企业研发造成决策困扰，增加研发风险。同时，不少研究指出，消费者参与研发需要主动参与，但多数消费者都缺乏主动参与的意愿。因此，消费者参与研发被限定在具有一定能力和意愿的特殊消费者当中，而普通消费者则被视为研发的观察者。另一方面，企业难以有效利用普通消费者参与研发。因为企业要掌握和处理所有普通消费者信息的成本极高，而获取少量普通消费者的信息又缺乏价值。然而，大数据的应用正在改变以往限制普通消费者参与研发和企业利用普通消费者参与研发的约束条件。首先，大数据技术提升了普通消费者参与行为的可数据化程度，使其生成的数据具有高易获得性和高商业价值。普通消费者既不需要具备专业知识，又不需要具备主动意愿，就可通过在线行为自动生成大数据，而对企业产生价值。同时，大数据的出现挑战了企业传统决策结构，技术的成熟应用极大降低了企业获取普通消费者信息的成本，使企业利用普通消费者的数据资源成为可能。基于客户需求拉动的网络协同研发模式概念应运而生。

现有的基于客户需求拉动的研发模式主要包含两种。一种是秉持用户导向的设计理念，即主张以消费者需求为导向，根据对消费者需求的挖掘产生产品构思，形成与消费者需求相匹配的新产品。它强调发挥数据优势，通过数据获取形成细分客户的能力，通过数据迭代形成优化决策的能力，部分替代设计人员的经验判断，通过数据驱动形成构建规则的能力，最终获得面向市场需求的研发。另一种是秉持设计师导向的设计理念，因设计师的知识和经验具有专业性，能创造和掌控产品的风格，形成具有稳定文化意涵的产品，但强调数据与设计师之间的互补，通过数据获取形成识别社群的能力，通过数据整合形成辅助决策的能力，通过数据支持形成匹配规则的能力，利用数据支持设计师将原创灵感转化为受市场欢迎的产品。

第四节　网络协同制造供应链管理

1. 网络协同制造供应链的概念

网络协同制造供应链是指通过以新一代信息技术为基础的云平台和社交网络平台，多样化的制造服务提供商（制造商、供应分包商）和客户在平台上进行物流、信息流、能量流、资金流、智能流等的接收、发送、传递或交换活动，从而实现战略、业务、资源、技术的协同。相比于传统制造模式的供应链管理，现代网络协同制造更加强调新一代信息技术的效用，以及制造业服务化、网络化、协同化、智能化的风潮。然而，关注云制造供应链管理的文献并不多。文献多集中在宏观层面的架构设计和微观层面的应用上，而中观层面的云制造供应链机制设计和情境探索较为缺乏。

新型的网络协同制造平台拥抱服务化、网络化、平台化、智能化等新趋势，在平台上建立起众多新兴的制造生态，使网络协同制造供应链十分动态且灵活。多样的制造资源有各自不同的专业领域，服务资源的可用性/可达性也随时间变化，进行任务分包协作的粒度可大可小，各个制造资源之间同样会因为商业利益而确定订单接受与否。所以，平台服务资源高度动态、分散且专业化，加之供应链本身形成复杂的网络结构，给当前的网络协同供应链管理带来困难。

2. 网络协同制造供应链管理

一项大型的制造任务可以形成若干条小微型供应链形成的庞大供应网络。供应链中的节点一般是制造企业、社会化制造社区、个体设计人员等制造服务提供商，而节点之间的弧是物流、资金流、信息流等的抽象。平台上的制造服务提供商会形成不同的供应链，形成动力可以是订单驱动、工艺（专业）驱动、成本/收益驱动等。每条供应链可以由平台指定主要负责服务商进行统筹和汇总，或者供应链中各实体进行协同自治。

（1）网络协同制造供应链参与者

在现代网络协同制造供应链中，主要有三种类型的参与者或客户：有制造需求的客户，能满足/部分满足此需求的服务提供商，负责网络平台运转工作的运营方。客户向运营方提出需求，并从服务提供商处购买服务，按需支付；服务提供商为消费者提供和销售制造资源/能力，并根据运营方/消费者提供的信息进行处理；网络平台运营方负责网络平台日常的运行和管理，为服务提供商和客户提供所需的支持和工具包，并负责匹配、组合、控制和协调满足消费者需求所需的服务。

（2）网络协同制造供应链服务流程

对于现代网络协同制造，进行制造服务的一般流程如下：

1）客户首先向制造平台提出需求，平台通过语义分析或者在线客户服务等手段将需求进行具体化，使任务切实可行。

2）在得到具体需求后，平台会检查可用的制造资源/能力，并依据制造资源的生产能力、声誉、地理位置、业务优势以及其他信息，对资源和需求进行供需匹配，初步形成网络协同供应链。

3）在供应链初步形成后，平台继续通过优化模型、智能算法和人工智能模型对供应链进行动态调度和安排，在部分制造服务提供商可能离开的情况下寻找接替的资源。

4）接着，平台会正式下发制造任务给每个制造服务提供商和分包商，实时监控生产进度。同时与客户进行实时深入的交互，及时做好产用交流。自此供应链正式形成。

5）在制造任务完成后，平台一方面会将在整个制造过程中的海量异构数据进行挖掘和储存变为行业知识，另一方面会进行服务评价，最后依照相应服务价格进行结算，从而结束整个供应链服务执行过程。过程结束后，供应链解体。

对于产品生命周期中的任何环节，例如研发、运维、检验、回收等事项，同样可以遵循上述服务流程，只需要在上述流程的基础上改进即可。

（3）网络协同制造供应链资源管理

在网络协同制造平台上，制造服务提供商和客户之间的泛在互联是网络协同供应链的基础，而网络协同制造网络平台上的制造资源/能力交互是供应链中主要的部分。平台上供应链中资源的管理，可以分为集中管理和分散管理。

集中管理是由网络协同制造平台驱动的，利用社会化的信息物理系统（CPS）管理平台供应链中的制造资源。社会化的信息物理系统包含信息、物理和社会三个层面。在信息层面，收集的数据存储在平台云数据库中，可以应用数据挖掘和机器学习方法形成知识和预测，确保供应链中信息流和智能流的通畅；在物理层面，智能传感器、物联网和移动网络将广泛且深入地布置到各个制造设备与每一批物料，通过先进的无线通信手段，例如无线射频识别（Radio Frequency Identification，RFID）收集数据，监控供应链每个环节中的物流和能量流传递；在社会层面，制造服务提供商、制造服务群和客户通过社交网络平台进行实时交互并进行移动支付，确保供应链中信息流和资金流的交互。此外，供应链中参与者的进出、供应链中任务的分包同样由平台进行监管。

在分散管理中，客户可以通过平台和服务提供商进行关于产品、服务交付的互动。分散管理也可以分为两种类型：有主导企业的供应链资源管理和没有主导企业的供应链管理。主导企业在供应链资源管理中主要负责基于客户数据挖掘客户需求，并依据需求形成制造任务。然后，将制造任务进行分解，并且分配给不同的制造服务提供商执行。在制造过程中，主导企业还可以根据制造需求，随时将细分制造任务或者专业性强的任务基于平台外包或众包给更多的服务提供商，从而拓展供应链。制造利润依据任务进行分配。一般有实力的制造服务提供商，或者是专业的系统集成服务商将作为主导企业管理基于某项制造任务的供应链。

（4）网络协同制造供应链物流管理

具体而言，网络协同制造供应链中的物流管理主要借助 RFID、传感器和 CPS 技术。

RFID 可以实现原材料、半成品、产成品或物理设备的监控和跟踪。在供应链中，RFID技术统一的识别标记有助于制造服务提供商的高效协作。RFID 标签与物理对象一一对应。RFID 标签与读写器或天线进行无线通信，收集标签绑定对象代码、位置、状态等情况。RFID读写器或标签可以固定，也可以移动。RFID 标签事件是指标签所绑定的物理对象是否完成了某项事件（操作），由启动事件、完成事件、通过事件和随机事件组成，分别指示操作的启动、完成、通过某位置或遇到随机事件。RFID 标签状态是指 RFID 标签与检测空间的相对状态，由标签移入、标签停留、标签移出。在制造车间中，RFID 技术通常被应用于叉车、传送带、门禁设备、仓储设备等场景；制造服务提供商可利用 RFID 技术跟踪物流和监控生产。

传感器可以使物理制造设备和人员接入网络，从而自发构成制造社区。在工厂内部，物理生产要素（如机器和工人）通过传感器网络相互连接。传感器可以看作是物理传感器（硬件）和非物理数据处理器（软件）的集成，用来实现人与人、人与机器、机器之间交互三个维度实现社交交流。传感器从人与人、人与机器、机器之间的交互中，获取多源、多模态的海量异构数据，通过嵌入式算法输出有意义的信息，最后将信息通过网络传输，并接收反馈。硬件包括固定或可穿戴设备、嵌入式设备和移动设备等，通常用来感知生产环境、机器的工作状态、电信号、文本、语音、肢体语言等数据；软件负责聚集并转化数据，将其转化为面向生产的信息。传感器的"社会"特征可概括为两个方面：一是指传感器依附的网络协同制造资源广泛分布于社会中，二是指各个制造要素利用移动互联网和社交网络进行交互协同。在网络协同制造的协同制造供应链中，制造服务提供商将自己的社交传感器发布在平台上，协助平台本身控制生产。同时，针对不同的生产订单，制造服务提供商生成动态的传感器子网络，通过在平台上与其他制造社群互动，以提供各种服务。当生产订单完成后，传感器子网络、协同供应链分解。

CPS 技术将物理世界和信息世界无缝融合，实现供应链中生产信息的共享。结合上述RFID 和传感器技术，CPS 的功能可以满足社群内部和社群之间网络协同制造的需要。图 15-8展示的是网络协同制造中利用 CPS 技术赋能的网络协同制造网络供应链架构，可以简单地分为三层，即物理层、网络层和社会层，分别对应于物理空间、信息（网络、数字）空间和社交空间。物理层中存在各种制造服务提供商，被视为不同的网络协同制造节点。节点可以互相通信，有高度的自组织、自治能力。同样，节点可以被外部供应商访问，也可以添加或删除节点；网络层将所有的节点连接起来，形成一个广泛覆盖社会的制造网络。在网络中，由于订单驱动、利益驱动、工艺驱动等因素，制造节点组成了不同规模的制造社群。同时，将生产过程中产生的数据收集并存储在云平台中；社会层通过社交网络平台，使节点之间、社群之间可以实时互动。同时，由于 CPS、人工智能等技术的深入发展，人机交互也逐渐便捷起来。工人可以通过各种交互方式与机器进行沟通、下达指令。

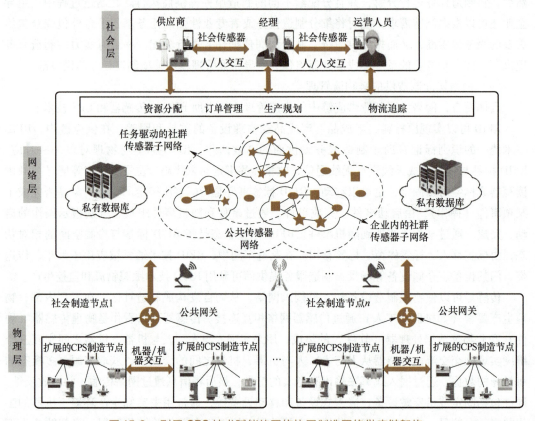

图 15-8　利用 CPS 技术赋能的网络协同制造网络供应链架构

（5）网络协同制造供应链服务管理

网络协同制造平台上，供应链上的服务容量或功能可以灵活增减，即可延展。由不同的物理制造设备和资源提供的制造服务脱离了单个资源的数量、规模限制，实现了对不同客户需求的动态资源扩展。对于可延展的制造服务资源，可以通过更改所调用资源的数量，通过调整服务粒度，或者通过优化服务组合来满足动态的制造需求。

制造服务的描述也是服务管理中重要的一环，因为它们通常不能就称谓、术语和内涵进行统一，所以包含更多的多样性。只有进行了描述的统一化，才能为广泛的服务操作铺平道路。一种可行的方法是定义一个统一的参考模型（包括资源、服务、业务流程和企业架构），也就是一个标准化的框架或本体。这对于统一信息交换和服务的协同是必要的，对于通过服务组合实现大型复杂装备的制造任务也是必要的。

服务组合是服务管理中一个重要的问题。有效的服务组合可以使制造服务提供商专注于自己的核心竞争力，并通过外包借助平台扩展自身的制造力。但找到合适的服务组合要求高且复杂，因为在动态且不一定可互操作的制造平台资源中，要找到并组合各种异构、多元的服务，常常导致供应商锁定问题。缺乏通用平台规范阻碍了不同供应商之间的互操作性，所以中间转换服务应运而生，专门在给定一组限制条件的情况下寻找最佳的供需匹配。

供应链服务资源调度问题同样很受关注。通常该类问题是一个多目标资源均衡优化的问题，通过求解各目标的一般多目标权重因子，将函数线性化，转化为单个目标问题。传统的供应链调度以参与者目标一致为基础，通过集中规划来寻找供应链网络的优化方案。但由于现实供应链是一个广泛的网络协同供应链，不同利益主体有不同的任务负荷、专业技术、熟练程度、服务能力和可用性，因此网络协同背景下供应链服务调度要求采用更先进的技术来实现动态资源、异质性服务提供商的配合协同。可以尝试改进多智能体、群智能算法，甚至应用机器学习理论，保证供应链对变化的快速反应。

第五节　多模态协同管理机制

协同管理是指基于所面临的复合系统的结构功能特征，运用协同学原理，根据实现可持续发展的期望目标对系统实现有效管理，以实现系统协调并产生协同效应。协同学理论对揭示无生命界和生命界的演化发展具有普适性意义。正是它的这种普适性，把协同学理论引入管理研究，为管理理论的发展以及解决现实管理领域中的问题，提供了新的思维模式和理论视角。

协同学理论的自组织原理告诉我们，系统只有与外界不断地进行物质、信息和能量交流，才能维持生命，使系统向有序化方向发展。管理系统是一个复杂性的开放系统，它的复杂性体现在一般由人、组织、信息和环境等要素组成，而每个要素又嵌套多个次级要素，其内部呈现非线性特征。它又是开放系统，通过不断地输入各种信息，并经过加工处理后输出信息。管理系统就是在不断地输入信息和输出信息的过程中向有序化方向完善和发展的。

1. 协同管理的主要特点

1）协同管理以系统为研究对象。协同管理研究的系统一般是由多个子系统组成的具有自组织特征的复杂的社会经济系统，例如企业系统、大型项目、虚拟组织、供应链、战略联盟等。这些系统的子系统之间联系十分复杂，子系统之间相互作用、彼此影响，但又不是简单的、线性的叠加效果，它们之间的相互作用呈现出非线性关系。这种相互作用可以用竞争与合作或反馈来表述，也称为协同作用。正是由于这种非线性的相互作用，使它们在一定的条件下，能够自发组织起来形成宏观上的时空有序结构。

2）协同管理的整体功能大于部分功能之和，它不遵从线性叠加原理，简单的还原论方法是无法窥探其内在演化规律的，必须要用非线性的理论方法来研究具有非线性复杂特征的研究对象。

3）协同管理的重要标志是"竞争—合作—协调"的协同运行机制，是协同管理区别于传统企业管理的重要特性。协同管理研究的对象是由大量子系统组成的相互关联的复杂系统，这些子系统彼此存在竞争与合作的关系。"竞争"会削弱某些子系统之间的作用，甚至导致子系统功能消失而使系统远离平衡态，甚至解体。在某些条件下，子系统之间的合作能够使系统产生新的功能，实现功能倍增。因此，协同管理是要通过"竞争—合作—协调"的协同运行机制，来促进子系统发挥各自的优势，在竞争中合作，在合作中竞争，通过相互协调促进整体功能的突现，以实现系统整体目标。

4）协同管理的目标是要实现"1+1>2"的加倍效应，并希望子系统之间能够协同发展。各子系统拥有各自的竞争优势，协同管理通过优势互补，能够提升系统的整体竞争力。充分发挥系统中各子系统的优势，使各子系统在竞争中协同发展，最终实现系统整体利益的最大化。

制造企业的协同管理是创造条件让各个子系统通过竞争和协调，使企业自主地应对复杂多变的环境。传统的管理模式主张通过严格、有效的指挥和监控使企业被动地从无序走向有序，而自组织协同管理模式的关键则在于自组织规则的设定，各子系统在既定的规则下主动变革、自组织学习，以适应内外部环境的变化。

在管理过程中要善于抓住管理序参量，也就是要抓住管理过程中的"主要矛盾"。在制造服务项目协同过程中，主要矛盾是指影响整个项目实施的瓶颈环节，对项目全局产生较大影响的关键性环节和参量。影响大型项目协同管理效果的参量很多，根据大型项目的特征和管理序参量选择方法，从时间、空间、信息、资源和目标 5 个维度来对大型项目的管理序参量进行选择。

① 目标协同。在目标维度上，项目管理的过程实际上就是一种追求目标的过程。复杂性项目其目标体系具有多指标、独立性和层次性特点，由于目标之间的耦合关系，这些目标在项目实践中很难达到完全的协调一致。项目目标协同的核心是强调整体性和一体化的思想，它追求的是项目多目标的协同优化，而不是局部优化，即从项目全生命周期角度出发，实现质量、成本和进度的协同最优，从而最终保证项目活动的整体效率和效益。

② 信息协同。在信息维度上，项目实施全过程的管理会产生海量的、纷繁复杂的信息，解决信息的正确、高效共享和交换是保障项目协同管理系统顺利运行的基本条件。信息协同是指应用协同理论和系统论原理，综合考虑项目全生命周期中各个要素的相互关系及其执行过程中各个资源之间的动态关系，采取各种现代信息技术和手段，对项目信息进行整合和控制，使项目各参与方能够相互协调和整体优化，达到项目整体最优的目的。信息协同是解决项目信息问题的根本途径，是大型项目协同管理的基础。信息协同管理并不是一个孤立的体系，它需要各方面条件的配合。其中，运用计算机技术和信息技术，建立项目信息平台，提高项目的信息集成度，是实现大型项目信息协同的重要技术手段。

③ 资源协同。在资源维度上，项目的作业数目繁多，逻辑关系复杂，所需资源的数量和种类多样，资源管理的难度很大。因此，实现项目资源的优化管理和协同是必须要重视的问题。项目资源协同管理是指以协同学思想为指导，使项目资源按照协同方式进行整合，相互作用、合作和协调而实现一致性和互补性，对项目资源实现优化配置和合理投入，进而实现项目的最优化目标。

④ 组织协同。在空间维度上，项目的组织结构是具体承担某一项目的全体参与者，为实现项目目标，在管理工作中进行分工协作，在职务范围、责任、权利方面所形成的结构体系。建立协同组织结构的效果是把地理位置分散的众多参与者紧密地联系成一个整体。大型项目是一个众多参与方参与和协同工作的过程，合理科学的组织架构是其进行协同管理的组织保障。组织结构协同强调的是该组织中的人员和系统构成部分之间能很好地、有效地进行协同工作。协同可以使组织内部各子系统协调合作，减少内耗，充分发挥各自的功能效应，提高

组织的效率。

⑤ 过程协同。在时间维度上，项目的全生命周期可以分为规划、设计、制造、采购、施工、安装调试和联动试车等过程环节。项目过程协同就是在完成信息协同的基础上，进行过程之间的协调，消除过程中各种冗余和非增值的子过程活动，以及由人为因素和资源问题等造成的影响过程效率的一切障碍，使运作过程整体达到最优。

目标协同、信息协同、资源协同、组织协同和过程协同可以说是大型项目协同管理的五个方面，它们相互影响、相互促进、相互耦合。只有同时实现了五个方面的协同，才能实现其协同管理的综合效益，才能真正实现其"整体大于部分之和"的协同管理效应。

在知识经济时代，业务外包正成为一种重要的商业组织模式和竞争手段。GE、丰田、戴尔等全球知名企业在制造领域外包方面已经积累了非常丰富的经验，并形成了完备的管理体系，用以规范和管理外部资源，使其完全按照自己企业的意图和节拍生产，形成高效、优质的供应链。近几年来，外包这一经营模式逐步被国内的大多数企业接受并推行，但由于我们起步较晚，在具体的活动层面开展了一些业务，尚未形成较完备的管理体系来规范不同模态外包业务与内部业务的综合协同，实现信息与知识共享。因此，建立并不断完善管理体系，是实现对外包业务管理和效率提升的有效途径。

面向制造领域的外包通常包括委托生产、协力式外包、资源租赁和物流外包等模式，按照双方企业地理位置的差异又可分为近岸外包、离岸外包。每种外包模式对发包方企业和承包方企业的要求各不相同。

随着企业各项业务的同时开展，不同外包模式将同时进行并长期并存，形成相互交错、互为影响的态势。建立并不断完善外包多模态协同管理体系，可以实现对外包过程中各项活动的实施和监控，保证各项活动的协同、高效、有序开展，形成一种新型合作模式，为各相关企业、各项业务活动层实现高效协同提供保证，使外包业务拓展的成本降低、效率提高。同时使企业成功的管理模式和经验可以复制、推广和输出，实现知识共享、互利双赢，并促使自身的管理水平不断提升和完善。

2. 多模态网络协同管理架构

（1）以流程为主线的制度体系

流程是由一系列输入和输出的活动组成的，它描绘完成任务所需执行的所有活动之间的顺序、关系和责任。梳理、设计出清晰的流程是构建协同管理体系的第一步，也是建立制度体系的依据。制度体系的建立是为了规范和约束流程中的各个活动、明确相关责任，为流程的顺利执行提供支撑与保障。因此，制度体系的建立与完善必须以整个业务流程为主线，实现制度与业务的紧密结合，保障业务流程的正确执行，使制度逐步结构化、体系化。另外，体系在运行中必须借助信息化平台，与流程化管理、制度化保障和数据化支撑形成一个完备的闭环管理路径。按各自既定流程运作的各模态外包活动，其运行数据通过信息化手段及时传递、共享，并由委托方企业居中统一下达指令信息，保证各自组织系统在活动域实现高效协同。

（2）以技术为支撑的保障体系

制度体系的建立是外包过程中业务领域输入的一个方面，还必须建立并完善以技术为支撑的保障体系。在外包的每一个活动层面，管理技术、制造技术的输入是必需的。管理技术支撑就像黏合剂，使众多不同企业之间实现业务接口的协同一致。从数据信息的共享、制度理念的传递、生产链上节拍的控制等方面保障各个零散的活动形成一个高度有序的整体。制造技术支撑就像润滑剂，使外包过程中具体加工环节能够顺利实施，设计交底、工艺指导、加工协助等是整个外包加工环节必不可少的，也是控制质量波动的有效措施。在分析、评价各外包企业能力模型和技术成熟度的基础上，对外转移业务的同时输出自己的保障体系，逐步实现各业务企业在尽可能接近的管理与技术平台上开展合作。企业之间的差异化越小，则协同性越好、效率越高。只有对外包企业的技术支撑和能力培养形成机制并纳入保障体系，纳入整个外包业务领域的流程，使其制度化、规范化，才能使外包这个自组织结构的有利序参量不断增加，促使各业务领域与活动层向更高"有序"方向发展。

（3）以绩效管理为手段的完善机制

由于外包活动具有被组织性，为保障其通过"协同"向"有序"方向发展，并在发展过程中不断完善，还必须建立一套以绩效管理为手段的完善机制。绩效管理不同于绩效考核，是各级管理者和员工为了达到组织目标共同参与的绩效计划制订、绩效辅导沟通、绩效考核评价、绩效结果应用、绩效目标提升的持续循环过程。通过绩效管理实现从过去的单一关注绩效结果，向关注活动过程、活动行为的转变，持续关注外包活动的全流程。将整个过程按照 PDCA 循环进行分解，即通过绩效计划制订分析当前现状，提出外包活动的绩效目标（P）；通过绩效辅导沟通和绩效考核评价来指导和执行实施计划（D）；用绩效考核评价的结果来检查、评估外包活动的运行情况及外包企业的能力模型，找到差距、反馈出问题（C）；最后根据问题反馈及时调整、制定新的绩效目标和必要的支撑计划（A）。这样，通过不断关注整个外包过程，有计划、有目标、有措施、有考评、有分析、有反馈、有整改，形成一个闭环的完善机制，实现整个外包绩效的持续提升。

在制造业大数据的实践过程中，宏观经济与微观经济、大规模标准化生产和小批量定制化生产等是我们不得不面对的几个问题。未来制造业的发展程度是由制造业智能化水平所决定的，而机械的自动化水平是行业发展的基础。

我国的中小企业都在追求降低生产过程中的浪费，提高工业环保及安全水平，能够根据生产状况进行智能化调整，实现生产过程主动适应工业制成品的需要，而在进行整个工业生产以及满足客户个性化需求的过程中，无时无刻不在产生大数据。

大数据可以帮助我们实现对客户的信息分析和挖掘，其产生载体包括手机、计算机、传感器等设备。传感器数据属于制造业大数据的主要来源，这些数据是在工业生产过程中产生的，可以帮助我们找到已经发生的问题，预测故障可能发生的地点和时间，甚至可以通过特殊的辅助设备，帮助生产线进行自我修复。

因此，利用大数据技术，通过数据分析和挖掘，我们可以了解问题产生的过程、造成的影响和解决的方式，帮助制造业实现商业模式的转变，改善和提升客户体验，完善内部操作流程。

本章立足于制造业大数据的本质，对工业数据产生过程及处理技术做了详细介绍。

第一节　制造数据产生、转化、存储

制造业大数据是制造业升级转型的重要战略资源。它是一种技术、一种产业，更是一个时代。为实现以客户价值为核心的定制化产品和服务，以及全产业链的协同优化。需要满足用户需求定义、工业智能制造、活动协同优化三个方面的应用。在这些应用中，制造业大数据的落地需要与之相适应的技术架构作为支撑。就现状来说，大多数企业还处在产业的初级阶段，对制造业大数据的应用场景认知并不深入，但大数据在互联网企业的应用已具备成熟的技术体系和应用框架。将这些技术适配应用到每个企业的特定场景下，可以帮助企业制造升级、构建智能工厂。

1. 制造业大数据的分类

制造业大数据是工业数据的总和，我们把它分成三类，即企业信息化数据、工业物联网数据，以及外部跨界数据。其中，企业信息化和工业物联网中机器产生的海量时序数据是工业数据规模变大的主要来源。近年来物联网技术快速发展，工业物联网成为制造业大数据新的、增长最快的来源之一，它能实时自动采集设备和装备运行状态的数据，并对它们实施远程实时监控。互联网促进了工业与经济社会各个领域的深度融合。人们开始关注气候变化、生态约束、政治事件、自然灾害、市场变化等因素对企业经营产生的影响。于是，外部跨界数据也成为制造业大数据不可忽视的来源。

大数据生命周期的第一阶段是数据采集阶段。工业软硬件系统本身具有较强的封闭性和复杂性，这一阶段面临诸多挑战：

1）多样化的数据来源包括供应商、第三方、物联网（IOT）。

2）多样化的设备包括机床、机械手臂、机器人、柔性设备、加工中心、激光机、工控机、对刀仪、切割机、焊接机和测量仪器。

3）老旧、无数字化能力的设备。

4）不同设备系统的数据格式与接口协议不同。

5）同一型号的设备不同时间出厂的产品所包含的数据有所差异。

由此可见，工业数据主要来源于机器设备数据、工业信息化数据和产业链相关数据。

从数据采集的类型上看，不仅要涵盖基础数据，还将逐步包括半结构化的用户行为数据、网状的社交关系数据、文本或音频类型的用户意见和反馈数据、设备和传感器采集的周期性数据、网络爬虫获取的互联网数据，以及未来越来越多有潜在意义的各类数据，主要包括以下几种：

1）海量的 Key-value 数据。在传感器技术飞速发展的今天，包括光电、热敏、气敏、力敏、磁敏、声敏、湿敏等不同类别的工业传感器在现场得到了大量应用，而且很多时候机器设备的数据大概要到毫秒的精度才能分析海量的工业数据。因此，这部分数据的特点是每条数据内容很少，但是频率极高。

2）文档数据，包括工程图纸、仿真数据、设计的 CAD 图纸等，还有大量的传统工程文档。

3）信息化数据。由工业信息系统产生的数据，一般是通过数据库形式存储的，这部分数据是最好采集的。

4）接口数据。由已经建成的工业自动化或信息系统提供的接口类型的数据，包括 txt 格式、JSON 格式、XML 格式等。

5）视频数据。工业现场会有大量的视频监控设备，这些设备会产生大量的视频数据。

6）图像数据，包括工业现场各类图像设备拍摄的图片。例如，巡检人员用手持设备拍摄的设备、环境信息图片。

7）音频数据，包括语音及声音信息。例如，操作人员的通话、设备运转的音量等。

8）其他数据。例如，遥感遥测信息、三维高程信息等。

2. 制造业大数据的收集

各种类型的制造业大数据都是通过传感器和射频识别（Radio Frequency Identification，RFID）进行收集的。

传感器是一种检测装置，能感受到被测量的信息，并能将检测感受到的信息，按一定规律变换成为电信号或其他所需要的形式的信息输出，以满足信息的传输、处理、存储、显示、记录和控制等要求。在生产车间中一般存在许多传感节点，这些节点全天候监控着整个生产过程，当发现异常时可迅速反馈至上位机，可以算得上数据采集的感官接收系统，属于数据采集的底层环节。

传感器在采集数据的过程中主要特性是其输入与输出的关系。其静态特性反映了传感器在被测量各个值处于稳定状态时的输入和输出关系。这意味着当输入为常量，或变化极慢时，这一关系就称为静态特性。我们总是希望传感器的输入与输出成唯一的对照关系，最好是线性关系。一般情况下，输入与输出不会符合所要求的线性关系，同时由于存在迟滞、蠕变等因素的影响，使输入与输出关系的唯一性也不能实现。因此，我们不能忽视工厂中的外界影响。其影响程度取决于传感器本身，可以通过传感器本身的改善加以抑制，有时也可以通过外界条件加以限制。

RFID 技术是一种非接触式的自动识别技术，通过射频信号自动识别目标对象并获取相关的数据信息。利用射频方式进行非接触双向通信，达到识别目的并交换数据。RFID 技术可识别高速运动物体并可同时识别多个标签，操作快捷方便。在工作时，RFID 读写器通过天线发送出一定频率的脉冲信号，当 RFID 标签进入磁场时，凭借感应电流所获得的能量发送出存储在芯片中的产品信息（无源标签或被动标签，Passive Tag），或者主动发送某一频率的信号（有源标签或主动标签，Active Tag）；阅读器对接收的信号进行解调和解码然后送到后台主系统进行相关处理；主系统根据逻辑运算判断该卡的合法性，针对不同的设定做出相应的处理和控制，发出指令信号控制执行机构动作。RFID 技术解决了物品信息与互联网实现自动连接的问题，结合后续的大数据挖掘工作，能发挥其强大的威力。

在当今制造业领域，数据采集是一个难点。很多企业的生产数据采集主要依靠传统的手工作业方式，采集过程中容易出现人为的记录错误且效率低下。有些企业虽然引进了相关技术手段，并且应用了数据采集系统，但是由于系统本身的原因以及企业没有选择最适合自己的数据采集系统，因此也无法实现信息采集的实时性、精确性和延伸性管理，各单元出现了信息断层的现象。技术难点主要包括以下几个方面：

1）数据量巨大。任何系统，在不同的数据量面前，需要的技术难度都是完全不同的。如果单纯是将数据采集到，可能还比较好完成，但由于大量的工业数据是"脏"数据，直接存储无法用于分析，必须考虑数据的规范与清洗，所以数据采集之后还需要处理。在存储之前，必须进行处理。对海量的数据进行处理。从技术上又提高了难度。

2）工业数据的协议不标准。互联网数据采集一般都是我们常见的 HTTP 等协议，但在工业领域，会出现 ModBus、OPC、CAN、ControlNet、DeviceNet、Profibus、Zigbee 等各类型的工业协议，而且各个自动化设备生产及集成商还会自己开发各种私有的工业协议，导致在工业协议的互联互通上，出现了极大的难度。很多开发人员在工业现场实施综合自动化等项目时，遇到的最大问题就是面对众多工业协议，无法有效地进行解析和采集。

3）视频传输所需带宽巨大。传统工业信息化由于都是在现场进行数据采集，视频数据传输主要在局域网中进行，因此带宽不是主要的问题。但随着云计算技术的普及和公有云的兴起，大数据需要大量的计算资源和存储资源，因此工业数据逐步迁移到公有云已经是大势所趋了。但是，一个工业企业可能会有几十路视频，成规模的企业会有上百路视频，这么大量的视频文件如何通过互联网顺畅地传输到云端，是开发人员需要面临的巨大挑战。

4）对原有系统的采集难度大。在工业企业实施大数据项目时，数据采集往往不是针对传感器或者可编程控制器（PLC），而是采集已经完成部属的自动化系统上位机数据。这些自动化系统在部署时厂商水平参差不齐，大部分系统是没有数据接口的，文档也大量缺失。大量的现场系统没有点表等基础设置数据，使对这部分数据采集的难度极大。

5）安全性考虑不足。原先的工业系统都是运行在局域网中的，安全问题不是突出考虑的重点。一旦需要通过云端调度工业之中核心的生产能力，又没有对安全的充分考虑，造成损失，是难以弥补的。2015年，受网络安全事件影响的工业企业占比达到30%，因病毒造成停机的企业高达20%。仅美国国土安全部的工业控制系统网络应急响应小组（ICS-CERT）就收到了295起针对关键基础设施的攻击事件的报告。

3. 大数据存储与管理技术

高度分布的数据源同样给工业数据的访问、集成和共享带来了巨大的挑战。此外，不同来源的数据通常会使用不同的表示方法和结构规范来定义。将这些多样化的数据整合在一起是一项非常艰巨的任务，因为分布式的数据没有为数据集成和管理做好准备，而且技术基础架构缺乏适当的信息基础架构服务来支持大数据分析。制造业大数据多样化、多模态的特点也给数据的存储与管理带来了前所未有的难题。尽管如此，很多学者提出了针对工业大数据多样性与多模态的数据存储与管理方法。下面将介绍存储和管理多源异构和多模态这两种类型的工业大数据的关键技术。

多源异构数据（Multi-source Heterogeneous Data）是指数据源不同、数据结构或类型不同的数据集合。各种工业场景中存在大量多源异构数据，例如在诊断设备故障时，通过时间序列数据可以观测设备的实时运行情况；通过 BOM 图数据可以追溯出设备的制造情况，从而发现是哪些零部件问题导致异常运行情况；通过非结构化数据可以有效管理设备故障时的现场照片、维修工单等数据；键值对数据作为灵活补充，能方便地记录一些需要快速检索的信息。

数据源不同、数据类型不同，使这类数据集的使用变得非常复杂，因此大规模多源异构数据管理技术变得十分重要。为使这些多源异构数据各自发挥其价值，不仅需要高效的存储管理优化与异构的存储引擎，在此基础上还需要能够通过数据融合对数据的元数据定义和高效查询与读取进行优化，实现多源异构数据的一体化管理，从而最大限度获取数据价值。

多源异构数据管理需要突破的是针对不同类型的数据的存储与查询技术，并在充分考虑多源异构数据的来源和结构随着时间推移不断增加与变化的特定情况下，研究如何形成可扩展的一体化管理系统。

多源异构数据管理需要从系统角度，针对工业领域涉及的数据在不同阶段、不同流程呈现多种模态（关系、图、键值、时序、非结构化）的特点，研制不同的数据管理引擎以对多源异构数据进行高效的采集、存储和管理。当前，国产数据库及数据管理引擎仍处于新兴发展阶段，在传统的结构化数据之外，针对多源异构数据（包括时序数据、过程与 BOM 图数据，以及工程非结构化数据等），开发稳定而高效的数据管理引擎，并真正落地到工业领域变得越来越重要。

针对海量的工业时序数据在查询高效性和接入吞吐量方面的需求，需要构建能够满足数据边缘接入与缓存、高性能读写、高效率存储、查询与分布式分析一体化的时序数据管理系统，配合缓存、分布式计算与存储框架等组件，以满足功能和易用性需求。同时需要提供基于 SQL 标准的数据查询接口给工业用户以降低使用门槛。

　　工业领域的非结构化数据，面向仿真、试验等场景的海量小文件的挑战，要求按产品生命周期、BOM 结构等多种维度进行灵活组织和高效查询，同时对数据能够进行批量读取分析，因此需要构建面向工业场景的支持海量非结构化文件建模、存储、查询和读取的技术系统。

　　多源异构数据管理技术可有效解决大数据管理系统中由模块耦合紧密、开放性差而导致的系统对数据多样性和应用多样性的适应能力差的问题，使大数据管理系统能够更好地适应数据和应用的多样性并能够充分利用开源软件领域强大的技术开发和创新能力。针对企业自身数据的类型和特点，通过量体裁衣式的构件组合，能够帮助工业企业快速开发和定制适合自身需求的制造业大数据管理系统。

　　多模态数据（Multi-modal Data）是指表征同一事物的不同来源和形式的数据。例如，为反映同一病灶采用不同成像模式得到的 CT、MRI、PET 等数据，就属于多模态数据。在工业大数据应用中，希望能够将多模态数据有机地结合在一起，发挥出单一模态数据无法发挥的作用。

　　数据集成是将存储在不同物理存储引擎上的数据连接在一起，并为用户提供统一的数据视图。传统的数据集成领域中认为，由于信息系统的建设是阶段性和分布性的，会导致"信息孤岛"现象的存在。"信息孤岛"造成系统中存在大量冗余数据，无法保证数据的一致性，从而降低信息的利用效率和利用率，因此需要数据集成。在工业大数据中，重点不是解决冗余数据问题，而更关心数据之间是否存在某些内在联系，从而使这些数据能够被协同地用于描述或者解释某些工业制造或者设备使用的现象。

　　数据集成的核心任务是要将互相关联的多模态数据集成到一起，使用户能够以透明的方式访问这些数据源。集成是指维护数据源整体上的数据一致性、提高信息共享利用的效率。透明的方式是指用户无须关心如何实现对异构数据源数据的访问，只关心以何种方式访问何种数据。更进一步地，数据融合是在数据集成的基础上，刻画出不同数据之间的内在联系，并允许用户根据这些内在联系进行数据查询。

　　在数据生命周期管理中，多模态数据存储分散、关系复杂，在研发、制造周期以 BOM 为主线，在制造、服务周期以设备实例为中心，BOM 和设备的语义贯穿了工业大数据的整个生命周期。因此，以 BOM 和设备为核心建立数据关联，可以使产品生命周期的数据既能正向传递又能反向传递，形成信息闭环，而对这些多模态数据的集成是形成数据生命周期信息闭环的基础。

　　针对工业领域在研发、制造和服务各个周期产生的多模态数据，例如核心工艺参数、检测数据、设备监测数据等，及其存储分散、关系复杂的现状，需要实现统一数据建模，定义数字与物理对象模型，完成底层数据模型到对象模型的映射。在多模态数据集成模型的基础上，根据物料、设备及其关联关系，按照分析、管理的业务语义，实现多模态数据的一体化查询、多维分析，构建虚实映射的全生命周期数据融合模型。在多模态数据集成模型基础上，针对多模态数据在语义与数据类型上的复杂性，实现语义模糊匹配技术的异构数据一体化查询。

第二节　数据挖掘技术

1. 数据挖掘的概念与功能

数据挖掘（Data Mining）就是从真实的、大量的、有噪声的数据源中提取先前未知的可供用户接受、理解、运用的潜在知识的过程。

数据挖掘技术提取的知识从广义上理解就是人们口中常说的数据与信息。但在数据挖掘领域，知识更是被细化为数据中潜在的模式、规律，以及数据之间的关联规则与约束等。就好比矿工从矿石中挖掘金子、宝石一样，数据便是人们获取肉眼难见的知识源泉。数据的类型是多样化的，可以是结构化的关系型数据，也可以是文本、图片、音频、视频等非结构化数据。不仅类型多变，数据的来源也是不尽相同的，很多是分布在网络上的异构型数据。我们可以从未知的数据中演绎或归纳知识，可以用数学或非数学的形式表达知识。获取的知识要进行存储管理以便供企业或用户查询，存储的知识可以支持企业决策、控制企业生产过程和运营。由此可见，数据挖掘是一门多学科交叉的领域，它的应用范围之广，可以从微观的个人查询上升到宏观的决策支持。从数据挖掘演变出的人工智能、深度学习、计算机可视化等前沿技术已经吸引了越来越多不同领域的研究者投身其中，使数据挖掘成为当下炙手可热的技术热点之一。

从商业角度来看，商业信息的收集与处理更是离不开数据挖掘。商业数据库存储了大量结构多变、来源多样的业务数据，为了从这些富含噪声的商业数据中提取有助于决策的关键数据，数据挖掘领域开发了各种对原始数据进行有效清洗、转换、分析的技术，为企业获取真正有价值的商业信息提供了强大的技术保障。因此，数据挖掘也可以描述为：对企业大量数据进行探索分析，揭示其中未知的、隐藏的或验证已知的规律，以完成企业既定商业目标的过程。

数据挖掘通过预测未来趋势及行为，做出前置的、基于知识的决策。其具有以下两大功能。

1）预测功能：可自动在大型数据库中根据给定的属性信息预测想要的属性信息。以往需要进行大量手工分析的问题如今可以迅速直接由数据本身得出结论。一个典型的例子是销售预测问题，数据挖掘方法依据过去商品销售的数据来预测未来商品的销售情况以决策商品库存量，其他可预测的问题包括预报破产，以及认定对指定事件最可能做出反应的群体。

2）描述功能：探查性地揭示数据中潜在的关联模型，例如相关、趋势、聚类、轨迹和异常等。如识别相互关联的商品进行交叉销售、运用聚类技术进行客户细分和数据压缩、异常检测技术可以识别出存在欺诈风险的信用卡用户。

图 16-1 总结了运用数据挖掘技术进行知识发现的基本步骤，所有的数据挖掘相关任务都可以用这个顺序来进行处理分析。

2. 数据挖掘常用方法

分类、回归、聚类分析、关联分析、异常检测、Web 页挖掘是进行数据分析常用的五大类方法，它们分别从不同的角度对数据进行挖掘。

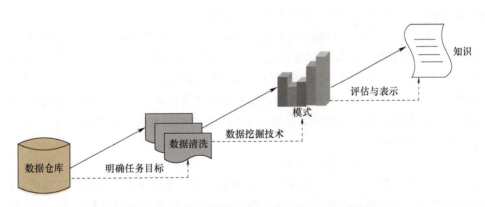

图 16-1　运用数据挖掘技术进行知识发现的基本步骤

1）分类。分类和回归都属于预测建模。分类用于预测离散的目标变量，找出数据库中一组数据对象的共同特点并按照分类模式将其划分为不同的类，其目的是通过分类模型，将数据库中的数据项映射到某个给定的类别。它可以应用到客户的分类、客户属性和特征分析、客户满意度分析、客户购买趋势预测等。例如，一个汽车零售商将客户按照对汽车的喜好划分成不同的类。这样营销人员就可以将新型汽车的广告手册直接邮寄到有这种喜好的客户手中，从而大大增加了商业机会。

2）回归。回归分析方法用于预测连续的目标变量，发现变量或属性之间的依赖关系，其主要研究问题包括数据序列的趋势特征、数据序列的预测，以及数据之间的相关关系等。它可以应用到市场营销的各个方面，例如客户寻求、保持和预防客户流失活动、产品生命周期分析、销售趋势预测及有针对性的促销活动等。

3）聚类分析。聚类分析是将数据划分成有意义、解释性强的组，在数据中发现描述对象及其关系的信息，其目的是使属于同一类别的数据之间的相似性尽可能大，不同类别中的数据之间的相似性尽可能小，捕捉数据之间的自然结构。聚类分析是解决其他问题的出发点。它可以应用到客户群体的分类、客户背景分析、客户购买趋势预测、市场细分等。

4）关联分析。关联规则是描述数据库中数据项之间存在的隐藏关系的规则，即根据一个事务中某些项的出现可导出另一些项在同一事务中也出现，即隐藏在数据之间的关联或相互关系。在客户关系管理中，通过对企业的客户数据库里的大量数据进行挖掘，可以从大量记录中发现有趣的关联关系，找出影响市场营销效果的关键因素，为产品定位、定价与定制客户群，客户寻求、细分与保持，市场营销与推销，营销风险评估和诈骗预测等决策支持提供参考依据。

5）异常检测。异常检测就是发现与大部分其他对象存在偏差的对象，包括很大一类潜在有趣的知识，例如分类中的反常实例、模式的例外、观察结果对期望的偏差等，其目的是寻找观察结果与参照量之间有意义的差别。在企业危机管理及其预警中，管理者更感兴趣的是那些意外规则。意外规则的挖掘可以应用到各种异常信息的发现、分析、识别、评价和预警等方面。从数据库中的一组数据中提取出关于这些数据的特征式，这些特征式表达了该数据集的总体特征。如营销人员通过对客户流失因素的特征提取，可以得到导致客户流失的一系列原因和主要特征，利用这些特征可以有效地预防客户流失。

6）Web 页挖掘。随着互联网的迅速发展及 Web 的全球普及，使 Web 上的信息量无比丰富，通过对 Web 的挖掘，可以利用 Web 的海量数据进行分析，收集政治、经济、政策、科技、金融、各种市场、竞争对手、供求信息、客户等有关的信息，集中精力分析和处理那些对企业有重大或潜在重大影响的外部环境信息和内部经营信息，并根据分析结果找出企业管理过程中出现的各种问题和可能引起危机的先兆，对这些信息进行分析和处理，以便识别、分析、评价和管理危机。

3. 数据挖掘技术在工业大数据的应用

不同于一般商业数据，工业大数据通常数据量更大、密度更低，且具有很高的实时性、数据源异构性强，通用的数据挖掘技术很难解决特定工业场景产生的工业问题。解决特定场景的工业问题需要结合专业领域的知识建立精度高、可靠性强的数据挖掘模型。下面将介绍解决特定工业场景的数据分析方法。

1）时序分析。智能化工业生产设备上安装了大量的传感器，这些传感器不断产生检测生产设备温度、压力、位移重量、震动的海量的时间序列数据以用于诊断和预警设备故障，以便制造企业监控生产、控制能耗、分析设备利用率。这些传感器数据隐藏了很多重要的时序模式。常用的时间序列分析算法有：时间序列的预测算法，如 ARIMA、GARCH 等；时间序列的异常变动模式检测算法，包含基于统计的方法、基于滑动窗窗口的方法等；时间序列的分类算法，包括 SAX 算法、基于相似度的方法等；时间序列的分解算法，包括时间序列的趋势特征分解、季节特征分解、周期性分解等；时间序列的频繁模式挖掘，典型时间序列模式智能匹配算法（精准匹配、保形匹配、仿射匹配等），包括 MEON 算法、基于 motif 的挖掘方法等；时间序列的切片算法，包括 AutoPlait 算法、HOD-1D 算法等。

2）知识图谱。工业生产过程中会积累大量的日志文本，例如维修工单、工艺流程文件、故障记录等，此类非结构化数据中蕴含着丰富的专家经验，利用文本分析的技术能够实现事件实体和类型提取（故障类型抽取）、事件线索抽取（故障现象、征兆、排查路线、结果分析），通过专家知识的沉淀实现专家知识库（故障排查知识库、运维检修知识库、设备操作知识库）。针对文本这类的非结构化数据，数据分析领域已经形成了成熟的通用文本挖掘类算法，包括分词算法（POS Tagging，实体识别）、关键词提取算法（TD-IDF）、词向量转换算法、词性标注算法（CLAWS、VOLSUNGA）、主题模型算法（如 LDA）等。但在工业场景中，这些通用的文本分析算法，由于缺乏行业专有名词（专业术语、厂商、产品型号、量纲等）、语境上下文（包括典型工况描述、故障现象等），分析效果欠佳。这就需要构建特定领域的行业知识图谱（工业知识图谱），并将工业知识图谱与结构化数据图语义模型融合，实现更加灵活的查询和一定程度上的推理。

3）多源数据融合。在企业生产经营、采购运输等环节中，会有大量的经营管理数据，其中包含众多不同来源的结构化和非结构化数据，例如来源于企业内部信息系统（CRM、MES、ERP、SEM）的生产数据、管理数据、销售数据等，来源于企业外部的物流数据、行业数据、政府数据等。利用这些数据可实现供应链协同、精准销售、市场调度、产品追溯、能力分析、质量管控等。通过对这些数据的分析，能够极大地提高企业的生产加工能力、质量监控能力、企业运营能力、风险感知能力等。但多源数据也带来一定的技术挑战，不同数据源的数据质量和可信度存在差异，并且在不同业务场景下的表征能力不同。这就需要一些技术手段去有效融合多源数据。针对多源数据分析的技术主要包括：统计分析算法、深度学习算法、回归算法、分类算法、聚类算法、关联规则等。可以通过不同的算法对不同的数据源进行独立的分析，并通过对多个分析结果的统计决策或人工辅助决策，实现多源融合分析。也可以从分析方法上实现融合，例如通过非结构化文本数据语义融合构建具有制造语义的知识图谱，完成其他类型数据的实体和语义标注，通过图模型从语义标注中找出跨领域本体相互之间的关联性，可以用于识别和发现工业时序数据中时间序列片段对应的文本数据（维修报告）上的故障信息，实现对时间序列的分类决策。

第三节　商务智能分析

1. 商务智能概述及模型分析

商务智能（Business Intelligence）最早于 1989 年由 Garner 的分析师霍华德·德雷斯纳（Howard Dresner）首次提出，是为提高企业运营绩效而采取的一系列方法、软件和技术，通过应用相应的支持系统来辅助商业决策的制定。在企业积累的海量数据源基础上，面向动态分析决策需求，针对特定的决策问题进行建模，确定运算规则，为支持企业动态决策提供理论方法和算法支撑，是商务智能的重要研究方向。目前的商务智能分析模型分为三种如图 16-2 所示。

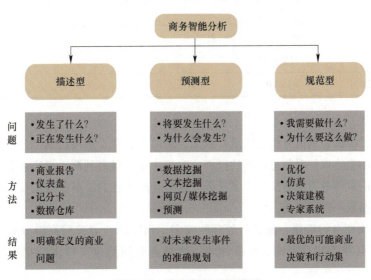

图 16-2　商务智能分析模型

2. 商务智能分析工具

商务智能是在整合系统数据的基础上，利用分析工具实现知识管理，以为决策者提供有价值的信息的技术及其应用。因此，商务智能工具平台在商务智能技术框架中具有重要地位，是商务智能应用模型发挥作用的直接载体。我们对已经开发出的支持管理决策制定的技术和工具进行了分类见表 16-1。

表 16-1　商务智能分析工具及分类

工具分类	工具及缩略语
数据管理	数据库和数据管理系统（DBMS）
	提取、转换和加载系统（ETL）
	数据仓库（DW）、实时数据仓库、数据集市
状态跟踪报告	在线分析处理（OLAP）
	高级管理人员信息系统（EIS）
可视化	地理信息系统（GIS）
	仪表盘
	多维演示
运营相关系统	企业绩效管理（CPM）
	客户关系管理（CRM）
	供应链管理（SCM）
	企业资源计划（ERP）
	计算机辅助工艺设计（CAPP）
商业分析	仪表盘和平衡记分卡
	数据挖掘
	网络挖掘和文本挖掘
	网络分析
社交网络	Web2.0

3. 商务智能应用现状

　　欧美企业已经认识到商务智能的重要意义，因而对它寄予很高的期望，希望能够通过商务智能充分利用企业以往对信息技术的投资、改善决策、提高利润、提高运营效率和增强透明度。但是他们对商务智能的部署也多是部门性的和战术性的，商务智能要实现在企业中的战略地位还有很长一段路要走。

　　美国企业用商务智能做在线分析处理的较多，而欧洲企业进行高级分析的较多。北美企业的部署重点在于特设查询、扩展性等，欧洲企业则侧重支持多数据库、信息门户整合等。

　　商务智能在我国的发展尚处于起步阶段，大部分企业对其仍然缺乏必要的了解。现在虽有宝钢、中国海关，以及大的银行和电信公司进行过或正在进行数据仓库和数据挖掘项目，但是大部分企业在这方面的应用几乎为零。由于需求潜力巨大，已经有不少国际商务智能企业进入我国，其中有 MicroStrategy、Business Objects、Cognos 等国际知名的商务智能软件厂商，也有一些著名的企业管理应用软件厂商，例如 SAP、甲骨文和冠群等企业开始投资分析软件。

国内厂商，如金蝶、用友等也推出了这类产品。

被商务智能软件厂商看好的是电信、金融、航空等行业，因为这些行业的信息化程度偏高，并且这些行业从某种意义上讲都是服务业，客户的需求扮演着重要角色，准确、科学地把握客户的需求是身处这些行业的企业决策者们孜孜以求的。制造业由于分析角度的不同和高层重视程度的不够，商务智能的应用还属于摸索阶段。

4. 制造业商务智能需求及发展模式

在制造业全球化、集群化和信息化的发展趋势下，制造企业信息化应用已从运营层向管理层和决策层的方向发展，支持管理者面对商务环境的快速变化做出敏捷反应、科学决策，以及价值管理。对我国的制造业而言，"大而不强"已经成为行业的整体现状，制造大国的地位受到严峻挑战，曾经的成本优势已经不复存在，转而重视制造业的数字化转型，从现有数据中获取有价值的信息，整合多平台和工具，大力开发商务智能的作用，成为新的发展契机。

对于制造企业而言，目前面临的难题是太多数据无法进行有效管理和分析，它们一方面在逐渐引入 ERP、SCM、CRM 等系统后，在财务、绩效、客户关系、库存和营销管理、质量控制、供应链等众多领域激增海量数据，但另一方面又被数据所困，无法快速响应市场需求。企业只有通过对有效信息进行分析，才能进行战略规划，这就使企业对从拥有的海量数据中高效提出有效信息产生强烈需求。

制造业商务智能会因为不同的应用行业而千差万别。在此背景下，提供支持多种制造业商务智能发展模式及产品研发的解决方案已成为支撑我国制造企业发展并进入全球化制造网络的重要因素。目前，主要存在的五种发展模式如下。

1）基于自主 ERP 和自主 BI 工具的制造业商务智能发展模式，即企业 ERP 与 BI 工具属于同一个开发实施团队。

2）基于自主 ERP 和商业 BI 工具的制造业商务智能发展模式，即企业 ERP 与 BI 工具不属于同一个开发实施团队。

3）基于商业 ERP 和自主 BI 工具的制造业商务智能发展模式，即尊重目前我国制造业多种多样 ERP 系统的现实，利用自主的 BI 工具发展自主知识产权的行业商务智能平台。

4）基于自主 BI 工具的制造业商务智能发展模式，即直接基于自主 BI 开发应用制造企业专用的商务智能平台。

5）相对封闭性行业的制造业商务智能发展模式，即针对相对封闭的制造行业，根据行业的需求开发商务智能平台，实现与行业系统的深入集成和应用。

5. 制造业商务智能分析框架

结合制造业对商务智能技术与产品的现实需求，以商务智能技术框架为基础在商务智能应用模型、工具平台和关键技术分析的基础上，建立制造业商务智能研究的基本框架，以模型研究为核心，以工具平台研究为重点，以关键技术研究为支撑。制造业商务智能研究框架如图 16-3 所示。

（1）模型研究

战略决策模型主要解决我国制造企业在全球化背景下的危机预警、风险预测及其决策问题，并对全球化竞争条件下的制造企业资源优化配置问题开展研究。经营管理模型主要解决

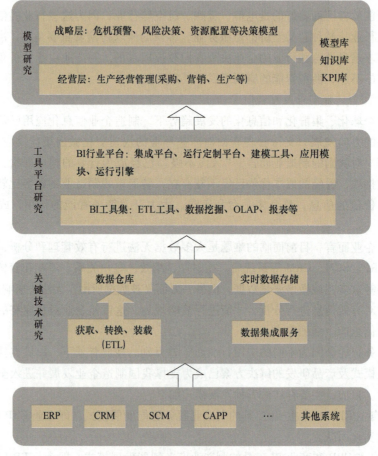

图 16-3 制造业商务智能研究框架

制造企业在客户管理、物流优化、成本评估、成品配置等方面的决策问题。

（2）工具平台研究

目前，行业商务智能平台的研究与开发还非常欠缺，因此开发面向特定制造行业的商务智能平台亟待解决。面向制造业典型行业，如汽车、航空航天、兵器、船舶等行业，基于行业特征，研究 BI 行业分析模型的元素构成和关系，形成模型描述标准，定义与具体技术平台无关的 BI 模型建模语言；开发建模工具，形成并管理行业模型库。

（3）关键技术研究

面向制造业商务智能应用的关键技术研究以满足制造业商务智能应用需求，适应处理复杂数据结构、多数据生命周期、大量完整的非结构化数据的挖掘和利用为目标。研究领域驱动预处理技术、海量商务数据挖掘技术、实时商务性能分析与监控技术。针对制造业大量非结构化数据的挖掘和利用，研究以数据操作语义为中心的商务数据表达与约简技术，基于过程历史的商务数据的质量控制技术；面向制造业复杂数据结构、多数据生命周期的需求，研究基于智能挖掘的海量商务数据的分类、预测、关联和聚类技术，基于模型片段的非结构化信息分析、过程分析挖掘技术。

第四节 大数据分析技术

1. 制造业大数据的特点

制造业商务智能不同于其他行业，它具有鲜明的应用特点。

1）数据来源多样。由于制造业门类众多，企业的大数据来自产品设计软件、生产装备运行过程、产品质量监测设备、企业管理信息系统、供应链与销售网络等多种数据源。另外，由于制造业企业自动化程度不一致，大量中小企业未达到全自动化水平，存在人机协同工作，因此制造业中的大数据既有机器产生的数据（如实时感知数据），又有人工输入的数据（如企业管理数据、供应链数据）。大量自治数据源中存在数据不一致和冲突，加工制造过程复杂、数据量大、更新速度快，因而制造业中的数据产生错误的概率更大。

2）数据的生命周期与产品的生命周期有关，许多行业的经营数据生命周期覆盖从物资采购到客户服务的整个环节。

3）数据质量低。由于制造业流程中各工序环境复杂，收集数据的传感器或传递信息的无线网络都有可能出错，从而导致收集到的数据中存在较一般大数据中更多的噪声或缺失。

4）数据蕴含信息复杂，耦合性不确定。由于制造业企业信息化水平参差不齐，以及不同行业生产过程的特性差异，生产环节各步骤之间可能存在不同程度的耦合，因此制造业中数据之间的关联和相互影响较为普遍。

5）数据实时性高。生产线监测数据（如设备运行状态监测数据和各工序生产状态监测数据）等是连续采样的时间序列数据，具有时间标签和严格的先后次序。工业系统是典型的实时控制和实时信息处理系统，生产线上的诸多环节具有严格的实时性约束，这决定了制造业中较大比例的数据是实时数据。

6）数据结构化程度低。制造业注重过程控制管理，例如根据ISO9001标准制定了供应、生产、销售、质量保证等体系文档，存在大量完整、系统的非结构化数据，其中包含了许多商务智能的关键性指标。

因此，目前大数据分析在制造业中的应用面临如下挑战。

1）如何提高数据质量。

2）如何根据具体领域和应用场景设计合适的分析模型。

3）如何设计满足实时性要求的行之有效的分析算法。

4）如何用大数据分析结果指导企业优化管理和生产。

2. 基于流程的大数据分析技术应用

制造业涉及的行业众多，实际工作场景千差万别，但从广义上讲，所有产品的制造流程都可划分为设计、生产、采购、销售和售后五个阶段。目前，大数据分析模型在各个场景中都有应用。

（1）设计阶段

制造业流程中的设计阶段在广义上不仅包括产品本身的功能和外观设计，还包括加工产品所需的工艺流程设计等。目前，大数据分析在设计阶段的应用主要体现在工艺流程的参数优化上。此外，在能效优化、成本优化、工艺标准优化及智能设计等方面，大数据分析也能起到作用。

1）参数优化。大数据分析方法，例如关联规则分析、回归分析、决策树、聚类、神经网络等，可以从大量数据中提取出复杂过程隐含的规则。采用这些方法，建立模型对历史生产数据进行分析，可以帮助找到最优化的生产参数，对生产参数的设计具有重要的参考价值。

2）能效优化。在如冶金行业等能耗巨大的行业中，节能降耗可以在很大程度上提高企业的经济效益，具有重大的现实意义。

3）成本优化。对各制造环节中的成本进行控制，是制造业进行企业成本控制的首要任务。例如，基于抽样的 C4.5 决策树算法从工艺路线中选出对制造成本影响最大的工序，通过对选出的工序进行控制和改进来优化整个工艺路线的成本。

4）智能设计。例如，运用模糊方法将客户的多维度需求问题进行优化，对基本粒子群算法稍做变化，从而提出混合式算法，并将其运用在某型号轿车的整体外观造型设计的客户需求挖掘中。

（2）生产阶段

1）质量监控。由于生产线的复杂性，检测或预测产品质量并不容易。许多现有方法，或是准确率较低，或是成本高昂。诸如回归、分类、聚类、决策树、粗糙集、神经网络等数据挖掘和机器学习方法，由于能够从大量数据中发现规则，因此能够在一定程度上提高产品质量的检测或预测准确率，且实施成本较低。

2）故障诊断。基于大数据的方法，有助于从多种复杂因素中找到造成异常的因素以及相应的规则，因而对于故障检测和诊断问题有很好的效果。例如，通过记录属性数据来描述设备的状态信息，基于粗糙集思想提取其故障诊断规则，使系统能够通过设备的运行状态来实时监测其生产状态，及时检测出设备故障，保证生产系统的正常运行。

3）智能调度。在制造业中，生产调度是车间管理的核心，合理有效的车间调度是高效率生产的保障。在生产调度方面，决策树模型和遗传算法等受到了广泛关注。

（3）采购阶段

1）库存管理。库存的多少关系到整个生产供应链的有效运行和成本控制。例如，针对服装企业库存管理，通过库存周转率、商品保本储存期、动销率、高中低档商品消费能力等数据，对 BP 神经网络模型进行训练，企业可以依据训练完成的模型预测产品的库存量，并依据预测结果安排生产，进而减轻了商品库存堆积的情况，缓解企业订货瓶颈。

2）成本优化。制造业中大量依赖原材料和生产设备，因此制造业中采购成本在企业总运行成本中占比很大。采用大数据技术进行成本和采购价格的预测，甚至对供应商的选择进行分析，都有重要意义。

（4）销售阶段

1）产量预测。销售阶段的重要任务之一就是准确、合理地预测产品的产量和销量。多元线性回归、BP 神经网络等在产量预测方面都表现出比传统的时间序列分析更准确、高效的性能。

2）需求发现。客户需求日渐多样化和个性化，要求企业能够快速响应市场，在高质量低成本前提下以最短时间开发客户需要的产品，制定符合客户需求的销售策略。基于大数据分析的方法，对海量销售历史数据进行建模，能够准确地帮助企业发现需求。著名的啤酒尿布销售案例就是基于关联规则挖掘得到的管理启示。在 20 世纪 90 年代的美国超市中，管理人员分析销售数据时发现：啤酒与尿布两件看上去毫无关系的商品会经常出现在同一个购物篮中。因为被嘱咐买尿布的年轻父亲常常会顺手买了啤酒，后来超市就利用这一行为规律，让尿布和啤酒销量双双增加。另外决策树，聚类以及马尔科夫预测模型也经常用于挖掘客户需求的知识发现。

3）配送优化。配送优化是大数据挖掘的最广泛应用领域。一方面源于信息平台的搭建较为成熟，另一方面有很多成熟的算法基础，如遗传算法和粒子群优化算法等。近来，深度学习方法也被引入该领域。

（5）售后阶段

1）服务类型识别。在 CRM 中引入大数据分析，能够帮助企业进行客户群分析、发掘潜在客户、预测流失客户、细分客户群，使企业能够主动地、有针对性地制定客户服务策略。关联规则、聚类、决策树、神经网络，情感分析等模型近来都被引入该领域进行客户服务的优化来避免客户流失问题。

2）运行状态监控。对产品的运行状态进行监控，可以帮助企业掌握产品的运行状态，及时发现问题，以便快速制定有针对性的服务策略。BP 神经网络、K-means 聚类分析算法、关联规则，以及 C4.5 决策树模型和模糊神经网络诊断法，都被研究用于现有产品的诊断中。

第五节 制造大数据可视化分析系统

1. 建立制造大数据可视化分析系统的作用

制造型的工业企业的大数据难点在于打通企业数据采集、集成、管理、分析的链条，帮助企业的业务人员养成使用数据的习惯。智慧工厂大数据可视化分析系统，可帮助企业实现产业升级、有效提高管理能力。通过数据分析及时发现问题，快速制定解决方案。

（1）利用大数据驱动业务发展，打造企业新型能力

由于客户多样化、个性化的需求，产品上市时间短、研制成本高，导致工厂的利润降低。客户的需求迫切，利润空间低、竞争大，使工厂迫切需要转型。

（2）"盘活存量数据、用好增量数据"，推动企业转型升级

制造型企业在信息化的每个发展阶段都会产生大量的数据处理要求，并且会因为各种大量的业务活动产生各式的大数据，所以工业大数据的利用不仅是信息化基础建设，更重要的是可以帮助企业创新业务，用数据思维来管理。

2. 国内外商务智能可视化分析系统介绍

1）MicroStrategy。成立于 1989 年，现在是全球最大的独立商业智能（Business Intelligence，BI）企业。MicroStrategy 一直是 Gartner Magic Qudrant 评鉴中领先的前五大 BI 工具和服务厂家。MicroStrategy 可以支持所有主流的数据库或数据源，例如 Oracle，DB2，Teradata，SQL Server、Excel、SAP BW、Hyperion Essbase 等。核心的智能服务器（Intelligence Server）是提供报表、分发和多维分析服务的组件，同时也提供集群和多数据源的选项，用户可以用桌面来开发报表，一般是 IT 用户使用，也可以利用 Web 用户来开发，一般比较适合最终用户。前端可以和各种应用或 Portal 集成，也支持各种移动终端、邮件、打印机等。在设

计管理方面，Microstrategy 无疑提供了完整和高阶的产品和服务，包括架构设计、数据品质管理、对象管理、命令管理和二次开发等。

2）Business Objects。是全球领先的商务智能软件企业的产品套件，Business Objects XI 为报表、查询和分析、绩效管理，以及数据集成提供了完善、可靠的平台。2007 年 10 月被 SAP 收购，但是保持独立运营。在业内创建了最强大、最全面的合作伙伴社区，在全球拥有 3000 多家合作伙伴，包括 Accenture、BearingPoint、Capgemini、HP、IBM、Microsoft、Oracle（PeopleSoft）、Sysbase、BEA、Teradata 和 SAP 等企业。

3）Cognos。隶属于 IBM 公司的 Cognos 是在 BI 核心平台之上，以服务为导向进行架构的一种数据模型，是唯一可以通过单一产品和在单一可靠架构上提供完整业务智能功能的解决方案。它可以提供无缝密合的报表、分析、记分卡、仪表盘等解决方案，通过提供所有的系统和资料资源，以简化公司各员工处理信息的方法。作为一个全面、灵活的产品，Cognos 业务智能解决方案可以容易地整合到现有的多系统和数据源架构中。

近来，国内的可视化分析系统也得到长足的发展，其中有不少厂商表现优异。

1）帆软。帆软成立于 2006 年。FineBI 是帆软软件有限公司推出的一款商业智能产品，针对企业信息化遇到的困难，为企业提供专业的商业智能解决方案。FineBI 的商业智能分析模块可以预测模拟企业将来的发展，协助企业及时调整策略做出更好的决策，增强企业的可持续竞争性。

2）亿信华辰。北京亿信华辰软件有限责任公司（ESENSOFT，亿信华辰）成立于 2006 年 10 月。亿信华辰是我国领先的智能数据产品与服务提供商，深耕商务智能和大数据领域 13 年，着眼于打造数据全生命周期的智能化产品线，致力于帮助企业和政府解决数据应用难题，实现企业生产力和政府治理能力的数字化转型，让数据驱动进步。

另外，其他蓬勃发展的商务智能分析系统还有永洪 BI、BDP、万博 DATAVIS 等。

参 考 文 献

［1］吴澄，孙优贤，王天然，等. 中国智能制造与设计发展战略研究［M］. 杭州：浙江大学出版社，2016.

［2］周济. 智能制造："中国制造2025"的主攻方向［J］. 中国机械工程，2015，26（17）：2273-2284.

［3］机械工业信息研究院战略与规划研究所. 德国工业4.0战略计划实施建议（摘编）［J］. 世界制造技术与装备市场，2014（3）：42-48.

［4］左世全. 我国智能制造发展战略与对策研究［J］. 世界制造技术与装备市场，2014（3）：36-41.

［5］王友发，周献中. 国内外智能制造研究热点与发展趋势［J］. 中国科技论坛，2016（4）：154-160.

［6］戴庆辉. 先进制造系统［M］. 2版. 北京：机械工业出版社，2019.

［7］沈向东. 柔性制造技术［M］. 北京：机械工业出版社，2018.

［8］姚振强，张雪萍. 敏捷制造［M］. 北京：机械工业出版社，2004.

［9］姚锡凡，张剑铭，陶韬，等. 从精敏制造到工业4.0长尾生产的制造业转型升级［J］. 计算机集成制造系统，2018，24（10）：2377-2387.

［10］吴锋，孙明耀，张永政，等. 非均衡发展状态下我国面临的智能制造管理挑战与对策［M］//西安交通大学，中国管理问题研究中心. 2017. 中国社会治理发展报告. 北京：科学出版社，2018.

［11］陈炜，苗瑞，杨正娥. 面向小批量生产的统计过程控制的研究［J］. 工业工程与管理，2005，10（1）：43-45.

［12］马汉武，王跃，王建华，等. 面向两化融合的自适应制造模式［J］. 计算机集成制造系统，2013，19（3）：588-595.

［13］信息物理系统白皮书：2017［R］. 北京：中国电子技术标准化研究院，2017.

［14］李必信，周颖. 信息物理融合系统导论［M］. 北京：科学出版社，2014.

［15］International Electrotechnical Commission. Factory of the future［R］. Genea：Switzerland，2015.

［16］于秀明，王程安，梦龙. 信息物理系统建设指南［R］. 北京：中国电子技术标准化研究院，2020.

［17］IVES B，VITALE M R. After the sale：leveraging maintenance with information technology［J］. MIS Quarterly，1988，12（1）：7-12.

［18］CENA F，CONSOLE L，MATASSAA A，et al. Multi-dimensional intelligence in smart physical objects［J］. Information Systems Frontiers，2017（15）：1-22.

［19］WONG C Y，MCFARLANE D，ZAHARUDIN A A，et al. The intelligent product driven supply chain［C］//Systems，Man and Cybernetics，2002 IEEE International Conference. New York：IEEE，2002.

［20］VENTA O. Intelligent products and systems［R］. Espoo，Finland：VTT Technical Research Centre of Finland Ltd，2007.

［21］MCFARLANE D，SARMA S，JIN L C，et al. Auto ID systems and intelligent manufacturing control［J］. Engineering Applications of Artificial Intelligence，2003，16（4）：365-376.

［22］杜孟新，方毅芳，宋彦彦，等. 智能制造领域智能产品概念研究［J］. 中国仪器仪表，2017（9）：37-40.

［23］方毅芳，宋彦彦，杜孟新. 智能制造领域中智能产品的基本特征［J］. 科技导报，2018，36（6）：

90-96.

［24］SZWEDA R. Cyberflex enables mobile smart services via GSM ［J］. Network Security, 1998, （12）: 6.

［25］BEVERUNGEN D, MÜLLER O, MATZNER M, et al. Conceptualizing smart service systems ［J］. E-lectronic Markets, 2019, 29 （1）: 7-18.

［26］LAINE T, PARANKO J, SUOMALA P. Downstream shift at a machinery manufacturer: the case of the remote technologies ［J］. Management Research Review 2010, 33 （10）: 980-993.

［27］CARSTEN S, MONIKA J, JÖRG N, et al. Smart services ［J］. Procedia-Social and Behavioral Sciences, 2018, 238 （1）: 192-198.

［28］PORTE M E, HEPPELMANN J E. How smart, connected products are trabsfirning companies ［J］. Harvard Business Review, 2015, 93 （10）: 96-115.

［29］ASTANIN S, ZHUKOVSKAYA N K, ZHARKOVA M A. Inseparable relationship between intellectual services and high-tech medical equipment ［J］. Cardiometry, 2018 （12）: 77-88.

［30］SOMERS L, DEWIT L, BAELUS C. Understanding product-service systems in a sharing economy context: a literature review ［J］. Procedia CIRP, 2018, 73 （2）: 173-178.

［31］简兆权,王晨,陈键宏. 战略导向、动态能力与技术创新:环境不确定性的调节作用 ［J］. 研究与发展管理, 2015 （2）: 65-76.

［32］陈荣秋,马士华. 生产与运作管理 ［M］. 5版. 北京:机械工业出版社, 2017.

［33］加藤治彦. 日本精益制造大系（图解生产实务）生产管理 ［M］. 党蓓蓓,译. 北京:东方出版社, 2011.

［34］董朝阳,蔡安江,郭师虹,等. 基于制造资源优化配置的网络化制造管理系统 ［J］. 机械设计与制造, 2008, 000 （2）: 217-219.

［35］钱学森. 工程控制论:新世纪版 ［M］. 上海:上海交通大学出版社, 2007.

［36］SEMICONDUCTOR INDUSTRY ASSOCIATION. Integrational technology roadmap for semiconductor 2.0 ［R］, 2015 edition, Factory integration.

［37］VDMA Industry 4.0 Forum. Guidelines Industry 4.0: Guiding principles for the implementation of Industry 4.0 in small and medium sized businesses ［R］. 2016.

［38］BAUER H, BAUR C, CAMPLONE G, et al. Industry 4.0: How to navigate digitization of the manufacturing sector ［R］. NewYork: McKinsey & Company, 2015.

［39］韦莎,赵波,郭楠,等. 智能制造能力成熟度模型白皮书1.0 ［R］. 北京:中国电子科技标准化研究院, 2017.

［40］LEE J, BAGHERI B, KAO H A. A Cyber-Physical Systems architecture for Industry 4.0-based manufacturing systems ［J］. Manufacturing Letters, 2015, 3: 18-23.

［41］LICHTBLAU K, STICH V, BERTENRATH R, et al. Industrie 4.0 readiness ［eng.］ ［J］. American Journal of Operations Research ［J］. 2020, 10 （6）: 1.

［42］战德臣,程臻,赵曦滨,等. 制造服务及其成熟度模型 ［J］. 计算机集成制造系统, 2012 （7）: 1584-1594.

［43］国家智能制造标准体系建设指南:2021版 ［EB/OL］. ［2023-08-31］. https://www.163.com/dy/article/GQP7UQHH05346KF7.html.

［44］辛国斌,等. 智能制造探索与实践:试点示范项目汇编 ［M］. 北京:电子工业出版社, 2016.

［45］中国电子技术标准化研究院. 智能制造标准化 ［M］. 北京:清华大学出版社, 2019.

［46］张浩，樊留群，马玉敏，等. 数字化工厂技术与应用［M］. 北京：机械工业出版社，2006.

［47］HANSBO A，HANSBO P. A finite element method for the simulation of strong and weak discontinuities in solid mechanics［J］. Computer Methods in Applied Mechanics and Engineering，2004，193（33）：3523-3540.

［48］班克斯. 离散事件系统建模与仿真［M］. 北京：机械工业出版社，2007.

［49］王红军. 汽车零部件生产线建模与仿真技术［M］. 北京：科学出版社，2014.

［50］孙明耀，吴锋. 基于数字孪生的复杂重型装备制造智能化转型路径研究［J］. 重型机械，2021，5：8-11.

［51］方志刚. 复杂装备系统数字孪生：赋能基于模型的正向研发和协同创新［M］. 北京：机械工业出版社，2020.

［52］郑维明. 智能制造数字孪生机电一体化工程与虚拟调试［M］. 北京：机械工业出版社，2020.

［53］MA J，CHEN H，ZHANG Y，et al. A digital twin-driven production management system for production workshop［J］. The International Journal of Advanced Manufacturing Technology，2020，110（1-4）.

［54］TAO F，N ANWER，LIU A，et al. Digital twin towards smart manufacturing and industry 4. 0［J］. Journal of Manufacturing Systems，2021，58（B）：1-2.

［55］Gartner，树根互联. 如何利用数字孪生帮助企业创造价值［R］. 2019.

［56］中国电子技术标准化研究院，树根互联，等. 数字孪生应用白皮书［R］. 2020.

［57］何朝兴. 基于"互联网+"背景下的电商智能物流体系研究［J］. 物流平台，2019（10）：59-60.

［58］文宗川，吴兴阳. 智能物流的"四元主体"模型构建［J］. 包装工程，2019，40（11）：80-85.

［59］刘娜，窦志武. 浅谈 5G 时代下智能物流仓储的信息化发展［J］. 物流工程与管理，2019，41（6）：1-3，7.

［60］霍艳芳，齐二石. 智慧物流与智慧供应链［M］. 北京：清华大学出版社，2020.

［61］金跃跃，刘昌祺，刘康. 现代化智能物流装备与技术［M］. 北京：化学工业出版社，2020.

［62］陈丰照，姜代红. 基于物联网的智能物流配送系统设计与实现［J］. 微电子学与计算机，2011（8）：19-21.

［63］LORENZ M，STRACK R，BOLLE M，et al. Man and Machine in Industry 4. 0［R］. Boston：Boston Consulting Group（BCG），2014.

［64］LARS G，DAVID R，CHRISTOPH B，et al. A Discussion of Qualifications and Skills in the Factory of the Future：A German and American Perspective［R］. Washington：American Society of Mechanical Engineers，2015.

［65］波士顿咨询. 工业 4. 0 时代的人机关系［R］. 2016.

［66］江卫东. 知识型员工的工作设计与激励［J］. 科学学与科学技术管理，2002，23（11）：58-62.

［67］吴锋，孙明耀，张永政，等. 非均衡发展状态下我国推行智能制造面临的挑战与对策［R］. 中国社会治理发展报告（2017）.

［68］WANG J，MA Y，ZHANG L，et al. Deep learning for smart manufacturing：Methods and applications［J］. Journal of Manufacturing Systems，2018，48：144-156.

［69］朱森弟. 人工智能加速推进智能制造［J］. 表面工程与再制造，2018，18（1），1-5.

［70］李瑞琪，韦莎，程雨航，等. 人工智能技术在智能制造中的典型应用场景与标准体系研究［J］. 中国工程科学，2018，20（4），120-125.

［71］TAO F，QI Q，LIU A，et al. Data-driven smart manufacturing［J］. Journal of Manufacturing Systems，

2018, 48：157-169.

[72] 吕瑞强，侯志霞. 人工智能与智能制造 [J]. 航空制造技术，2015, 58（13）：60-64.

[73] JI Z, PEIGEN L, YANHONG Z, et al. Toward new-generation intelligent manufacturing [J]. Engineering, 2018, 4（1）：11-20.

[74] 李伯虎，张霖，王时龙，等. 云制造：面向服务的网络化制造新模式 [J]. 计算机集成制造系统，2010, 16（1）：1-7, 16.

[75] 陶飞，戚庆林. 面向服务的智能制造 [J]. 机械工程学报，2018, 54（16）：11-23.

[76] 江平宇，丁凯，冷杰武，等. 服务驱动的社群化制造模式研究 [J]. 计算机集成制造系统，2015, 21（6）：1637-1649.

[77] 周佳军，姚锡凡，刘敏，等. 几种新兴智能制造模式研究评述 [J]. 计算机集成制造系统，2017, 23（3）：624-639.

[78] 周佳军. 面向智慧云制造资源服务组合的若干进化算法研究 [D]. 广州：华南理工大学，2018.

[79] 郑力，江平宇，乔立红，等. 制造系统研究的挑战和前沿 [J]. 机械工程学报，2010, 46（21）：124-136.

[80] 白翱. 离散生产车间中 U-制造运行环境构建、信息提取及其服务方法 [D]. 杭州：浙江大学，2011.

[81] 肖静华，吴瑶，刘意，等. 消费者数据化参与的研发创新：企业与消费者协同演化视角的双案例研究 [J]. 管理世界，2018, 34（8）：154-173.

[82] 江平宇，丁凯，冷杰武. 社群化制造：驱动力、研究现状与趋势 [J]. 工业工程，2016, 19（1）：1-9.

[83] LEE J, BAGHERI B, KAO H A. A Cyber-Physical Systems architecture for Industry 4.0-based manufacturing systems [J]. Manufacturing Letters, 2015, 3：18-23.

[84] 李伯虎，张霖. 云制造 [M]. 北京：清华大学出版社，2015.

[85] JIANG P. Social manufacturing：Fundamentals and applications [M]. Berlin：Springer-Verlag, 2019.

[86] 李伯虎，张霖，王时龙，等. 云制造：面向服务的网络化制造新模式 [J]. 计算机集成制造系统，2010, 16（1）：1-7, 16.

[87] XU X. From cloud computing to cloud manufacturing [J]. Robotics and Computer Integrated Manufacturing, 2011, 28（1）：75-86.

[88] 江平宇，丁凯，冷杰武，等. 服务驱动的社群化制造模式研究 [J]. 计算机集成制造系统，2015, 21（6）：1637-1649.

[89] TAO F, ZHANG L, VENKATESH V C, et al. Cloud manufacturing：a computing and service-oriented manufacturing model [J]. Proceedings of the Institution of Mechanical Engineers, 2011, 225（10）：1969-1976.

[90] HUANG B, LI C, YIN C, et al. Cloud manufacturing service platform for small-and medium-sized enterprises [J]. The International Journal of Advanced Manufacturing Technology, 2013, 65（9-12）：1261-1272.

[91] ADAMSON G, WANG L, HOLM M, et al. Cloud manufacturing-a critical review of recent development and future trends [J]. International Journal of Computer Integrated Manufacturing, 2017, 30（4-5）：347-380.

[92] REN L, ZHANG L, WANG L, et al. Cloud manufacturing：key characteristics and applications [J].

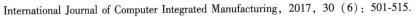

International Journal of Computer Integrated Manufacturing, 2017, 30（6）：501-515.

［93］MONOSTORI L, KÁDÁR B, BAUERNHANSL T, et al. Cyber-physical systems in manufacturing ［J］. CIRP Annals, 2016, 65（2）：621-641.

［94］LEE J, BAGHERI B, KAO H A. A Cyber-Physical Systems architecture for Industry 4. 0-based manufacturing systems ［J］. Manufacturing Letters, 2015, 3：18-23.

［95］TAO F, CHENG J, QI Q, et al. Digital twin-driven product design, manufacturing and service with big data ［J］. The International Journal of Advanced Manufacturing Technology, 2018, 94：3563-3576.

［96］TAO F, CHENG J, QI Q. IIHub: An industrial internet-of-things hub toward smart manufacturing based on cyber-physical system ［J］. IEEE Transactions on Industrial Informatics, 2018, 14（5）：2271-2280.

［97］孟杰. 协同研发如何突破瓶颈的束缚 ［J］. 中国制造业信息化, 2005, 34（A1）：64-65.

［98］武瑞, 赵正龙, 王连坤, 等. 面向全三维数字化的机械设计人才能力培养 ［J］. 机械设计, 2018, A2：389-391.

［99］塔西, 方旋. 美国经济开发研究趋势、战略与政策 ［J］. 暨南学报：哲学社会科学版, 2001, 1（1）：29-37.

［100］FINK M J, RIAL D V, KAPITANOVA P. Quantitative comparison of chiral catalysts selectivity and performance：A generic concept illustrated with cyclododecanone monooxygenase as baeyer-villiger biocatalyst ［J］. Advanced Synthesis & Catalysis, 2012, 354（18）：3491-3500.

［101］VALIPOUR H, VESAL N F, FOSTER S. A generic model for investigation of arching action in reinforced concrete members ［J］. Construction and Building Materials, 2013（11）：742-750.

［102］赵红梅. 优势产业中关键共性技术协同研发机制研究 ［J］. 科技管理研究, 2015, 35（16）：110-114.